手持长矛的达尼战士。达尼人生活在巴布亚新几内亚的中央高原，是该地区人口数量最多的部落之一。（图片来源：Shutterstock）

新几内亚极乐鸟（*Paradisaea raggiana*）。新几内亚极乐鸟又名红羽极乐鸟或红羽天堂鸟，是巴布亚新几内亚的国鸟，分布在新几内亚南部及东北部地区。在求偶时，雄鸟会拍打双翼并摇头向雌鸟"示爱"。（图片来源：Shutterstock）

一名达尼人战士。他头上戴的是取自天堂鸟的羽毛，鼻中隔穿了孔并插着猪獠牙。（图片来源：Shutterstock）

威氏极乐鸟（*Diphyllodes respublica*）。威氏极乐鸟主要分布在西巴布亚新几内亚的巴丹塔岛和卫吉岛。这种鸟的雄鸟有颜色丰富的羽毛，但头部的蓝色并非羽毛的颜色，而是裸露的皮肤的颜色。在求偶时，雄鸟会先清理出一块场地，然后跳求偶舞，向雌鸟展现自己色彩绚烂的羽毛。（图片来源：Shutterstock）

古氏树袋鼠（*Dendrolagus goodfellowi*）。这种树袋鼠以英国鸟类学家和动物收藏家沃尔特·古德费洛的名字命名，主要生活在巴布亚新几内亚的雨林中。由于过度捕猎和栖息地遭到破坏，古氏树袋鼠目前被世界自然保护联盟《濒危物种红色名录》定为"濒危"（endangered）。（图片来源：Richard Ashurst）

戴着阴茎鞘、手持长矛的达尼战士。（图片来源：Shutterstock）

卡斯滕士山的最高峰查亚峰。该峰海拔 4 884 米,是世界上最高的岛屿山峰。(图片来源:Thousand Wonders)

王风鸟(*Cicinnurus regius*)。这种被誉为"活宝石"的鸟主要分布在新几内亚及邻近岛屿的低地森林中。王风鸟是极乐鸟科中最小的鸟之一,体长约 16 厘米。雄鸟为绯红色与白色,脚为亮蓝色,肩部有绿色点缀的扇状羽毛,尾部为两条细长的线,末尾装饰着祖母绿色的盘状羽毛。在求偶时,雄鸟会不断摆动尾巴,并使腹部的白色羽毛蓬松,使自己就像一个棉球一样。(图片来源:Eric Gropp)

丽色掩鼻风鸟（*Ptiloris magnificus*）。这种鸟广泛分布在西新几内亚的低地雨林中。在求偶时，雄鸟会向雌鸟展现自己胸前绚丽的蓝绿色羽毛，并不断左右摇摆自己的头。（图片来源：Doug Janson）

绶带长尾风鸟（*Astrapia mayeri*）。这种鸟主要分布在巴布亚新几内亚中央高原西部地区的亚高山森林中。雄鸟有非常长的尾羽，长度可以超过 1 米。由于过度捕猎和栖息地遭到破坏，世界自然保护联盟《濒危物种红色名录》将其定为"近危"（near threatened）。（图片来源：Marka Harper，Flickr 用户名：markaharper1）

新几内亚极乐鸟（*Paradisaea raggiana*）。（图片来源：Marka Harper，Flickr 用户名：markaharper1）

一名正在雕刻的阿斯玛特木雕师。阿斯玛特人是一个人口约为 7 万的群体，他们的木雕技艺闻名于整个太平洋地区。阿斯玛特人的居住地区距离作者登上的威廉五世亲王山脉不远。（图片来源：Edi Wibowo）

　　一名雅利（Yali）人。雅利人是一个人口约为 49 000 人的部落，他们居住在伊里安查亚主要的人口聚居区巴连河谷以东的部分地区。在达尼人的语言中，"雅利"的意思是"东边的地区"。（图片来源：Flickr 用户 ♪~）

雨 林 行 者

[澳] 蒂姆·弗兰纳里（Tim Flannery）◎著

罗心宇 ◎译

新世界出版社
NEW WORLD PRESS

本书中文简体字版通过 **Grand China Publishing House（中资出版社）** 授权新世界出版社在中国大陆地区出版并独家发行。未经出版者书面许可，本书的任何部分不得以任何方式抄袭、节录或翻印。

北京版权保护中心引进书版权合同登记号：图字 01-2018-4564 号

图书在版编目（CIP）数据

雨林行者 /（澳）蒂姆·弗兰纳里著；罗心宇译
. -- 北京：新世界出版社，2019.5
ISBN 978-7-5104-6725-7

Ⅰ.①雨… Ⅱ.①蒂… ②罗… Ⅲ.①热带雨林－探险－巴布亚新几内亚－普及读物Ⅳ.① N861.3-49

中国版本图书馆 CIP 数据核字 (2018) 第 298131 号

雨林行者

作　　者：[澳]蒂姆·弗兰纳里（Tim Flannery）
译　　者：罗心宇
策　　划：中资海派
执行策划：黄　河　　桂　林
责任编辑：秦彦杰
特约编辑：陈　彬　　韩周航
责任校对：宣　慧
责任印制：王宝根　　汪勋辽
出版发行：新世界出版社
社　　址：北京西城区百万庄大街 24 号（100037）
发 行 部：(010) 6899 5968　(010) 6899 8705（传真）
总 编 室：(010) 6899 5424　(010) 6832 6679（传真）
http：//www.nwp.cn　　http：//www.nwp.com.cn
版 权 部：+8610 6899 6306
版权部电子信箱：frank@nwp.com.cn
印　　刷：深圳市精彩印联合印务有限公司
经　　销：新华书店
开　　本：787mm×1092mm　1/32
字　　数：188 千字　　印　张：11
版　　次：2019 年 5 月第 1 版　　2019 年 5 月第 1 次印刷
书　　号：ISBN 978-7-5104-6725-7
定　　价：59.80 元

版权所有，侵权必究
凡购本社图书，如有缺页、倒页、脱页等印装错误，可随时退换。
客服电话：(010) 6899 8638

致中国读者信

To My Chinese readers,

I sincerely hope that you enjoy this story of the mysterious land of Papua New Guinea. More and more Chinese people are visiting, for work or pleasure, come soon!

Best wishes

[signature]

致我的中国读者们：

我真诚地希望你们喜欢这本关于巴布亚新几内亚神秘大地的书。有越来越多的中国人正在前往巴布亚新几内亚，有的是为了工作，有的是去旅行。

蒂姆·弗兰纳里

对蒂姆·弗兰纳里和本书的赞誉

周忠和

古生物学家、中国科学院院士、美国科学院外籍院士

中国科学院古脊椎动物与古人类研究所所长、孔子鸟化石的发现者之一

　　一位博学的动物学家带你到一个鲜为人知的世界去旅行，去探险，感受异域的风情、神奇的历史与文化、自然的景观、稀奇的野生动物，思考远古与现实、人类与自然、原始与文明的冲突和交融。旅行结束后，你或许会发出"外面的世界很精彩，外面的世界很无奈"的感慨。

徐　星

古生物学家、中国科学院古脊椎动物与古人类研究所研究员

　　这本《雨林行者》是澳大利亚著名哺乳动物学家、古生物学家蒂姆·弗兰纳里的回忆录，记叙的是他先后十五次深入新几内亚进行动物学和古生物学研究的经历。通过翔实的内容以及冒险小说般的文

笔，蒂姆·弗兰纳里把新几内亚这个生物多样性丰富的地区的方方面面都呈现到了读者面前。书中既有此前从未被发现过的树袋鼠，也有被作者重新发现，一度被认为早已灭绝的巨型蝙蝠，还有对当地原住民生活风貌的介绍。在蒂姆·弗兰纳里的科学生涯中，他发现并描述了数十种大型哺乳动物或哺乳动物化石，这种丰富的科研经历为他写出这样一本集动物学、古生物学、人类学内容于一身的科普佳作奠定了基础。正如著名博物学家、英国皇家学会会士、自然类纪录片大师大卫·爱登堡爵士说的那样，"蒂姆·弗兰纳里是有史以来最伟大的探险家之一"。

蒋志刚
生态学家、中国科学院动物研究所研究员
中华人民共和国濒危物种科学委员会常务副主任

你对探索自然的故事感兴趣吗？如果感兴趣的话，读这本《雨林行者》，你将与澳大利亚哺乳动物学家、古生物学家和生态保护主义者蒂姆·弗兰纳里一道，去神奇的新几内亚探索那里稀有的野生动物。

姜克隽
中国国家发展和改革委员会能源研究所研究员、北京大学讲席教授

有趣，生动，引人入胜，一本睿智的佳作，受益匪浅。

邢立达
古生物学家、中国地质大学副教授、科普作家

在《雨林行者》这本书中，作者蒂姆·弗兰纳里将带领读者领略新几内亚云雾缭绕的群山，登上位于热带的冰川，跨过被蚊虫笼罩的沼泽。

你会和他一起发现各式各样的古生物化石，采集袋貂、树袋鼠等此前从未被发现和分类的动物标本，用一头猪从当地原住民那里换回自己的性命；你会眼睁睁地看着当地土著文化被现代文明同化，物种丰富的生态环境被工业文明蚕食破坏。这是一本有趣又不失警醒意义的佳作。

三蝶纪
著名科普作家、《酷虫成长记》作者

　　数百年来，新几内亚都是博物学家、自然爱好者向往的生物多样性热点地区。同时，它也是世界上治安最差、最危险的地区，令人可望而不可即。作者心怀满腔热忱，十五次深入新几内亚腹地，从事自己钟爱的野生动物研究，记录下当地人的生活和科考故事。在幽默文字的背后，是蚂蟥的叮咬，是疟疾的折磨，是动乱政局下对人身安全的威胁……感谢作者克服万难著成这本不可多得的博物学、人类学科普佳作，为我们展现了一个如此立体、如此缤纷、令人感动的新几内亚，吸引更多人去研究、去发现这片神奇的土地。

大卫·爱登堡（David Attenborough）**爵士**
博物学家、BBC 自然纪录片大师、英国皇家学会会士

　　蒂姆·弗兰纳里是有史以来最伟大的探险家之一，可以比肩大卫·利文斯通。

贾雷德·M. 戴蒙德（Jared M. Diamond）**教授**
美国科学院院士、美国文理科学院院士、美国加利福尼亚大学洛杉矶分校教授、生物学家、人类学家、畅销书《枪炮、病菌与钢铁》作者

　　蒂姆·弗兰纳里是一位伟大的动物学家和科普作家……难以释卷。

雷德蒙·奥汉隆（Redmond O'Hanlon）
英国皇家地理学会会士、皇家文学会会士

蒂姆·弗兰纳里是世界上最伟大的动物学家之一……他发现的新物种数量可能比达尔文还多。他是一名杰出的科学家。

罗宾·威廉姆斯（Robyn Williams）
澳大利亚科学记者

弗兰纳里是科学界的印第安纳·琼斯。

《纽约时报书评》（New York Times Book Review）

《雨林行者》读起来很吸引人。这本书对生活在巴布亚新几内亚高地的人们和他们壮美的家园做了介绍。这些原住民生活在异常偏远的地区，他们可爱、狡猾、残忍、机智并且让人着迷。

《书页》（Bookpage）杂志

弗兰纳里的这部作品读起来……就像爱德华·O.威尔逊、珍·古道尔，甚至是查尔斯·达尔文的科学历险……一路上他永远地改变了自己，以及他和这个世界的关系。

《泰晤士报文学副刊》（Times Literary Supplement，国际知名文学评论刊物）

澳大利亚找到了自己的史蒂芬·杰伊·古尔德（美国著名古生物学家）。

《文学评论》（Literary Review）杂志

蒂姆·弗兰纳里……与众不同。跟随他穿越新几内亚高山密林的科考脚步，寻找世界上最后一些未被记录的哺乳动物，你会发现与你同行的是一个非常特别的人……你甚至可能会认为，弗兰纳里自己就是个新物种，或者至少是个新亚种。激励他的既不是一己私欲，也不是改教易神的狂热……他在流动的泥沼中、在雾气蒸腾的森林里、在冷雾缠身的悬崖上露营；被蚂蟥、肆虐的无刺蜂、热带溃疡、反复发作的疟疾、贾第鞭毛虫病和痢疾侵扰纠缠，在一次染上恙虫病时几乎丧命……这本书读来令人感动，写得又颇为优美。

《周日时报》（*Sunday Age*）

这是一本出类拔萃的作品……对于我们门前的这个纳尼亚，弗兰纳里赋予了它魔幻般的斑斓异彩。你能够听见那些翻江倒海的雷雨，闻到猎犬的气味，尝到烤袋貂的味道。除了他，谁也写不出这本书……他所阐释的主题是任何作家未能涉足的最宏大的主题：生命与死亡；宗教与信仰的问题；追求金钱所能造成的贪婪和破坏；殖民主义与压迫的政策；道德的文化特异性……弗兰纳里是一位聪明绝顶又具有高度领悟力的领路人。不仅如此，他还勇气非凡。这是一场战胜并超脱了恐惧的旅程……弗兰纳里的书就像新几内亚本身一样富饶而迷人。它值得被各种各样的人阅读，而且要经常读。

《公报》（*Bulletin*）杂志

生动而引人入胜……整个人都被带到了新几内亚。

《澳洲人报》（*Australian*）

一段美妙迷人的纪行……一本趣味盎然的书，充满了幽默和小插曲。

《基督教科学箴言报》(*Christian Science Monitor*)

扣人心弦……作者颇具洞见。在这场狂野而险象环生的文学之旅的结尾，读者们会觉得谢天谢地，因为他记录下了这个濒临灭绝的动物和人类文明赖以生存的偏远地区。

《悉尼先驱晨报》(*Sydney Morning Herald*)

这是一本介绍新几内亚的书，是对去那里旅行，以及考察当地动物学所需资料的一份重要补充。

《象限》(*Quadrant*) 杂志

蒂姆·弗兰纳里热爱这个伟大的岛屿……与我所知的任何作家一样，他清楚地呈现出了新几内亚的景色、声音和气味。

《阿德莱德广告人报》(*Adelaide Advertiser*)

从 1981 年开始，在他十五次进入新几内亚的旅途中，弗兰纳里遇见了地球上最与世隔绝的人类族群，诱捕到了稀有的哺乳动物，还踏入了此前从未被白人涉足过的地方。他在白人毫无所知的地方，与生活在高山峡谷和孳生疫病的沼泽中的人们一起工作。他记录下的故事简单、震撼，而又美妙。

《堪培拉时报》(*Canberra Times*)

一本有趣的混合体，融合了博物学、人类学、当地政治，还有对在一些非常原始的乡野中进行生物学研究的坎坷和乐趣的描写……一本具有高度可读性的书，所有对新几内亚、大自然以及异域旅行感兴趣的人都会被这本书吸引住。

作者简介

蒂姆·弗兰纳里
Tim Flannery

　　蒂姆·弗兰纳里（Tim Flannery）是一位哺乳动物学家、古生物学家、作家和探险家。他目前是澳大利亚墨尔本大学墨尔本可持续发展社会研究所教授（Professorial Fellow at the Melbourne Sustainable Society Institute, University of Melbourne）。蒂姆·弗兰纳里此前还曾担任澳大利亚气候委员会委员长、世界自然基金会国际理事会理事、美国国家地理学会国际顾问、南澳大利亚博物馆馆长、澳大利亚博物馆哺乳动物部负责人和首席科学家等重要职位。

　　在他的研究生涯中，蒂姆·弗兰纳里一共发现并描述了数十个新物种，其中多数是大型动物，包括近三十种树袋鼠，多种蝙蝠，以及被他重新发现的、此前被认为早已灭绝的大型果蝠（*Aproteles bulmerae*）。在古生物学方面，通过古生物化石，他一共描述了超过七十种已灭绝的哺乳动物。除了动物学研究，蒂姆·弗兰纳里还积极投身各种环境保护活动。

由于他在科学和环境保护领域的贡献，蒂姆·弗兰纳里获得了多项奖项和荣誉，包括但不限于：

费城自然科学院约瑟夫·莱迪奖章（Joseph Leidy Medal, Academy of Natural Sciences, Philadelphia）

澳大利亚环境毒物学与化学学会蕾切尔·卡逊奖（Rachel Carson Award）

澳大利亚哺乳动物学会特劳顿奖章（Australian Mammal Society Troughton Medal for Research in Mammalogy）

澳大利亚博物馆环境研究尤里卡奖（POL Eureka Prize for Environmental Research）

澳大利亚联邦百年奖章（Commonwealth of Australia Centenary of Federation Medal）

摩纳哥王室颁发的圣查尔斯骑士勋章（Chevalier, Order of St Charles）

2005年"澳大利亚年度人道主义奖"（Australian Humanist of the Year）

2007年"年度澳大利亚人"

澳大利亚博物馆终身成就奖

蒂姆·弗兰纳里著有（含合著）多部作品，覆盖动物学、古生物学和环境保护等多个领域。这些作品为他赢得了：

由新南威尔士皇家动物学学会颁发的怀特利图书奖（Whitley Awards）

澳大利亚文学研究基金会普里斯特利奖（Foundation for Australian Literary Studies H.T. Priestly Medal）

科琳国际文学奖（Corine International Literary Awards）

兰南基金会颁发的兰南文学终身成就奖（Lannan Award for Lifetime Contribution）。

其他由蒂姆·弗兰纳里写作或编辑，并可从文本出版社（Text Publishing）购买到的图书包括：

The Weather Makers（《天气制造者》）

We Are the Weather Makers（《我们是天气制造者》）

The Explorers（《探险家》）

An Explorer's Notebook（《探险家的日记本》）

The Birth of Sydney（《悉尼的诞生》）

Two Classic Tales of Australian Exploration（《澳大利亚探索中的两段经典故事》）

The Life and Adventures of William Buckley（《威廉·巴克利的生活与冒险》）

The Birth of Melbourne（《墨尔本的诞生》）

Where is Here? 350 Years of Exploring Austrlia（《这是哪儿？澳大利亚 350 年探索史》）

The Eternal Frontier（《永恒的边界》）

Country（《乡野》）

《1788》，作者沃特金·坦奇（Watkin Tench）

Life and Adventures 1776—1801（《1776—1801 的生活与

冒险》），作者约翰·尼克尔（John Nicol）

Terra Australis（《南方大陆》），作者马修·弗兰德斯（Matthew Flinders）

Sailing Alone Around the World（《孤帆环游世界》），作者约书亚·斯洛克姆（Joshua Slocum）

与彼得·斯考滕（Peter Schouten）合著的作品：

A Gap in Nature（《自然的鸿沟》）

Astonishing Animals（《惊奇动物》）

我将本书献给吉姆 – 鲍勃·莫菲特（Jim-Bob Moffet）、他的继任者们以及所有对美拉尼西亚感兴趣的矿业公司CEO，他们翻天覆地地改变了一些人的生活。我希望通过阅读这本书，他们能对这些人多一点了解。

目 录

绪　言

"我现在要踏上旅程啦"

　　在巴布亚新几内亚①的皮钦语②里，"throwim way leg"的意思是踏上旅途，它形容的是大踏步地迈出千里之行的第一步。

　　从能记事开始，我就一直神往着新几内亚。之所以神往，也许是因为我那绰号叫"炮手"的基斯叔叔曾给我讲过许多与之相关的故事：关于新几内亚战役的，关于餐盘那么大的蜘蛛的，还有关于绰号叫"毛毛天使"的新几内亚人的。这些"毛毛天使"对当地各方面的情况都很熟悉，在二战中拯救了许多澳大利亚士兵的生命。造成这种神往之情的另一个原因也可能是一群巴布亚新几内亚学生对我所在学校的一次访问。这些学生羞怯得不得了，但又格外吸引人。不管原因是什么，在我还是孩子的时候，新几内亚的魅力就已经令我着迷了。

---

①南太平洋西部的一个岛国。以下若称巴布亚新几内亚，则意指该国；若称新几内亚，则为新几内亚岛。——译者注（本书所有注解均为译者注，下文不再一一说明。）
②从纯粹语言学的观点看，皮钦语只是语言发展的一个阶段，指在没有共同语言而又急于进行交流的人群中间产生的一种混合语言，属于不同语言人群的联系语言。

我在 26 岁的时候第一次出国旅行，去的就是巴布亚新几内亚。至今，我仍然能够感受到那种惊奇——惊奇当中夹杂着兴奋甚至是恐惧，这些感觉充盈着我的整个胸膛。山间凉爽清冽的空气，陌生的气味、陌生的景象和陌生的声响，都深深地刻进了我的脑海里。一切都那么新奇。

新几内亚像一只史前巨鸟那样箕踞在澳大利亚以北的海面上。它是仅次于格陵兰岛的世界第二大岛。它的大小、形状和绵延起伏的山脉都是其特有的地质历史演化的结果：新几内亚是澳大利亚的"船首波"，随着澳洲大陆向北漂移，它在前沿部分积累起了其他大陆的很多岛屿和碎片。就像毛发纸屑被扫帚扫到一起一样，这些地形堆叠成了长长的、混乱的一团。这样的地质现象也解释了为什么新几内亚的动植物区系与澳大利亚的很相似。新几内亚虽然与东南亚离得很近，却没有老虎、犀牛和大象，反倒是有袋鼠。不过，值得一提的是，新几内亚的袋鼠是生活在树上的。

"Mi bai throwing way leg nau"（我现在要踏上旅程啦）[1]这句话仍然保有着它字面上的含义，因为即使是在今天，步行仍然是新几内亚大多数地区唯一的出行方式。岛上的地貌实在太崎岖，只有很小的一部分有公路。举个例子，不管是莫尔斯比港（巴布亚新几内亚的首都）还是查亚普拉（伊里安查亚的首府），都没有通到其他地方的公路。更糟糕的是，新几内亚岛上没有驮畜，因此在飞机出现以前，住

---

[1]作者在本书英文版的很多地方使用了当地原住民的语言来表达异域风情，中文版均按原文处理。为了便于读者阅读，如果这些词句在一段文字中多次出现，则只在第一次出现时注明中文含义；如果这些词在分散的文字中出现，则每次都会注明中文含义。

在相邻山谷里的新几内亚人之间，或是住在山里和海边的新几内亚人之间都彼此相隔，就像是身处在两个不同的大陆上一样。这就不难解释为什么新几内亚是大概 1 000 种语言（占世界语言总数的六分之一）的发源地了。

新几内亚目前仍是世界上最后一批尚待开发的地区之一。但与此同时，它的人文历史却源远流长。人类已经在这里生活了至少 45 000 年，他们从亚洲漂洋过海来到这里。那时，新几内亚和澳洲大陆还是连在一起的，但随着海平面上升，这两块陆地逐渐被隔断，两地的移民也随即分割演化成了现在的澳大利亚土著和新几内亚的部落居民。

9 000 年前，当我们的欧洲祖先还在冻土苔原上追逐长毛猛犸象的时候，住在高山峡谷里的新几内亚人已经发展出了精耕细作的农业。他们在这里驯化出并耕作收割世界上最重要的农作物——甘蔗，此外还种植芋头（一种富含营养的大型块茎）、香蕉、薯蓣和四棱豆。

虽然在地理上与世隔绝，但新几内亚在世界贸易中却扮演着重要的角色。早在 16 世纪，斯里兰卡的贵族们就戴上了用新几内亚的天堂鸟的羽毛做成的帽子。在那之前，中国人可能就已经在食用新几内亚生产的肉豆蔻了；印度尼西亚人则在用新几内亚的马索亚桂树制成的精油涂抹身体；古罗马人会用香籽来给食物调味，这些香籽正是在新几内亚西边不远的岛屿上生长的一种蒲桃的花苞，而这种蒲桃只生长在这些岛屿上。

在殖民时期，德国、荷兰和澳大利亚都将新几内亚的一部分据为自己的领土。这座岛的东半部分最后交由澳大利亚托管①，并最终在 1975 年独立，成为巴布亚新几内亚独立国。这座岛的西半部分则由

---

①该地区在二战时被日军占领。二战结束后，联合国大会于 1946 年决议由澳大利亚托管。

荷兰移交给了印度尼西亚，现在成了印度尼西亚的一个省。

　　然而这段简要的政治历史很少涉及新几内亚乡野人的生活，因为这些政治变迁并没有对多数人的生活产生较大的影响。尽管殖民统治已有半个世纪，但直到 1933 年，澳大利亚的金矿勘探员才阴差阳错地遇见了新几内亚中央高原上居住的 750 000 人——这是岛上目前为止最大的人口群落，中央高原的某些居住区甚至是地球上农村人口密度最大的地区。

　　伊里安查亚的主要人口聚居区巴连河谷甚至更晚才被发现。1938 年，百万富翁探险家理查德·阿奇博尔德（Richard Archbold）从空中看到了这个被他形容为"香格里拉"的地方。一个前所未知的巨大文明就此与西方世界发生了接触。这种两大文明的接触是地球历史上的最后一次，而且要直到十多年以后，才会有人与这一地区展开进一步的交流。

　　生物学家们在新几内亚的探索中扮演了领路人的角色，而来自意大利热那亚的路易吉·玛利亚·达尔波蒂斯（Luigi Maria D'Albertis）无疑是第一批领路人中的一个。1872 年 9 月 6 日，他成就了一项殊荣：成为第一个踏入岛上群山的欧洲人。他在那里发现了一个不为外界所知的生物圈，随后又与航空界的先驱劳伦斯·哈格雷夫（Lawrence Hargrave）一道探索了弗莱河。他们用绚丽夺目的焰火秀给当地人留下了深刻的印象。理查德·阿奇博尔德共参加了三次对新几内亚的大规模生物考察，并在其中一次考察中担任领导者。正是在进行这些考察活动的时候，他发现了巴连河谷。他建立的基金最终资助了对新几内亚的七次大规模生物考察。

当代的生物学家也做出过意义深远的贡献。1974 年，贾雷德·戴蒙德（Jared Diamond）探索了伊里安查亚的福甲山脉——此前，这片广袤的区域从没有白人踏足，也没有当地人居住。这里所有的动物都很温驯，天堂鸟在戴蒙德面前几米远的地方向他炫耀着羽毛，而各种在生物学上从未被描述过的树袋鼠则盯着他擦肩而过。

我第一次去新几内亚考察的时候正在攻读博士学位。之所以去那里考察，是因为它是最后一块未知的生物大乐园，而且我觉得自己可以在新几内亚的生物学处女地上，为我专长的哺乳动物学领域做出最大的贡献。

在为第一次考察新几内亚做功课时，我热切地阅读了很多关于这座岛屿的资料。我发现自己必须得在数不清的枯燥乏味的科研论文中翻来捡去，才能勉强找到人类在新几内亚的哺乳动物学方面已经取得的成就。没有哪一卷书本或哪一份纲要可以让我去学习其他研究者已有的发现。兽类的照片寥寥无几，本书的这一页纸就足以轻松地容纳下当时关于当地生态学的所有知识。在我看来，这是我做出一份不可磨灭的贡献的机会：我可以编写关于这座巨型岛屿上的哺乳动物的第一本手册。

在进行了十五次考察、两次对国外博物馆的访问，以及在图书馆里泡了不知多少个小时之后，我最终达成了目标。

天真如我，在踏上那次征途的时候还想象着整个世界已经尽在记载之中，大探索的时代早在 19 世纪就已经结束了。我很羡慕像达尔波蒂斯那样的探险家，他穿越了整个未曾探索过的山脉，几个月里就靠吃大米和新发现的天堂鸟过活。我以为我的角色要卑微一些：把前面那些研究者收集到的知识整合起来，加些照片和生态学记录，然后把它们全都塞进一本书里。如果幸运的话，我可能会发现一些不起眼的生物，比如先前的那些探险家未曾发现的某种老鼠。而事实证明，我在新几内亚最大的发现，可能就是我之前的想法大错特错了。

我当时无法想象到，自己将会与一个个此前从未与外界接触过的族群一起生活。对他们而言，就在几年以前，吃人还不是什么传说，而是一种生活方式。我也想不到自己将会攀上此前从未有欧洲探险家攀登过的山峰，钻进无人知晓的洞穴，或是重新发现那些此前被认为早已灭绝，只有通过冰河时代的化石才能进行研究的动物。要是有人向我透露说我将发现世界上最大的老鼠，命名四种树袋鼠，或者在一个布满了灭绝已久，完全不为人所知的巨型有袋类动物骨骼的洞穴中踉跄前行，我一定会一笑置之，丝毫不会当真。但事实上，这些都成了我的亲身经历。

我一直担心我那本《新几内亚兽类志》(*Mammals of New Guinea*)会让学生们以为新几内亚的探索时代已经终结了。那本书看着很高端，内容既有序又齐全。但实际上，它只是一个开始。新几内亚还和从前一样，是一大片冒险与发现的乐土。尽管这里的文化改变得很快，但在未来的很多年里，这些文化却仍将为看待这个世界提供一种全然不同的视角。我希望这座巨型岛屿能够继续对年轻的探险家和研究者们产生磁铁般的吸引力，而他们也将继续我未竟的事业。

THROWIM WAY LEG
AN ADVENTURE

第一部分

深入
阿尔伯特·爱德华山

第 1 章
槟榔国度

　　飞机缓缓地盘旋在一片干旱炎热的大地上空。空气里弥漫着褐色的繁茂草原燃烧产生的浓烟。在雨旱分明的热带，野火就像考古学家用泥瓦刀刮去层层沉积物那样剥蚀着整片大地。燃烧后的大地上露出了十几座老旧的马蹄形碉堡，它们环绕着机场跑道而建，当年建造的目的是躲避空袭。除此之外，还有几大堆废弃的燃油桶，一些装甲车的残骸，以及其他类似的二战遗物。

　　这里是莫尔兹比港的杰克逊机场[①]，通往巴布亚新几内亚的门户。1981 年 12 月，巴布亚新几内亚成立还不足六周年，我来到了这片向往已久的土地。然而，这绝不是我在梦中无数次见到的新几内亚，不是那个郁郁葱葱、丛林密布的新几内亚。

　　我对莫尔兹比港的最初记忆至今仍然很鲜活。在每一个街角里，都有皮肤黝黑的妇女和小孩坐在一堆堆 buai（槟榔）和 daka（蛇葡萄的果子，可与槟榔一起嚼）前，不过有时候，摆在他们面前的也可能是一捆捆果柄被绑在一起，扎得整整齐齐的花生。这种捆扎方式我此前还从未见过。

---

① 原文为 Jackson Airport。该机场现在的正式英文名称为 Jacksons International Airport，中文译名"杰克逊斯国际机场"，位于巴布亚新几内亚的首都莫尔兹比港。

最开始，我还以为那些遍布在人行道和墙壁上的红色污渍是恐怖袭击或血腥暴动后留下的血迹，心中还着实为此纠结了一番。但直到后来，我才发现那原来不过是槟榔汁。当把这种小小的绿色坚果的果仁与石灰（将贝壳焚烧后碾碎制成）以及 daka 一同咀嚼时，它们的混合物就会变成鲜艳的红色。槟榔嚼完之后，人们会用一种不可思议的力量将这一大股红色的汁液吐在自己瞄准的地方，又准又稳。

无知者无畏，初次了解一件事物带来的新鲜冲动会赋予人一种放飞自我的感觉，这一点是那些老油条们感受不到的。原来莫尔兹比港的街道并不是浸泡在血泊中啊，我心满意足，觉得可以随心所欲地想逛哪儿就逛哪儿了——甚至有一次逛到了臭名昭著的博罗科酒店的前台酒吧。

那个晚上，当我在落针可闻的寂静和暗中凝视的环绕中喝了一两瓶啤酒之后，两个年轻的哈鲁巴达①小伙子提出要送我回到我住的安高②客店去。直到我们快到客店了，且注意到博罗科③每家每户外面都围着装有倒钩的铁丝网，并蓄养着恶犬时，我才意识到，他们显然拯救了我的钱包，而且可能还救了我的命。

我很快就发现，在莫尔兹比吃饭，最物美价廉的地方就是中餐馆。博罗科的钻石餐馆成了我的最爱。它那澳松板的桌面和简洁的菜单让我想起了儿时的一家中国餐厅，想起了我父亲拿着自家的炖菜锅，去一整锅一整锅地买炒饭和咕咾肉的情景。一天晚上，我留意到写菜单的黑板上添了一道很有意思的菜。炒面的下边写着"老爸跌倒了"（Papa fell over）。我怀疑这是一种度数极高的当地自酿酒，无比好奇之下，就点了一小份，外加咖啡。

① Hanuabada，莫尔兹比港临近海边的一个村庄。
② Angau，莫尔兹比港的一条街道。
③ Boroko，莫尔兹比港的一个区。

上菜之后我才发现"老爸跌倒了"原来就是奶油水果蛋白饼（pavlova）！在中式厨房里改头换面并重新取了一个美拉尼西亚①洋泾浜的名字之后，这种独特的澳洲甜点尝起来前所未有的美味。

柯奇②市场紧靠艾拉海滩③。这个美丽又富有异域风情的地方每天都让我流连忘返。黝黑身躯的人潮不停地涌动在拥挤的广场上，人们身上的味道与槟榔的独特香气交织在一起。有趣的是，那大摊大摊的红色汁水似乎是被集中吐在一块写着"NO KEN KAIKAI BUAI HIA"（禁止嚼槟榔）的警示牌周围的。附近有一个老爷子，每天早上都坐在那里，穿着一条简单的缠腰带，面前摆着寥寥几颗槟榔在卖，花白的脑袋一颔一颔的。一天下午，槟榔卖得只剩下两个了，他忍着疼痛试着伸展一下饱受关节炎之苦的身子。这时，一名妇女用莫图语④嚷道："欸，老头儿，你的蛋蛋落下啦！"整个市场顿时爆发出了歇斯底里的大笑。

大堆大堆的瓜果蔬菜总是铺满了市场的每一条长凳。在成堆的果蔬上方，各种奇形怪状的包和福袋悬挂在铁皮顶凉棚的椽子上垂下的木钩上。我偶尔能看到一只满脸困惑的cuscus（袋貂）从一个网兜里向外窥视的眼睛，而其他网兜里装的东西就看不清了。我迫切地想要搞一些袋貂来充实我们博物馆的馆藏。刚开始时我没有意识到这些福袋从杂货到婴儿什么都可能装。当意识到这一点后，我才发现有时候用这门几乎听不懂的语言正在讨价还价的，不是袋貂，

---

① 太平洋三大岛群之一，巴布亚新几内亚是位于该岛群的国家。
② "柯奇"即 Koki，莫尔兹比港的一个区。
③ "艾拉海滩"即 Ela Beach，莫尔兹比港朝向南方的一条海滩。
④ Motuan，巴布亚新几内亚的土著民族莫图人（Motu）的语言。

而是小孩。

有一天，我看到水边有一只玳瑁仰躺在太阳底下无助地哽咽着，眼里流出咸咸的眼泪来。那里是海鲜区，已经有人买走了这只玳瑁的一条前腿。我被这种残忍震惊到了，随即放弃了喝海龟汤的打算，转而买了两只活的 kindam（一种花纹艳丽的淡水鳌虾），每只的价格不到一美元。我从来没想过用我那点儿微薄的出差补贴能买得起这么奢侈的东西。

海鲜区后面是卖肉的摊位。一打一打堆在那里的，是熏制过的沙袋鼠。尽管这些沙袋鼠在熏制之后有很浓的烟味，但仍无法驱赶走一群群盘旋往来的苍蝇。有一个老头在卖肉，他的一只眼睛已经失明，身后摆放着一把猎枪。我付给了他五基纳①，买下了一只沙袋鼠。这一下子就解决了两个问题：不仅采集到了我在新几内亚的第一号标本，还解决了明天晚饭用咖喱来煮什么的难题。

那天离开市场之后，我在一家昏暗的中国货栈门口停下，加入到了聚集起来的人群中。老老少少都挤在一起，他们一边向上抻着脖子，一边把嘴巴张成了庄重的 O 形，脸上写满了惊奇。拼命挤过人群之后，我才发现吸引他们的是什么——电视机刚刚降临莫尔兹比港了。

看起来，新几内亚还是跟上了 20 世纪的节奏。但是，莫尔兹比港距离阿尔伯特·爱德华山②还有很长一段路。这座孑然而立的高山，就是我盼望着邂逅梦中那永恒的新几内亚的地方。我刚到的时候并没有看到这座山，是因为旱季此起彼伏的山火腾起的烟雾模糊掉了它的身影。直到我将要飞往山脚下的那天早晨，在破晓之前，它依然是犹抱琵琶半遮面。

---

①巴布亚新几内亚货币单位。
② Mt. Albert Edward，新几内亚岛东南部的一座高山。

第 2 章

喜欢地狱甚于天堂的哥以拉拉人

平原众多的地貌特征使澳大利亚人习惯于不让自己的目光高出地平线太多，所以，当我在晨光中站在机场的时候，起先并没有看到阿尔伯特·爱德华山。欧文斯坦利山脉中一座座耸动的暗绿色山峰朝着北方依次淡去，它们的峰顶在朝霞晕染的云彩中渐渐变得模糊。在大气层的某种小把戏的作用下，一线淡蓝色的天空好似升到了云雾以上。出于某种原因，我的眼睛努力地在它之上搜寻着什么，并在最终见到了一种似乎不可能出现的幻象。在那里，仿佛漂浮在半空中，脱离于其他一切的，是另外两座山峰。这两座山峰并不是暗绿色的，而是被寒冷的草甸和嶙峋的怪石装点成了金黄色和紫色。我幻想着一个失落的冰河时代，一个新世界，正从这两座天空之岛上向我发出召唤。其中较远的那一座便是阿尔伯特·爱德华山，我的目的地。

我得以前往巴布亚新几内亚是由乔弗里·霍普（Geoffrey Hope）[1] 博士促成的。他是一位古植物学家。那个时候，他在我眼里就像神一样。他能讲一口流利的皮钦语，十年前就曾攀登过伊里安查亚的卡斯滕士冰川，也比我此前认识的任何人都更了解新几内亚。作为澳大利

①下文中作者将他昵称为乔夫或乔夫·霍普。

亚国立大学的地理学讲师，乔夫是所有老师中最能激励人心的。他是真正的探险家，并且一直在创造着令人无法抗拒的机会，让学生们可以与他一起前往遥远的地方考察。

乔夫那次是去阿尔伯特·爱德华山下面的柯西皮（Kosipe）考察，因为那里前些年出土了一些古老的石斧。他认为这个区域的沉积物中可能有花粉化石，而后者能为研究那里长期以来的气候和植被变化情况提供一些思路，又或许，为人类对自然环境的早期影响的研究提供一些思路。

在那第一次行程里，陪同乔夫的还有他的夫人布伦·韦瑟斯通（Bren Wetherstone）、他们的幼子朱利安（Julian）、乔夫的母亲佩内洛普（Penelope）和父亲亚力克（Alec）。我对乔夫的父亲也很敬仰，他更为人熟知的名字是 A.D. 霍普（A.D.Hope），写的现代诗是我读过最好的。我当时想，真奇怪，这么一位大人物居然真的会和我这个小小的学生讲话！

乔夫的母亲佩内洛普·霍普在巴布亚湾长大，她的父亲是那儿的一名商人。她对这个国家很了解，给我讲了她的很多童年经历。对她来说，这就算是一次最后的怀旧之旅吧。

然而这么一个扶老携幼的阵容，可就很难满足我在遥远的新几内亚丛林中来一次生死存亡大冒险的愿望了。但是，这次冒险仍带给了我一段无法复制的经历。因为通过它，我领略到了一点关于 taim bilong masta，也就是白人统治新几内亚时期的东西。如今回想起来，对巴布亚新几内亚过往风貌的这一瞥，价值无可限量。

A.D. 霍普似乎对我们的工作很感兴趣，并且尤其着迷于我们抓到的那些小动物。

有一天，我诱捕到了一只小型的肉食性有袋动物，这种动物是澳

大利亚 *Antechinus* 属①动物的近亲。A.D. 霍普对此欣喜若狂。他刨根问底地向我询问这种动物和它性行为方面的情况，后来才解释说他最新一本诗集的名字就叫"Antechinus"。这本诗集的一大主题就是这些奇异的有袋动物的性生活。它们的繁殖形式不同寻常，雄性只能活十一个月，而雌性却可以活好几年。雄性会把生命里的最后一个月全都花在寻求性满足上，这项活动乃是高度的纵欲，最终将无可避免地导致它们的死亡。后来我收到了 A.D. 霍普寄来的一本 *Antechinus*，他在这本书上的题字满含着溢美之词，赞扬了我们在窥探这种小小的有袋类动物上所花费的功夫。

我们的计划是乘坐飞机，把霍普一家三代都送到柯西皮去，那里是山脚下的一个天主教传教站。肯·阿普林②（Ken Aplin，一位同行的学生）和我将被送到大约 15 公里外的沃伊塔佩，然后徒步进山。

有时候，徒步相比坐飞机是有优势的，因为这将使你对造访之地的整体环境产生一种截然不同的感受。从沃伊塔佩到柯西皮的小路路况不错，是用来让拖拉机通行的。我们循着这条小路，在丛林和再生苗中蜿蜒前行了五个小时。一些习惯了澳大利亚开阔林地的人一到这样的小路上就会产生一种束缚感，因为植被茂密，把视线都挡住了。但出乎我们意料的是，一片壮美的景象最终展现在了我们的面前。

柯西皮的传教站坐落在一个优美的山谷中，背后一阶一阶耸入云霄的，便是宏伟的阿尔伯特·爱德华山。在这个晴朗的下午，它的山顶在天空的映衬下闪耀着紫色的光芒。山谷的地面几乎完全被一大片沼泽所占据。乔夫就是来这里采样的。利用采集到的样本，他可以检验这里的植被随着时间的推移所发生的变化。山谷周围是一片略有起

①生物分类学上的一个属，由于目前尚无对应的中文名，因此这里使用了原文。生物分类学领域目前这种情况很多，下文中使用原文的地方都是因为没有对应的中文名。
②在下文中作者常以"肯"来称呼肯·阿普林。

伏的草地，下午时分，这里的空气凉爽清新。不过，这幅景象中有一些很扎眼的欧洲元素：山谷中，尤其是那些地势略高的地方遍地点缀着素净、斜屋顶的双层瑞士小木屋。小木屋之间放牧着牛群和马群。而在更远的地方，一丛丛树木中升起了一缕缕青烟，那里是哥以拉拉（Goilala）人的村落所在。

这个美丽的地方是两种山地文化共同作用的结果，这两种文化表面上看并不相同，内在却非常相似。柯西皮山谷的草地是本地最早的居民哥以拉拉人在过去大约四十年间开拓出来的。早在传教站建立以前，他们就已经居住在这个山谷里了。只要条件允许，他们就会烧掉林子，不断扩张这片草地的范围。

另一方面，小木屋和牛马群则是亚力克山德烈·麦克卢德（Alexandre Michaellod）神父的功绩，他是我见过的最卓越非凡的人之一。

麦克卢德神父是家里的第十一个孩子，他的父亲是瑞士一个卑微的奶农，信奉天主教。对小麦克卢德来说，这一点颇为不幸，因为在20世纪早期,这样的孩子实际上不会有任何前途。对这样的孩子来说，有一条经过时间检验的出路，实际上也是唯一的出路，那便是进入修道院。麦克卢德在十二岁时便进了修道院，他在那里学会了做几种奶酪，据他回忆，修道院里的生活无聊透顶。这时候机会来了，他可以做一名传教士。经过一段简短的培训之后，麦克卢德便被派往新几内亚。即使是在前往新几内亚的船上时，他仍以为自己的目的地是非洲的某个地方。

当麦克卢德终于到位于达尤尔岛南海岸上的天主教传教站后，他被指派了一个几乎是自杀式的任务：去给当时基本与世隔绝的门迪地区传教。根据一份记载（很可能是杜撰的），当被告知分配给他的是这样一项任务之后，麦克卢德嘴里骂着街，往地上吐了三口吐沫，才跺着脚踏上了这段传教之旅。

尽管难度很大，麦克卢德还是出色地完成了任务，将福音带到了门迪。由于非常成功地完成了这项任务，麦克卢德接下来被派往了哥以拉拉，去那里建一个传教站。

哥以拉拉人的名声很臭。莫尔兹比港一个最臭名昭著的叛教者帮派"105"就有很多哥以拉拉人。之所以叫这个名字，是因为从镜子里看，"105"与 Goilala 这个词的前三个字母非常相似。"105"帮的胆量和残忍程度可谓人尽皆知。就在我们离开柯西皮一年后，一名比利时医生在攀登阿尔伯特·爱德华山时被杀害了。哥以拉拉向导用一把斧子劈开了他的后脑，然后抢走了他的财物。巴布亚新几内亚第一次飞机劫持事件发生在 1995 年 9 月，劫机者也是哥以拉拉人。飞行员被人拿霰弹枪指着脑袋，艰难地将飞机着陆在柯西皮那条当时还是废弃的跑道上。

我的一位新几内亚朋友曾跟我说起过自己的祖父。20 世纪 30 年代，他的祖父在哥以拉拉地区担任警长。作为一位有警衔的巴布亚人，他可以在没有 kiap（政府官员）监督的情况下带领一队警察追捕作奸犯科之人。他最喜欢的战术是跟踪这些恶棍回到他们的村子，然后在清晨用一把火点燃这帮人的房子，再拿一把步枪守在房门口。等那些熟睡的罪犯为了躲避火灾从门里钻出来的时候，他就可以一枪一枪地打爆他们的头。

晚年的时候，这位警长觉得自己的很多罪行难以宽恕。他经常会问他的孙子什么是天理。"如果上帝是正义的，"他问道，"为什么他会让我这样的老混蛋活到这么大的岁数，却看着这么多好人英年早逝呢？"

现实情况非常奇怪，当我的这位朋友造访哥以拉拉地区的时候，他发现自己爷爷的名字在年轻人当中很常见。不论他的手段如何，这个铁骨铮铮的老家伙仍旧赢得了哥以拉拉人的敬佩，因此新一代的年轻人中有很多人取了和他一样的名字。

这个故事有助于让人更加了解麦克卢德。他在柯西皮待了很久，这一点便使他非同寻常。然而，我喜欢他的原因远不止这些。他是一个既复杂又聪慧的人，将毕生奉献给了一个他从未质疑过的信仰。但可悲的是，到1981年时，他就变得有些不合时宜了——新来的罗马天主教传教士们倾向于将自己视为服务者，主张引导而不是统治当地的原住民。而麦克卢德神父的办法则比较传统和专制。在新几内亚的高地社群中度过了大半辈子之后，当地原住民对他已经产生了深入骨髓的影响。他教众中的很多人希望他们的牧师能够表现得像个"大人"。麦克卢德也确实表现得像一个"大人"：他让人又敬又怕，这一点非常符合新几内亚的优良传统。他的这些表现很贴合老一辈哥以拉拉人的观念，因为他们乐于接受这样一个老派的领导。

对于自己与哥以拉拉人的第一次接触，麦克卢德至今记忆犹新。当时他独身一人，披着黑色的袍子，在茂密的丛林中穿行。他的出现吓到了那些热情奔放的山里人。这些山民从村庄中四散逃离，只留下几个羸弱的老妇人看家。一直过了好几天，其他人才敢回来。麦克卢德不会说哥以拉拉人的语言，但他知道，与孩子接触是赢得大人们信任的最好办法。他会递给孩子一块煮熟的甜点，然后拉住他们的手，将他们领到自己的草屋里进行交谈。

很多年后，麦克卢德终于明白了为什么这些孩子的母亲看到他把孩子领走时就会放声大哭：当哥以拉拉人拉住一个人的手，把他领到一个没人的地方去时，就意味着接下来必然会发生性行为了。这些年来，哥以拉拉人都以为这个对女人没有兴趣，看起来道貌岸然的男人是个娈童癖。

他第一次传教的努力是个惨痛的失败。男人们最初拒绝让女人接触宗教知识，而即便他们最终答应了麦克卢德的传教请求，也会要求他必须让自己手下的传道员一个个地分开来教。这个虔诚的海边人不愿意目视赤身裸体的哥以拉拉妇女，他选择躲在一棵树的树干后面，举着阐释天主教教义的画。通过这种方式，大家可以对画中的内容进行讨论。

麦克卢德惊恐地发现，他的教区居民全都更喜欢地狱而非天堂。他花了一段时间才发现了这种偏爱的原因。在传教画片上，地狱被描绘为一个燃烧着永恒之火的地方，栖居着深色皮肤的怪物，这些怪物的手里拿着长矛一样的钢叉，偶尔会拿叉子叉一个被捉住的白人。简而言之，麦克卢德发现这些场景与理想化的哥以拉拉草屋里发生的一切有着高度的相似性。而天堂则被描绘成一个云雾缭绕的地方，其间站着很多白人，皮肤苍白，咄咄逼人。对哥以拉拉人来说，天堂太像山顶了，而山顶盘绕着迷雾和风雪，常常会把人冻死。由于这种相似性，他们害怕天堂。

更让麦克卢德神父觉得糟糕的是，哥以拉拉人持续不断地（又有可能是很执拗地）对三位一体的本质产生误解。他告诉我们说，在我们抵达前不久，一群最虔诚的教区居民非常激动地来找他。他们说自己在林子边上劳动的时候，圣灵向他们现身了；他们还说圣灵要求神父同他讲话。麦克卢德漠然地在一张废纸上划拉了几个字（用的是法语！），然后把纸条递给了这些满心激动的教众们。过了一会儿，他们兴高采烈地回来了，说圣灵从他栖身的地方一跃而下，用喙衔住那张字条，飞回了天堂！

麦克卢德浑身上下都和他管辖的哥以拉拉人一样剽悍。他告诉我说，他到这儿几个月后，看见两个手持斧头的哥以拉拉男人在决斗。两个赤身裸体的人都踩着小心翼翼的步伐绕着对方移动，像两只斗鸡一样。他们将手中的长柄斧置于身前，而斧刃就位于各自的面前。两个人都在寻找时机，好把这钢铁的楔子深深地劈进对手的头骨里。

麦克卢德冲过去，伸出一只手把冲突双方隔开。其中一个人在应激之下将斧子往下一挥，砍在了麦克卢德毫无保护的胳膊上，一时间血流满地。

几个礼拜之后，那个犯事儿的人便死了。他相信，在砍伤麦克卢德神父流出血液的同时，他的过失还把神父的灵魂也一起释放了出来。他坚信，这个灵魂不取走他的性命是不会罢休的。

与此同时，麦克卢德神父可把被派来照顾他的巴布亚修女们吓坏了。他把一口备用棺材靠在自己房子的墙上，开玩笑说这是"预先"给自己买的。

麦克卢德这种对棺材的喜爱机缘巧合地传染给了他的教堂看守人，后者想必也是古怪至极。这个虔诚的伙计在妻子生病时去了趟莫尔兹比港，并在回家时给她带了一件礼物———一口锃亮的棺材。教堂看守人的妻子显然很喜欢这份礼物，并且对自己的病体何时能够痊愈一点也不在意，因为病好了就意味着棺材的使用时间要推迟啦！

麦克卢德最大的胜利还是在于将牛带到了柯西皮。让一个瑞士奶农看到一条水草丰茂的山谷里没有奶牛，那可是太难受了。麦克卢德神父离不开它们。可是在早年间，从欧农奇长途跋涉到这里对牛群来说实在太过困难。

麦克卢德当时亲自赶着这些牲口，片刻不停地走在爬满青苔的羊肠小道上，穿过茂密的雨林。与此同时，他自始至终都在为通往柯西皮的最后一段路提心吊胆，因为当时，那段路还只是淹没在极稠密的灌木丛中的一条曲折小径。但当快到传教站时，他发现教区民众已经修好了一条名副其实的牛群公路。那条蜿蜒的小径被拓宽、改直了，还铺上了草席，好让这些"上古神猪"（獠牙长在头顶上真是令人过目难忘）前进的脚步踏得更加舒服。

然而到了 1981 年，早年间的那些事就成老黄历了。村子里的少数老人仍然尊敬着这位掌管着上古神猪，仅流一点血就可以杀死一位正当盛年的勇士的牧师。但是如今的年轻人成长在一个截然不同的世界里，他们知道莫尔兹比港，也熟悉白种人的路子。很多人知道白种人和其他任何人一样好抢。他们反对这位老神父，尽管现在还不敢明着干，可是离他们放开胆子的那天也不远了。

随着圣诞假期的临近，通往沃伊塔佩的小路上每天都能看到一群群赶回来的人。他们是从莫尔兹比港赶回来与亲人们欢度圣诞节和新年的。其中很多明显是辛勤工作的政府职员，想着过个惬意的假期。而另一些则是神色骄横的年轻人，他们大摇大摆地走着，扛着一兜兜显然是偷来的各色西洋物件——这其中收音机、台灯之类的电器居多，尽管哥以拉拉人的草屋里还没有通电。

1981 年的圣诞节这天，麦克卢德神父阿尔卑斯长号的声音在柯西皮山谷里响起，就像过去三十年的每一个宗教节日一样，召唤忠实的信徒来做弥撒。这是近十年来我第一次被吸引到了一座教堂里，不为别的，就是想听听这位老爷子用哥以拉拉语讲的那些长篇大论。

大半部分话确实是用哥以拉拉语说的，但是这段布道中还掺杂着些怪异的皮钦语和英语。在严厉命令哺乳期的母亲们不要在圣餐仪式上给孩子喂奶之后，麦克卢德开始了一段关于地狱之火和硫磺的布道，那是我在自己短暂却难忘的罗马天主教徒生涯中听过的最耸人听闻的布道了。

他首先告诉教众，这可能是他给大家做的最后一次布道了，因此他们最好仔细听。他说在通往永恒善报的狭窄曲折的道路上，他是哥以拉拉人的唯一向导，可是他 klisap long bagarap pinis（命不久矣），可能活不过下一年了。他说他知道他们有着好逸恶劳、健忘、恶劣至极的品性。因为他在他们的祖父辈们还在相互残杀、同类相食时就已经来到了这里！他还说，新的一代也正在偏离信仰，堕入卑劣的行径当中。若是任由他们这样肆无忌惮下去，整个部落必将在永恒的地狱之火中灰飞烟灭。

他津津乐道地详尽阐述了地狱里的种种酷刑，细致入微地点出了教众们犯下的各种罪孽。"严格、绝对地恪守天主教的教义，"麦克卢德总结道，"是通往救赎的唯一之路。"

后来我才反应过来，他有一部分话说的是英语：我是教众中少有的几个能听懂哪怕是一星半点英语的人之一。

弥撒结束的时候，即使是麦克卢德神父洪亮的话音也逐渐地被教堂后面发出的女妖一般的哭喊声淹没了。我问他这是怎么回事，他告诉我说这都是一场可怕的意外闹的。

哭喊的是一个可怜的寡妇，她仅有的财产就是两头被她当作宝贝的猪。一天早晨，麦克卢德一觉醒来，发现这两头猪正在翻拱他精心侍弄的菜园子。他以前立过规矩，但凡有猪犯这样的错，他会当场要它们的命，但是想想要剥夺这个寡妇唯一的财产，心里又非常为难。

最终，他决定看在她可怜的分儿上开恩一回，但是仍然觉得应该给人们一点教训。他把自己的霰弹枪从卧室的窗口伸出来，闭上眼没瞄准，随意地向远方放了两枪。这时，让他惊恐的事情发生了：两只猪都倒了，死得透透的。

从此以后，每有公共场合，这个寡妇都会来哭闹，以便让牧师意识到他干了件多么没心没肺的事情。虽然麦克卢德神父为自己在行使正义时犯的错误感到抱歉，但他觉得自己不能按她的要求对她进行赔偿，他担心先例一开，类似的事情就拦不住了。

当我认识他的时候，身患关节炎的麦克卢德神父已经摇不动发电机的曲柄来点亮夜晚的传教站了，我很快就接过了这项任务。他仍然搅得动奶桶，但在做软硬奶酪的时候还是希望有人能帮把手。他用这些奶酪与附近传教站的瑞士同胞们换取粗酿的红葡萄酒。

当身处在新几内亚的村民中间时，这位在 20 世纪早期的欧洲乡村长大的单纯的牧师感到非常快乐，他觉得比身处在像我这样的现代西方人中时快乐得多。如果哪天他被强迫返回现代的瑞士，那他一定会无比失落。

当我们在圣诞弥撒之后的那个上午忙着做奶酪时，我问麦克卢德怎样评价自己的成就。他异常平静地向我解释说，让欧洲人皈依天主教花了一千年的时间，柯西皮的天主教堂没什么可急的。

第 3 章
挑战三观的观念

我们考察的最终目标——登上阿尔伯特·爱德华山，已经万事俱备了。约定好的那个大清早，乔夫·霍普、布伦·韦瑟斯通、肯·阿普林和我由十几个哥以拉拉人陪同着，在蒙蒙细雨中动身穿越山谷。我们走了大约两个小时，其中大部分时间是在穿越景色秀丽的柯西皮沼泽。随后，我们抵达阿尔伯特·爱德华山的南坡，开始了艰难到自虐一般的攀登。

当天下午晚些时候，高山反应和疲劳开始降临到我们头上。乔夫在早些时候就出现了呕吐症状，把午饭全吐了出来。我也累坏了，再也爬不上某些长满苔藓陡得吓人的山坡。最终，我躺在路边，彻底瘫软下来。我的头嗡嗡作响，感觉像要裂开，腿也抖得不听使唤。

乔夫在我身边停下来，打开了一罐牛棕榈牌（Ox & Palm）牛肉罐头。急需能量的我直接捧着罐子吃了起来，皮、肥肉和杂碎全都吃掉，全然不顾儿时曾听说这类罐头是用牛下水做的，多半是嘴唇、耳朵和阴囊。不管怎么样，我终于恢复元气，能够继续前行了。又走了几米，我挣扎着爬上的那道狭窄的山梁展开成了一条宽阔的山谷。

这里是海拔 3 000 米的霓虹盆地（Neon Basin），与狭促的苔藓林之间存在着无比鲜明的对比。这条美丽、宽阔、绿草如茵的山谷高高坐落在山的高坡之上。一万年前，这里曾经是一个湖，由山中伸出来的一条冰川舌堰塞而成。在这天下午，云团围绕在山下很低的地方，而我头顶上拔地而起的，便是峰顶那饱受冰川侵蚀的峭壁。

新几内亚那秀美的高山木桫椤（*Cyathea tomentosissima*）长势很好，它们的树干上装点着亮橙色的石斛兰。地面覆盖着禾草，在草丛的上方时不时能看到一丛杜鹃花。在下午的阳光下，四周闪耀着青铜色和橙色的光芒。

直到今天，1981 年 12 月的霓虹盆地仍是我魂牵梦萦的地方，我会想象这是我置身的世外桃源，是一种逃离冗长无聊的委员会会议的解脱方式。

在我驻足凝望这片美景时，一团比我步速更快的浓雾忽然席卷而来，从我的眼前夺走了这一切。雾很快就浓到伸手不见五指的程度了。我能感受到凝结在皮肤上的水汽的丝丝凉意，以及缭绕的云雾中蕴藏的那种寂静。

迷失在浓雾中的我意识到，哥以拉拉人相信这里住着 masalai（魂灵）是正确的。

孤身一人迷了路，再加上麦克卢德的布道深深勾起了我小时候学天主教教义时形成的对天堂的恐惧记忆，我把吃掉的牛棕榈罐头一股脑吐到了高山禾草上。

这时，不远处传来斧子砍干木头的声音，我被吸引了过去。

走近之后我才知道，这里原来就是我们的藏身之所，一个修得很好的猎人小屋。小屋是用枌椤的树干搭建的，用山地露兜树盖的顶，里面衬着高山木枌椤的软叶子。墙上四处挂着些作为战利品的骨头，是之前猎人们狩猎打到的。

就是在这个神奇的地方，新几内亚猎人小屋中那种特点鲜明，略有些呛鼻的烟味儿第一次渗入了我的灵与肉中。即便是到了今天，当我有时候套上一件残留着那种气味的套头衫时，就能瞬间神游到新几内亚。

小木屋的中间有个长条形的炉子正在熊熊燃烧。充斥着浓烟，装饰着动物骨骼，躺着些有着褐色身躯的熟睡的哥以拉拉向导，这个小屋多少有些像我儿时想象中的地狱。我在火边躺下，在极度的疲乏中睡去。

火没到黎明就熄了，我在寒冷中醒了过来，瑟瑟发抖地等着太阳升起。我们的哥以拉拉猎人和他们的狗也起来了。吃了几个kaukau（烤红薯）之后，他们动身穿过潮湿的草丛，前往林子的边缘。而我，则坐在小木屋外欣赏着黎明。白色的云朵像沙滩上的涟波一样，均匀地铺展在粉红色的天空里。一轮明月仍旧照耀着霓虹盆地，为草丛披上了银装素裹的寒霜。

我在新几内亚作为一个真正野外生物学家干的第一天活儿着实令人泄气。乔夫和布伦在夸赞老湖床美景的同时，肯·阿普林和我却有好大的一个盆地得去勘探，还有几百个老鼠陷阱需要架设。我们出发了。

我们的陷阱是铝盒式的，可以抓住动物又不至于伤害到它们，但缺点是非常笨重。一名十岁的哥以拉拉男孩维克多（Victor）陪我们一起去设陷阱，他是个自来熟的人。由于我的高原反应还没缓过来，任何体力活动都会很快让我筋疲力尽，于是没过多久，小维克多便来帮我扛沉重的陷阱箱了。更让我惊喜的是，维克多一路上背得毫不费力。当我在路边比较有可能捕获到动物的地方设置陷阱时，维克多就跟在后面，对着陷阱的开口轻声念着咒语，希望增大我们捕到动物的可能性。

这趟活儿干完，陷阱箱空了之后，维克多肩扛着一块巨大的木头，把它搬回了营地。我偷偷感受了一下那块木头的重量，却尴尬地发现在当时那种病快快的状态下，我几乎抬不起它。

到了下午，营地打理完毕，陷阱也已就位，我们终于有机会探索四周了。我们在盆地的中央发现了一块突出的岩石，下面曾经被一代代猎人和草鸮用作休憩之所。软泥的地面上乱七八糟地散落着小块的骨头，让我们很容易就知道山谷里栖息着哪些动物。继续探索，我们发现了一头怀孕母猪搭的大草窝的遗迹，地上到处都是沙袋鼠和新几内亚野狗的粪便。这个地方的野生动物还真是丰富啊。

那天晚上，猎人们满载袋貂而归。他们急着想吃肉，所以肯和我只好赶紧采集样本，并给样本上标签。其中一只是铜环尾袋貂[①]（Coppery Ringtail），带回来时，它还是活的。我们此前从没杀过动物，因此希望人道地送它上路。幸运的是，肯和我预料到会有这样的情况发生，所以随身带了一瓶乙醚。

让这只袋貂吸了足够放倒一头牛的乙醚后，肯和我开始动手了。它的睾丸需要切下来做染色体的研究，肝和肾也需要采样。让我惊恐不已的是，在我们快弄完时，它居然开始表现出生命复苏迹象了。

---

① 这种袋貂的学名是 *Pseudochirops cupreus*，目前没有对应的中文俗名，因此按英文俗名直译为"铜环尾袋貂"。

我赶紧用浸满乙醚的破布紧紧捂住它的口鼻，直到我确定它彻底死了为止。

不久，猎人们开始吃晚饭，他们中间爆发出了欢腾的聊天声。终于，安德鲁·凯诺（Andrew Keno，一位会说一点英语的哥以拉拉人）走到我身边，跟我解释说猎人们把其中一只袋貂认错了。它不是普通的 Kovilap（铜环尾袋貂），而是另一个十分稀有的种类。事实上，那是最稀有的一种袋貂，味道也是所有袋貂里面最好的。他们给了我一块这种令人惊奇的动物的肉，我试探性地咬了一口。

我的舌头立刻就陷入了可怕而彻底的麻木。

乙醚蒸气冲进我的鼻子，直刺我的双眼。这种气体已经扩散到了这只被过量麻醉的袋貂的全身，简单地烤一下降低不了多少它的含量。

我怕得要命，想着乙醚可能会对哥以拉拉人产生何种影响，一晚上几乎没怎么睡。时间流逝，我一直在警觉着这些同伴们的鼾声是否出现了异常。最终，他们在第二天早上都醒了过来。一切安好，这让我如释重负。

在这以后，我学会了在脖子后面猛砍一刀来杀死大型有袋类动物的方法。如果手法得当，动物立刻就会死亡。我确定这种方法可以使动物只感受到很少一点疼痛，当然，这也保证了我的朋友们吃的是没有用乙醚麻醉过的肉。

我常常思考，部落土著与西方人对虐待动物有着怎样不同的概念。与我们不同，新几内亚的乡民似乎没有虐待动物的概念。在我做野外工作的那些年里，他们带给我的袋貂和沙袋鼠，或是四肢尽断，或是肠子外露，或是眼睛挂在外面。当我要求一个猎手解脱一只生不如死的动物时，他们常常会告诉我说它已经死了！实际上，一只动物活得越久，对猎人就越有好处：只有这样，肉才不会在热带气候里快速腐烂。

我清楚地记得一天早上发生的事情。当时，我正在位于西巴布亚新几内亚高大巍峨群山中的特莱福明，检查一个夜里可能捕到蝙蝠的鸟网。我把那些研究中不会用到的蝙蝠都放了，这让我的特莱福[①]助手们感到非常不满，他们指责我浪费了珍贵的食物，并且坚决不允许我再放掉一只被网捕到的小吸蜜鸟。

一名特莱福人将那只小吸蜜鸟带回了营地，一路上温柔地摇晃着掌心中的它。到达营地后，这名特莱福人开始漫不经心地拔起小吸蜜鸟的毛来。活拔！我表示抗议，但他似乎并不理解我的意思。当所有羽毛被拔掉之后，这块光秃秃的肉看起来十分荒诞：粉嫩嫩的一块肉呆坐在那双拔光了它羽毛的手上。这人捡起一个盖子半开着的铁罐，往里面倒了一点点凉水，把鸟扔进去，盖上盖子，然后把铁罐架在了火堆上。

鸟的哀鸣几乎让人无法忍受。终于，那小小而赤裸的身躯挣脱出了铁罐，围着小屋跑起来，这让这名特莱福人感到很欢乐。当鸟再次被抓住时，我恳求这个伙计立刻杀了它。但他只是一边把鸟放回罐子里，一边回答说："No ken wari, masta, em bai dai（别担心，它很快就会死了）。"我如坐针毡地听着那哀鸣声越来越弱，直到被沸水的咕嘟声湮没。

这一小点蛋白质看起来不值得这么费事——一口就吞下肚了。

回想起来，这样残忍的事不胜枚举。给猪阉割要用竹篾子，程序烦琐冗长，睾丸被零零碎碎地切下来，其他部分则被做成腕带。还是这些猪，接下来还会被弄瞎：人们往它们的眼睛里揉进石灰，以防它

---

①指特莱福明（Telefomin）的原住民，作者原文中都以特莱福人（Telefol）称呼他们。

们乱跑。几个月后，这些猪会被杀掉：先敲晕，再活着扔到火里。它们烧得焦黑却还在呼吸的身体会被装上独木舟运回家，在宴会上享用。

但就是做出这种事的这些人，对人类同伴的健康却关怀备至。他们会克服重重困难来减缓他人，甚至是我这样的陌生人所遭受的痛苦。有时候，他们甚至会冒着生命危险来保护我免受伤害。

同样挑战三观的是美拉尼西亚人一些与环保有关的观念。有天早上我从柯西皮出发，到大约一小时行程之外的一片林子的边缘去建一个营地，以便在附近的原始森林里设陷阱捕捉动物。有几个年轻的哥以拉拉人陪着我，在我动手支帐篷时，他们开始砍一棵巨大的香松，那是一种本地产的松树。香松在进化上是雪松古老的远亲，是森林中真正的长者，根部至少有两米粗。在花了很长时间一通乱劈乱砍之后，我的哥以拉拉同伴们发出了兴奋的喊叫声，接着这棵巨树便倒在了地上，声音震耳欲聋。

让我惊奇的是，他们只是随随便便地从倒下的树干的一头剥下了一块树皮，用作临时住所的屋顶，然后就任由这棵参天大树的剩余部分在那里烂掉。

残留的树桩上有五百圈年轮。这棵树至少有半个千年那么老了。

这样的行为在哥以拉拉人那儿说得通。对他们而言，森林是取之不尽的。这无非就是一个在原本没有花园的地方创造出一个花园的好机会罢了。

我坐在那儿数年轮的时候，我的哥以拉拉同伴们继续在周围砍树，拓宽着他们的新花园。我对某棵树可能在倒下来时砸到自己的担心成了这些专业樵夫的笑柄。当一棵树发出即将断裂的嘎吱声时，他们就会冲我喊叫，叫我跑开别被砸到。

往左跑！不对，往右！不不不，往左往左！！！

我还在前蹿后跳呢，那棵树就稳稳地落到了离我很远的地方，他们于是都尖声大笑起来，笑得几乎直不起身子。很快，他们就将这块地上立着的树木砍伐一空，然后去了更远的地方，整个下午，树木倒下的声音都回荡在这片森林中。

第 4 章

针鼹的"钻头"

随着在阿尔伯特·爱德华山山顶上的日子一天天过去，我们建在这个缀满桫椤的盆地边缘的小屋逐渐塞满了标本，而我们也开始对周围的生态环境有了一点点了解。

我们第一次到附近的林子里做集体活动时，发现林子边缘向里不远处有正在腐烂的高山木桫椤的树干。它的枝杈上的羽状小叶片片分明，显得美丽而与众不同。这种桫椤只能生长在草甸上，因为如果长在森林里，它们就会因荫蔽而死。

这里便是一个明显的证据，证明了森林正在扩张，所到之处吞噬着禾草和桫椤。在有些地方，林缘显现出了战场般的模样。猎人们点起的火会减缓高山灌木的扩张，给禾草地留出些许喘息之机，甚至可能使它们从森林手中夺回方寸之地。但总体来说，占上风的似乎还是森林。

这一幕究竟是温室效应所致，还是仅仅因为人们对这个盆地利用得少（因而也就烧得少）呢？我对此颇为好奇。当然了，地球最近一次显著变暖时（紧跟在最后一次冰期之后），树木线从海拔 2 100 米上升到了大约 3 900 米。但在像霓虹盆地这样的成霜洼地，树木线仍然保持在较低的海拔线上。

我们发现禾草丛中阡陌纵横的小路，是由两种小型老鼠的活动造成的。两者中比较常见的是一种土褐色的小玩意儿，身上会散发出一种独特的耗子味。它的名字叫苔林鼠（*Stenomys niobe*），这个学名来自尼俄伯（Niobe）。这是希腊神话中的一位悲剧人物，因为死亡夺去了她六个儿子和六个女儿的生命。或许是这种小老鼠那浓密发黑的皮毛，让某位 19 世纪的博物学家想起了维多利亚时代正式场合穿的丧服，从而促使他定了这样一个学名，将这种小老鼠与这个悲伤的形象永远地联系在了一起。

另一种老鼠就很漂亮，是一种温和无害的红色小生灵，名叫山地裸尾鼠（*Melomys rubex*）。日子一天天过去，我对这种老鼠变得越发喜爱起来。打开一个陷阱之后，触摸着它们柔软的红色皮毛，闻着它们那种悦人的香气，总是很令人愉快的，毕竟前面十个陷阱里装的可能都是更加挑战鼻子忍耐力的苔林鼠。我们会测量这些老鼠的尺寸并且给它们称重，然后处死一对供博物馆作为标本保存，最后把剩下的全都放掉。

我们的猎人和他们的五条猎狗有一天回来得很早，带着一个沉甸甸的麻袋。我们这次考察的高光时刻来临了。

他们把麻袋中的东西倒了出来，在我的面前，我第一次看到了一只活的长吻针鼹（*Zaglossus bruijnii*）。

与体型较小的澳洲针鼹相比，长吻针鼹有更为浓密的皮毛（毛可以长到足以遮盖住它们的刺），还有长长的、向下弯曲的喙。长吻针鼹体重可以达到十七公斤，从嘴尖到尾尖的长度几乎有一米。它们是最大的产蛋哺乳动物。我当时很难意识到，这会是我第一次也是最后一次在野外看到这些壮美的生物。

我们为这只可爱的雌性针鼹修了一个坚固的畜栏，围篱有两米高。我希望能将它活着送到拜耶河庇护所（位于芒特哈根附近）去，这将有助于在那里建立起一个这种高度濒危动物的繁殖地。然而，它似乎有不同的想法。在把它放到围篱中几个小时后，我从围篱旁经过时惊讶地发现，它正站在围篱的最上方，摇摇欲坠地保持着平衡。这种奇妙的动物既强壮又敏捷，几乎令人难以置信。

我们的针鼹最终还是到达了庇护所。它先是被关在麦克卢德神父的厕所里（地面是水泥的，这种动物挖不开），然后被装到一个临时的笼舍里，从莫尔兹比港运往庇护所。

几年后，我在拍一部野生动物纪录片时造访了拜耶河庇护所，重新见到了我的老朋友。拍摄过程中，我必须在晚上进入针鼹的围圈。只要灯还开着，针鼹就会一动也不动。但是当为了省电而把灯关掉时，情况就不一样了。

我最开始感受到这个老朋友向我靠近，是发现一根湿哒哒、蚯蚓一样的东西钻进了我的靴子。接着我感到一根粗大而弯曲的喙向下几乎插到了我的脚底，这样那根奇长无比的粉红色舌头就可以搔弄我的脚趾了。

这只针鼹很快和我就相当亲密了。当然，这种亲密关系在我们初次相遇时是不存在的，因为在被抓住时它非常恐惧。长吻针鼹真的是一种非常聪慧并且富有感情的动物。它们鸟一样的面部无法表露出情感，但它们可以用其他的方式表达出来。

悉尼的塔龙加动物园多年以来一直养着一只巨大的老年雄性长吻针鼹。这只针鼹与它的饲养员关系非常好。只要它听到围栏门上的锁簧发出了转动的声音，就会连滚带爬地跑到入口那里去，然后像一只袋熊一样仰躺着，等人来挠它的肚子。

当围栏里装上洒水器之后，它会肚子向上仰躺着，在洒水器喷出的水雾中乐得不得了，那根分为四叉的勃起的阴茎让路过的人们惊愕不已。尽管被抓住时就已经成年，它还是在各个动物园之间辗转存活了近三十年才最终死去，死于它挚爱的洒水器——洒水器喷出的水让它患上了急性肺炎，夺走了它的生命。

要是它们数量更充足，抑或是不那么会挖洞，长吻针鼹可以成为像狗一样优秀的伴侣动物。但是在不久的将来，它们可能就要灭绝了。

对于多数新几内亚人来说，长吻针鼹的繁殖方式有点像个谜团。和所有单孔类动物，或者说产蛋哺乳动物一样，它们没有外部可见的生殖器（除了雄性勃起的时候），甚至没有像乳头这样的第二性征。更绝的是，从没有人见过它们的幼崽。估计幼崽们是一直躲藏在母亲挖好的地洞里的。

哥以拉拉人告诉我，针鼹不像其他动物那样繁殖，但是它们有"钻头"，这种"钻头"很像是微型钻机（一些哥以拉拉人见过这些机器在勘矿营地上工作）。用这种"钻头"，它们能生产出针鼹幼崽。哥以拉拉人还说，针鼹会用这些"钻头"钻穿森林的地面，当"钻头"到达合适的深度时，尖上就会渗出一滴血来。这滴血最终会形成一只小针鼹。针鼹父母以后会时常来这儿，用"钻头"末端产生的尿液喂幼崽。快成年时，幼崽就会从地下钻出来。

刚开始时，我以为这个故事不过是一种不着边际的想象。这么说吧，直到我看见一只雄性针鼹用后腿站起来的时候，我才意识到"钻头"的概念从何而来。长吻针鼹的阴茎是一个真正让人过目不忘的器官。它有 10 厘米长，顶端是一个由四个大的乳突组成的冠状物，这使它看起来有点像某些钻头。

霓虹盆地还盛产沙袋鼠和巨型鼠类。沙袋鼠（一种小沙袋鼠，或者叫丛沙袋鼠，来自 *Thylogale* 属）能长到差不多牧羊犬那么大。而霓虹盆地的巨型老鼠，最长可达一米，不比前者小多少。最关键的是，这两个物种的标本对我的研究都相当重要，因为科学家们对两者都还不太了解。和这两类动物一样，有关科学上新发现的物种，情况通常是，这些物种在野外无法辨识（尤其是对缺乏经验的研究者来说），必须要有实验室中细致的研究和比较，才能解决它们的分类学问题。这在 1990 年以前尤其如此，当时不存在任何关于新几内亚哺乳动物的指导书籍。

1981 年，阿尔伯特·爱德华山的草场上随处可见沙袋鼠的蛛丝马迹。禾草上到处都是它们的粪便。趁它们日间在林子里休息的时候，我们的猎人用狗追踪到它们的位置，斩获甚众。让我颇感吃惊的是，我后来才明白，阿尔伯特·爱德华山是新几内亚少有的几个能够看到这些沙袋鼠的地方之一。在其他地方，比如伊里安查亚的高原和威廉山（巴布亚新几内亚最高的山峰），它们都早已灭绝了。

当我了解到这些情况时，我开始担心阿尔伯特·爱德华山的沙袋鼠种群的未来。再进行多少捕猎它们就会被消灭殆尽？毕竟，很可能整个种群在日间时，都是在环绕着草场的森林边缘地带休息的。如此集中在一起，它们成了带着狗的猎人们唾手可得的目标。在去过它们被消灭了的那些地方之后，我怀疑，它们能在阿尔伯特·爱德华山上活下来只是因为这儿的林子比别处密一点，又或许是捕猎的压力要小一些。但随着人们涌入离霓虹盆地只有一日路程的柯西皮，它们在未来将会有何种境遇呢？

高海拔地区的沙袋鼠（比如生活在霓虹盆地的那些）与生活在低地森林的那些有所不同。它们体型较小，皮毛更密实，尾巴上的毛更厚，臀部和肩部还有运动服似的亮色条纹。1993年，我把它们描述为一个新物种，以我刚刚退休，为科学研究奉献了一辈子的老友约翰·卡拉比（John Calaby）之名将它命名为卡氏丛袋鼠（*Thylogale calabyi*）。

巨型老鼠就比较难对付了。当我们捕获到这些巨型老鼠的时候，我以为它们都同属于一个为人所熟知的滑尾鼠物种，叫作罗氏滑尾鼠（*Mallomys rothschildi*）。我采集到的一些组织最终被寄往南澳大利亚博物馆做生化分析。实验室的人后来写信问我有没有可能把标签搞错了，因为他们的分析结果显示，这些老鼠不可能都属于一个物种。关键的标本是一只大型雌鼠，采自霓虹盆地的边缘地区。它的组织与所有其他老鼠的都截然不同。

我对这只老鼠的标本进行了检视。可是在所有采集来的标本中，偏偏就是这一只命途多舛。它是在自己的地洞里被猎犬找到的，已经被吃掉了一半，补救不回来了。最终，我们能挽救的只有一只前爪、一只后爪、一块肝脏（冷冻起来用作分析）和头骨。面对如此不完整的数据，我意识到要想破解这个谜题，需要检视所有可用的滑尾鼠标本才行。

在堪培拉、悉尼、伦敦、夏威夷、纽约和柏林之类远在天边的地方的博物馆检视了许多滑尾鼠的标本之后，我得出结论，这不是一个物种，而是四个。阿尔伯特·爱德华山的那个被猎狗糟蹋了的标本代表着一个未定名的物种。谢天谢地，它仅剩的那点可怜巴巴的残肢保留下了足够多的鉴别特征，让我得以把它区分出来。

最终，我们又找到了同一个物种的另几只保存较好的样本。最完整的一只是尼普顿·B. 布拉德（Neptune B. Blood）上尉于 1945 年在芒特哈根附近采集到的。布拉德上尉是一名在新几内亚待过多年，人称"西部高地之王"的澳大利亚籍官员，他将这只老鼠捐给了澳大利亚博物馆，而后者就在那里静静地躺着，直到我们 1988 年进行研究时才被认出来。我和共同作者们决定将这个新物种命名为 *Mallomys istapantap*。名字中奇特的第二部分来自于猎手们经常跟我们讲的关于这个物种的一句话——dispela I stap antap（这种动物生活在山顶上）。它对于高海拔环境的偏好也反映在了它的俗名"亚高山滑尾鼠"上。

采集用于分析的组织涉及一些除了生物学家外任何人都会觉得诡异的操作。以培养染色体样品标本为例，制备时样品最好取自睾丸细胞。提取和固定样品的过程非常复杂，要确保样品的培养是在与阴囊温度相同的温度下进行的。

首先，你必须切开一个睾丸，把它的内含物放到一个装满培养液的小塑料管里。接下来要把这个小管密封好，把它贴在你自己的阴囊旁边（没有阴囊的话，就夹在双乳中间）放一个小时左右。然后将液体抽干，再进行一些其他的操作并加入一种防腐剂。

毫不出人所料，我的哥以拉拉朋友们发现这个过程非常神奇，值得给予高度的关注。尽管每捕获一个物种，我都只需从中挑选几个个体来提取样品，但对哥以拉拉人来说，这个过程已经成了一种十分重要的仪式。于是，每当我略过一只动物而没有处理它时，他们都会相当失望。说实话，只要有人新来到营地，他们都会要求我再表演一次。

到目前为止，我们在霓虹盆地最常碰到的大动物是袋貂和环尾袋貂。这是些树栖的有袋类动物，体重能达到几公斤。它们与澳大利亚的袋貂和环尾袋貂很相似。我们在那儿居留期间，就是它们喂饱了我们和猎人们的肚子，袋貂和环尾袋貂的肉很受我们的欢迎，因为它们把我们从牛肉罐头和鲭鱼罐头这两种仅有的蛋白质来源中解脱了出来。

在所有袋貂之中，细毛灰袋貂（*Phalanger sericeus*）是最吸引人的一种。这种袋貂体型和猫差不多大，皮毛长而华丽。和它的俗名描述的一样，细毛灰袋貂的毛摸起来十分丝滑。它的背部呈一种油亮的、近乎发黑的褐色，与白色的腹部形成了鲜明的对比。这种生物有个怪癖，走动时喜欢把尾巴像弹簧一样紧紧地卷起来，这样尾巴就陷在浓密的毛中看不见了。这让这种粗壮的动物看起来像一只小熊。

有一天，我们的猎人们抓到并杀掉了一只雌性的细毛灰袋貂。然而，它育儿袋中的一只长到半大，明眸善睐，萌翻了的幼崽却活了下来。我知道它将要面对痛苦的死亡和炉火的烹煮，于是决定要试着让它活下去，并想把它安置到某个动物园里。很明显，山上那苦寒的夜晚将会冻死它，因此我把它套在一只袜子里，睡觉的时候让它暖暖地蜷缩在我的肚子上。

我俩第一次共处一个睡袋的那一晚，在死寂的夜里，我被大腿内侧一阵轻柔而舒服的啮咬声弄醒了。过了一小会儿，我疼得一声大叫，直直地从床上跳了起来。一对炽热的小钳子夹住了我的龟头。

这只袋貂宝宝成功地把头从袜子上数个窟窿当中的一个中钻了出来，然后也不知是要求助还是要寻仇，狠狠地把遇见的第一个东西咬了一口。

整个小屋的人都疯了。哥以拉拉人瞧着一个疯子一样的鬼佬莫名其妙地在那儿鬼叫，穿着一身奇怪的服装——一只奇妙地连在他的小鸡鸡头上的袜子。我放眼所见全都是怒目圆睁的哥以拉拉人，朝着夜空胡乱放箭，抵御着步步逼近的假想敌。在他们看来，这一定是他们的宿敌，可怕的库卡库卡人（Kukukuku）。库卡库卡人的领地挨着霓虹盆地，他们的存在让这些地方成了危机四伏的所在。

全都乱套了。最后，当我终于能向他们解释清楚事情的原委后，我的哥以拉拉伙伴们都回到了床上，在窃窃私语中抱怨着他们中间的这位 long long（白痴）鬼佬。

从霓虹盆地往下走的路程并不轻松。我们的挑夫至少有二十人，背着各式各样的东西。两个脚底下最稳健的挑夫承担着扛液氮罐的职责。这个木桶大小的容器实际上是一个大号的真空罐。它是目前为止我们的野外装备中最重要、最娇贵的，因为里面存放着我们所有的冷冻组织，是我们大量劳动的成果。

这个笨重的家什被挑在一根杆子上，用藤蔓牢牢地拴着。每次偏离水平面，它都会释放出一股白色的蒸汽，与山民们敬畏不已的云雾是如此相似。

其他挑夫扛的是不那么别扭却同样重要的担子：一个袋子（装着那只浑身是刺的长吻针鼹）、一只塑料桶（装满了浸泡在福尔马林中的标本），以及一箱陷阱。我背着自己的包，还有珀西——我的小袋貂。

在下山的过程中，我的心跳到了嗓子眼里足有一百次：担心液氮罐倾倒，担心挑夫有所动摇，撂下宝贵的挑子跑路。

但是几天之后我成功了。我一瘸一拐地走进了沃伊塔佩，手里捧着珀西，液氮罐也安全无虞。

第 5 章

诗人与巨蟒

　　要离开山里的那天，我们所有人在沃伊塔佩的机场跑道上集合。肯仍想增加能采集到的标本的数量，正在附近的灌木丛里抓紧最后的时刻抓青蛙；我则坐在我们那堆装备旁休息。突然，我的注意力被一条横穿跑道的奇特队列吸引住了。

　　整个村子的人都在向我们走来。领头的是两个男人，用杆子挑着一个大茶叶箱。他们兴奋地将它放在我面前。透过充当盖子的那块板缝盖网，我看明白他们这一通忙乱是为什么了。那里面盘踞着一条我所见过的最大、最黑、相貌最狰狞的蛇。

　　随后我发现，这是一条黑钻树蟒（*Liasis boelani*），一种只能在新几内亚的山地找到的稀有蛇类。它有近三米长，已经浸盈够了朝阳的温暖，获取到了足够的能量。

　　突然这条蛇出击了。它的头有我的拳头那么大，猛抬起来，撞在盖网上，震撼着整个茶叶箱。刹那间，它的长牙（每颗都超过一厘米）紧紧地卡在了网眼里。人群惊恐地向后退去，孩子们哭喊着，女人们尖叫着。

　　很明显，他们是指望我来对付这条蛇。

　　为了寻找下手的灵感，我问这些人最开始是怎么把这条蛇弄进茶叶箱的。"呃，"他们说，"它是在林子里蜕皮的时候被发现的。它当时很冷，遮盖眼睛的鳞片还不透光，这让它很容易被控制住。"

妈呀，情况现在整个都变了啊！

我很想买下这条蛇，因为觉得它非常特别。但问题是，载我们去莫尔兹比港的那架塞斯纳飞机没办法再装下这个茶叶箱了。这条蛇必须得搬个家，最好是装在备用的粗麻袋里才好运输。

我心里直打鼓，叫一个胆子比较大的当地人拿块布来分散这头怪兽的注意力。小心翼翼地揭开盖网之后，我猛地一下从这只爬行动物的脑后抓住了它。在被我从茶叶箱里拽出来的时候，它显得异常冷静。也许它很清楚谁才是老大，只是在等待反击的时机而已。

它忽然一甩，紧紧地缠住了我的小臂，然后开始把它那硕大的头从我的手里挣脱出来。作为反击，我用空着的那只手抓住了它的尾巴。这暂时阻碍住了它的活动，但它很快又在我身上缠了一道，这次是缠在我的右膝上。

看来我是要吃败仗了。

我试着呼唤援手，从一群哥以拉拉人面前踉跄到另一群面前，请求他们的帮助。

我需要一个人撑着麻袋口，好让我把这头怪兽放进去。可是随着这条蛇和它的准早餐靠近过来，哥以拉拉人都吓得尖叫着逃跑了。

接着又是一个缠绕，箍在我抓着它尾巴的那只手上。我惊讶地瞧着我的手被蛇那肌肉发达的身躯奇迹般地绑在了膝盖上。

我现在成了一只用一条腿跳舞的、玩命型的俄国熊，仍然在急切地请求谁来自告奋勇地撑开袋子口。

就在我快要屈服于这凄惨的下场时，肯出现了，他是被溃散的哥以拉拉人的尖叫声吸引来的。他帮我把这头怪兽拉开，撑着袋子，让我把蛇使劲丢了进去。我用绳子紧紧扎住了袋口。这头猛兽在里面翻滚着。我把它丢在行李旁边，到树荫底下乘凉去了。

该给这条蛇付钱啦。可价钱讨来还去，双方始终无法达成一致。最终，肯想出了一个好主意——我们可以用物品抵价，按长度来算。我们拿出剩下的罐头食品，然后把牛棕榈的牛肉罐头首尾相连摆成一排，试着估量一下蛇的长度。有些当地人突然认为这一定是万蛇之母——它有五米那么长，而且每分每秒都在变长。然而我一吓唬他们，说要把蟒从袋子里拿出来，让他们再量准一点时，他们立刻就答应罐头不需要摆得更长了。

买卖做完的时候，我们听到了飞机接近的声音。飞机是从柯西皮飞来的，已经提前在那里接上了佩内洛普和亚力克·霍普，飞机上塞满了他们的行李和样品。所幸，我们还是在货舱里找到了很多边边角角，足以装下我们大多数的货物。

最后只剩下那只扭来扭去的粗麻袋了。飞行员是一个面色红润，体态发福，后来驾驶飞机撞了山的澳大利亚人。他紧张地问我们里面装的是什么。得知真相后，他非常不愿意让蛇上飞机。被喧哗声所吸引的亚力克·霍普（谢天谢地我们还有他）从前排的乘客座位上下来，加入了谈话。我这时才发现他非常绅士。他一点也没表现出为难，而是说："哎呀，要是找不到别的地方让它待着，那就只好把它安置在我的膝盖上了。"

我们起飞的时候，飞行员看上去就像要犯了心脏病一样。转眼之间，他的脸就涨得通红，汗水也像不要钱一样地往外淌。有一次，当他伸手去够在他和 A.D. 霍普之间的一个操纵杆时，手扫到了那个在不断挣扎的口袋，他随之而来的惊慌差点儿造成了灾难性的后果。一位巴布亚新几内亚妇女也订了从柯西皮来的航班座位，当她听说袋子里装了什么后，真就试着要开窗，来个半空到港了。

　　飞机刚在莫尔兹比港着陆，我就马不停蹄地把这条蛇带到了环境部位于莫伊塔卡（Moitaka）的鳄鱼农场。它在那儿愉快地生活了一些年月，吓坏了莫尔兹比港的好几届学童。

　　现在，我必须照顾小袋貂珀西了。我们很快发现，低海拔的热度让它十分痛苦。于是我把它暂时安置在伯恩斯·菲利普公司[1]凉爽的库房里待了几个礼拜，又让它住了一阵有空调的办公室。这让伯恩斯·菲利普公司的一些工作人员颇为不快。最终，珀西被安全地送到了悉尼的塔龙加动物园。

　　到了我离开巴布亚新几内亚的时候了。肯和我把标本紧紧地塞进桶里，拿到了把它们出口到澳大利亚所必需的文件。

　　当我们的飞机在悉尼着陆时，这段漫长的艰苦旅程似乎是结束了。在海关和检疫栏杆的另一边，我的朋友和家人在等我们。

　　我那时候一定是长得不够面善，又或许是我们那些看上去很邪恶的黑桶和小钢罐让官员们有所警觉。不管是因为什么，我们被一群身着制服，面色严肃，牵着嗅探犬的官员带到了一边，接受了一次全面搜查。

　　在搜查的时候，那些官员甚至把我的牙膏都挤光了，他们还把每张信纸、每个信封都打开看了看，又把每个怪味扑鼻的桶子都检查了一遍。与此同时，我们坚定地声称，每一号标本都被保存在了福尔马林里，并且合法登记在了进口许可上，因此有资格进入澳大利亚。

　　经过令人紧张疲惫的三个小时后，我们几乎要失去耐性了。当检

---

①澳大利亚船运公司。

查的官员最终示意我可以离开的时候，肯的背包里的最后一件物品正在接受检查。我看见一位官员拿起一卷塑料自封袋。肯则焦躁地告诉那位官员那卷自封袋他都没打开使用过。

当那位官员打开其中一个袋子时，一个非同寻常的场面出现了。他把袋子一扔，紧着鼻子向后倒退。嗅探犬也好像抽风了似的，它们那被训练来探测任何违法物质微弱气味的灵敏的鼻子显然是受到了浓烈气味的袭击。

肯吓得脸色煞白，他终于回想起很多天以前，当他听到那阵表明我正与蟒蛇搏斗的尖叫声时，他急急忙忙地把青蛙放在了哪儿。

那条恶虺如今终于大仇得报了。

THROWIM WAY LEG

AN ADVENTURE

第二部分

与弥彦明人在一起

第 6 章
飞赴"人间地狱"

在阿尔伯特·爱德华山之旅后的整整两年里，我不得不留在澳大利亚。我开始念动物学的博士学位，研究课题是袋鼠的进化。这让我几乎没有机会再去新几内亚工作，但情况并非完全无望，因为这个岛是一个鲜为人知，但又十分迷人的属的家园。

树袋鼠是有史以来进化出的最特立独行的动物之一。它们是澳大利亚岩袋鼠的远亲，但由于它们专营树冠上的生活，因此有一些比起袋鼠来，变得更像考拉和大熊猫了。澳大利亚有两个非常原始的种，生活在昆士兰东北部的雨林里，而新几内亚则至少记录了十多个不同种类的树袋鼠。这些树袋鼠的足迹遍布岛上的山区，但行踪不定，难以研究。

科学家目前对引领着树袋鼠爬到雨林冠层的那条进化之路仍然很不了解。一种看似可能的解释是，它们栖息在地面上的祖先们在阴暗的森林地面上找不到多少吃的。那些能爬到树上寻找食物的就拥有优势了。可即使是今天，树袋鼠在树冠上的样子还是看起来笨笨的。

我去新几内亚，在这些害羞的动物身上做些有用的工作的机会似乎很渺茫，但当研究进行到一半时，我再也受不了了。我必须回去。

我的导师迈克尔·阿彻（Michael Archer）教授一定是察觉到了

我内心的悸动。他愿意容忍我为了漫游美拉尼西亚的丛林而再次打断攻读学位。我将永远感激他。

迈克尔从国家地理学会搞来经费，把我送回了新几内亚。1984年1月，我准备好再次野外探险。这一次，我的目的地截然不同，因为我决定去遥远的雅普西埃（Yapsiei）和特莱福明地区工作，它们远在巴布亚新几内亚的西部。

1975年，当澳大利亚在巴布亚和新几内亚领土上的殖民统治结束时，这个国家的大部分地区都被划入了政府的控制之下。地图上只有少数几个地区被标上了一个诱人的"未控制的领地"标识。独立以前，要接近这些地方可是严格受限的，即使到了1984年，政府对这些在最后的野性之地上生活的居民的影响也微乎其微。

我之所以选择雅普西埃作为研究地点，是因为它处在地图上标的最大的一块未控制领土的中心地带。它在独立后的九年间几乎没怎么改变。1981年那次，我在巴布亚新几内亚领略到了一些与 taim bilong masta 时期（白人统治新几内亚时期）别无二致的东西。现在选择雅普西埃，是因为我想要体验 taim bipo 时新几内亚的面貌，也就是美拉尼西亚大地的生态和人民被欧洲殖民者彻头彻尾改变前的样子。我希望能通过这些研究，理解这里的森林居民与他们生活的环境之间那种无时无刻不在进行的相互作用，正是这种相互作用使他们得以高度协同进化。通过这次研究，我还希望感受那种既塑造了一个生态系统，又塑造了一种人类文化的压力①。

去雅普西埃的这第一趟行程，我有幸获得澳大利亚国立大学的人

①指演化上的选择压力。

41

类学家唐·加德纳（Don Gardner）博士的陪同。他自从 1975 年起就开始与西弥彦明[1]人一起工作，也是我认识的唯一一个熟练掌握复杂的弥彦明语的外族人。我关于这些"最后的人类"的信息都得归功于他，我能够进入弥彦明社会也得益于他的引荐。

因为预料到在雅普西埃要待很久，所以我们准备了一大堆装备。这很快就成了一个让人非常头疼的问题：由于莫尔兹比港飞机短缺，我们没办法通过定期航班把所有装备空运到雅普西埃。唯一的选择就是包一架飞机。大一点的航空公司都腾不出飞机，但是一家如今已不存在的名叫"神鸟戴夫"（AvDev）的小公司倒有一架塞斯纳飞机可以完成这项任务。

乘坐包机的那个早上，我们把飞机上每一处可用的空间都塞满了装备和人。最终，飞机被我们的大桶、液氮罐、背包和食物塞到快爆了。当沿着杰克逊机场的跑道加速时，这架小飞机拼尽全力才飞了起来。

四十分钟后，巴布亚湾出现在我们的下面，从地平线的这头延伸到了那头。然而，当我正闲适地遐想着那混浊的水中生活着多少条鳄鱼和鲨鱼的时候，飞机剧烈地偏离了航道。我望向窗外，一股燃油正从左侧引擎中流淌出来。

螺旋桨慢了下来。油变成了烟，接下来变成了跳跃的火苗！

飞行员面如死灰，将颤抖的手伸向了启动灭火器的开关。接着，他弯下腰抓起一张大地图，将它在挡风玻璃上铺展开来。

看起来，他是在详细地研究海湾地区的细节。

一直以来，对于在空难中丧生的可能性，我多多少少抱着一种听天由命的态度。如果真的发生了这样的小概率事件，我相信至少一切都会结束得很快。在凝视着飞行员和他的地图时，我开始感觉到自己

---

[1] West Miyanmin，即弥彦明的西部地区。

对这种事的看法大错特错了。我把身体往前倾，询问飞行员出了什么问题。

"一个引擎没法维持飞行高度。我们必须找一条跑道降落。"

在接下来的四十分钟里，我们盯着海湾中的这片水域，看着水面距离我们越来越近。静静地等着机毁人亡、溺水而死或是葬身鲨腹，这四十分钟真的无比漫长。

终于，陆地映入了我们的眼帘，这给我们带来了一线生机。虽然火被扑灭了，但飞机的左机翼已经布满了一道道黑色的油污，而且飞机还在不断下降。尽管如此，我们似乎仍有可能活着返回莫尔兹比港了。

在随后的很多年里，这场意外一直萦绕在我的心头。在那之后，我曾乘坐过无数次其他的小型飞机，有几次的情况几乎同样糟糕。从某种程度上来说，这次经历似乎让我学会了如何更好地应对这些意外。但是在极偶尔的时候（有时乘坐的是那种最安全的航班），我仍然会感到恐慌。我觉得自己在机舱里闻到了有毒烟雾的气味，或是听见了引擎不正常运转所发出的声音，我甚至会感到飞机在半空中出现了倾斜。在遇到这种情况的时候，我不得不使用最强有力的武器来对抗恐慌，这一招是我那天在飞越巴布亚湾时学会的——闭上眼睛睡觉。

那天着陆以前，我抖擞起了精神，和当初走上飞机时相比，走下飞机的我已经脱胎换骨，关于长生不老的幼稚想法已经一去不复返了。现在，我总能在自己做过的很多事情中发现潜藏着的危险。

当工程师来查验飞机的损坏情况时，我们聚在旁边看着。事故原因显而易见：一根推杆戳穿了一个摇杆盖，两者都沾满了油。铝质的盖子上有一小块脱落了，掉在一摊油里。我捡起这个小玩意儿，把它放进了我的钱包。

后来的岁月里，每当我在飞机上身处困境的时候，都会伸手去摸它，在"一个人也能渡过这种危机"的想法中寻求安慰。

几天之后，引擎被修好了，我们又挤上了飞机，再次尝试飞往目的地。这次一切都很顺利，在空中飞行了几小时之后，我们到达了塔布比尔（Tabubil），接着飞去特莱福明。在特莱福明稍作停留后，我们动身踏上了最后一段空中旅程。

特莱福明山谷坐落在靠近新几内亚地理中心的群山当中。雅普西埃，一个孤零零的政府工作站，位于特莱福明山谷西北偏西约八十公里处。八月河（又叫雅普西埃河）从那里离开群山，进入广袤的塞皮克（Sepik）冲积平原。要前往雅普西埃，你必须从特莱福明乘坐轻型飞机。随着飞机沿着风景绝美的塞皮克峡谷飞行，你很快就会将最后一个新开发的定居点抛在身后。在我们的右边，三座与众不同的高耸山峰俯视着我们小小的塞斯纳飞机，颇像阿尔卑斯山的拉瓦莱多三峰（Drei Zinnen Range）。而塞皮克峡谷那陡峭到近乎垂直的绝壁则挡住了左侧的全部视野。我们的下方是气势磅礴的塞皮克河，奔流在石灰岩中被"劈"出的一条狭窄水道里。翻滚盘旋的急流使河流呈白色。在这混沌的水流中，我们可以看见整棵整棵的树顺流而下，被激流冲得头尾翻滚着。

在塞皮克峡谷到达尽头并过渡到冲积平原的地方，飞机猛地向右倾斜过去，越过一道覆盖着原始森林的山梁，飞进了八月河的河谷。就在八月河进入冲积平原的地方附近，有一条从森林中开辟出的破旧的小跑道。这是从很多公里外的特莱福明到这里的一路上，树冠层可见的第一个豁口。

雅普西埃跑道的位置选得很差，因为它的降落端持续不断地受到蜿蜒曲折的八月河的侵蚀。河流每进一步，降落在被削短的跑道上就变得更危险，其结果是这条跑道（它的排水也做得很差）随时都可能被关闭。待在雅普西埃的时候，我总是害怕这条跑道会被宣布关闭，而我会被困在这里无路可回。

跑道的末端有寥寥几栋建筑，这些是政府的工作站。雅普西埃建立于 1973 年，曾吸引来了八月河下游的塞皮克人和上游的西弥彦明人。到了 1984 年，它已经呈现出一幅荒芜破败的景象。路旁长着一排排野草，建筑物那画着壁画的纤维水泥墙上爬满了霉菌。

当我走下飞机，第一次踏上这条跑道时，一股潮湿闷热的空气瞬间包围了我。我看着周围聚集的人群。多数男人什么也没穿，只是戴着一个小小的阴茎鞘，女人们则穿着一条短短的草裙。有几个人穿着脏兮兮的西方布料的碎条条。几乎所有人都被疾病折磨得面目全非。阴囊肿胀、双腿畸形得令人恶心的男人们挤撞着我，空气中充斥着一种令人作呕的甜丝丝的气味。我真想知道自己来到了什么鬼地方，我真的打算把自己人生中的三个月耗在这里吗？

此外，我还发现雅普西埃简直就是个人间地狱，种种严酷非止一端。

虽然雅普西埃已经深入内陆 200 公里，但海拔只有 100 米。在从塞皮克冲积平原上升起，又被陡然耸立的高山堆叠起来的炽热空气的作用下，白天总是潮湿闷热，令人无法忍受。到了下午，一股冷空气又会从山顶上降下，随之而来的经常是一阵阵大范围的雷暴。雷暴有时十分猛烈，听起来就像一架喷气式飞机呼啸着冲下山谷一样。每当这样的雷暴来临时，这里就会一团大乱。树木在狂风中剧烈摇晃，接着，几秒钟之内，瓢泼大雨中就什么也看不见了，到了伸手不见五指的程度。雷声之响亮和密集，掩盖了所有声音，世界很快就陷入一种另类的寂静中。随着雷暴向下游移动，真正的寂静要到一两个小时之后才会来临。一前一后两相比较，这时的寂静将显得更加怪异。

到了 1984 年，雅普西埃的种种问题开始显露出来。建工作站的主要目的是为了吸引和控制西弥彦明人，他们起初是从山里来到雅普西埃的，对于低地地区肆虐的疟疾、丝虫病（象皮肿）和许多皮肤病缺乏抵抗力。作为一个刚刚开始与外界接触的民族，他们还必须与流感等自身几乎没有免疫力的外来疾病作斗争。

上一代的弥彦明人住在修有防御工事的小村落里，这些小村落位于八月河（他们称为雅普西埃河）上游周边连绵起伏的山岭上。那里的海拔在 600 ～ 1000 米，空气凉爽，疾病问题并不严重，但水源和耕地都离他们的村落很远。

当澳大利亚人的治理使得临近村寨间绵延不息的战事停止时，大多数西弥彦明人搬到山下，来到了土地肥沃的河畔平原。他们在那里过着零散而居、与世隔绝的生活，这种生活方式至少为他们提供了一定程度的保护，使他们较少患上传染病。但随着 1973 年雅普西埃工作站的建立，他们聚集到了一个真真正正利于疾病传播的环境。在这里，传染源就在他们身边，比如来访的欧洲人，以及住在工作站和附近的塞皮克人。

1984 年，雅普西埃地区的人口死亡率堪称恐怖。在一些村庄，婴儿的死亡率几乎达到了 100%。在为数不多存活下来的孩子和许多大人中，腹部浮肿，疟疾导致的标志性的营养不良和慢性脾脏肿大的情况可谓比比皆是。红圈癣（grile）也非常普遍，患上这种癣病的人的皮肤会像大型同心圆一样一圈圈地脱落。最终，他们的每一寸皮肤都会变得面目全非。在雅普西埃下飞机时第一个迎接我的就是红圈癣的气味，我至今仍能回想起那种甜丝丝的、令人作呕的味道。在我1984 年待在雅普西埃的那段时间里，那种臭味一直让我无处可逃。

弥彦明人罹患的最为摧残人的一种病痛，毫无疑问是丝虫病。由于这种疾病，许多弥彦明妇女都有一个严重肿大的乳房，而大多数男人则遭受着阴囊肿胀（很多肿到了堪称巨大的尺寸）的痛苦，他们的下肢也完全肿大变形了。凯布格（Kebuge）是一位与我年纪相仿的西弥彦明男子，后来成了我的好朋友。1984 年，当我第一次见到他时，他已经感染了丝虫病。在我多年的访问期间，我无助地看着他的阴囊和左腿逐渐肿胀起来，直到他的左脚彻底变成了一坨肉疣，而他的阴囊无论是形状还是尺寸也都肿得像一个足球。

第 7 章

严重的禁忌——放屁

到达雅普西埃站并不意味着我们的旅程到达了终点。疾病带给弥彦明人的痛苦促使他们中的许多人搬回了上游，回到他们不久前抛弃的小村寨里。商量了一阵之后，我们决定把基地设在贝它卫普（Betavip）。这个村寨位于雅普西埃西北方向斯康嘉（Skgonga）河和乌萨克（Usake）河交汇的地方，从雅普西埃徒步前往那里需要走一天半的时间。

通往贝它卫普的道路很平缓，但炎热、潮湿、泥泞，还有数不清的蚂蟥和蚊子使它充满了挑战。其实我对蚂蟥的存在感到很开心，因为蚂蟥多的地方，一定会有许多哺乳动物供它们维生。这让我的工作显得很有前景。

我们雇了大概四十个弥彦明人把装备运到贝它卫普。他们的队伍稀稀拉拉地延伸了好几公里的距离，只有在烟歇和午饭时间，他们才会聚到一起。第一天午饭时分，我们在一个小定居点做了停留，这个定居点坐落在八月河一处很高的堤岸上，只有几间小草房。一个男人坐在草房外面的台阶上，怀里抱着一对新出生的孪生子。

这景象起初似乎很让人欣喜。但接着，我注意到了那个男人脸上怅然的表情。我们的一个挑夫悄悄地跟我说，那个男人的老婆前一天晚上难产死了。我感觉如鲠在喉，便问附近有没有奶妈可以给孩子喂奶。

一个空洞的手势是我得到的唯一回应。

我心如刀绞，把我们物资中的奶粉给了那个男人，虽然我心里明白，这些奶粉令两个婴儿活下来的可能性微乎其微，因为这些奶粉会被他用没烧过的水在脏杯子里以不适宜的比例冲调开来喂给婴儿。

那天下午，巍峨的波比亚里山（Mt Boobiari）的顶峰出现在了接近我们正前方的位置。在第二天的行程中，我们绕过它的山脚，继续向贝它卫普行进。翌日下午，我们到了贝它卫普，眼前的一幕让我感到非常惊讶。这个村子原来是一个祥和的小地方，聚集着一些草屋，住了大约八十人。方方正正的房屋是用木杆搭建起来的，上面整整齐齐地盖着折叠过的露兜树叶，用作屋顶。所有房子的下面都离地一两米高，周围种着颜色鲜艳的灌木和果树。一大片的原始森林，我们即将工作的地方，就在不远处。

一走进村子，我们就被居民围住了。一会儿之后，他们带我们去看了可供我们居住的一间草房，但是并没有人向我们详细地介绍贝它卫普。

我们已经走得很累了，于是脱掉鞋袜，把它们挂到太阳底下晒一晒。几个小时后，一名队员在取他的新羊毛袜子时，发现上面已经布满了苍蝇卵。

待在贝它卫普的头几天简直令我们抓狂，并不是因为任何身体上的不适，而是因为人们源源不断的好奇心。我们的草屋每时每刻都挤满了人。刚开始时，村民们只是恭恭敬敬地站在门的附近，但随着人越聚越多，他们就一点点地挤进屋里来了。最后，一个鼻子下面挂着又绿又长鼻涕的小孩把头凑过来观察我的笔记本，随时可能会给笔记本上写下的各类符号上撒点料。在我旁边还有一个腿上有条很大伤口的人，他时不时会碰到我。草屋中人们呼出的热气和拥挤的环境，让我只能慢慢地向胸中憋气。这是我压抑住咆哮冲动的唯一办法了。

用餐时的情况更糟，如果还能更糟的话。这个时候，同样的一群人，全都饥肠辘辘的，他们庄重地看着我们吃下每一口饭。空气中弥漫着浓浓的红圈癣的气味。

最开始，我根本没法在这样的环境下吃饭。我会转而把我的食物递给人群中的一个小孩。但很快，实实在在的、无法掩饰的饥饿感就打消了我的纠结，让我旁若无人地大吃起来。

最痛苦的是上厕所。如果能有机会不上村里那种破旧的旱厕，我愿意付出任何代价。说实话，唯一一次去上这个厕所的时候，我产生了一种印象深刻的独特想法，那就是当地人在修建厕所时，根本就没想过它有朝一日需要承受一个白人的体重。为了避免大头冲下栽进屎坑，我只好走上很长一段路，到灌木丛中释放自我。在往灌木丛走的时候，我无一例外地会被乌央乌央的一群小孩跟着，他们迫不及待地想看我去林子里能表演出什么绝活儿。不管是阴沉着脸看着他们，冲他们喊脏话，还是使劲儿挥舞胳膊，我都没法让他们走开。只有当我开始脱裤子，目的一目了然的时候，这帮孩子似乎才会散得一干二净。即使是在这个时候，我有时还是会感觉到一双双小眼睛透过树叶的缝隙，目不转睛地盯着我看。

在废物排泄方面，弥彦明人颇为敏感。在这种情况下，大便的时候毫无隐私地被人盯着看就显得尤其不幸了。没过多久我就了解到，弥彦明人礼节中最坏规矩的一条就是当众放屁。他们对这种失礼憎恶至极，我在咱们的社会中唯一能想到与之严重程度相当的禁忌，也就是在大庭广众之下手淫了。一天晚上，肚子一直在闹意见的唐，实实在在地放了个响屁。我们的弥彦明主人们用手捂住眼睛，不齿地低下了头。终于，我们的翻译克格塞普（Kegesep）出来救场了。

"这个，"他打破了紧张的气氛，用弥彦明语说道，"毕竟谁都有个屁眼儿嘛。"

几个礼拜之后，弥彦明人的好奇心多少消减了一些，我能独自一人待在草屋里的时刻终于到来了。尽管有了片刻的放松，这种安静却让人觉得内心不安，因此我特地出门在门廊里游荡，希望能碰上谁来说说话！

在贝它卫普待了没多久，我们就成功地融入到了当地人中。就是在这里，我学会了流利地说皮钦语，交了第一批美拉尼西亚的好朋友。也是在这里，我第一次真正了解了一种美拉尼西亚文化。

弥彦明人，在他们自己看来，是"最后的那批人"。这就是说，弥彦明人认为他们实际上是巴布亚新几内亚各部落中生活方式基本没有受白种人影响的最后一批人。他们把这看作是一种不幸，并且清楚地意识到几乎任何其他人都比他们的境况要好。因为这种想法，弥彦明人会为一些事悲叹不已，比如他们仍然没有村主任，必须接受村里的 lululai（头人）和他的 tultul（助手）的领导，这两人都有上面发的徽章，彰显着他们与众不同的阶层。但事实上，从这一点上来看，弥彦明人接受的管理方式与许多其他偏远乡村相差无几。在很多村子里，这两个分别叫作"主任"和"委员"的人的职责与 lululai 和 tultul 所担负的职责毫无二致。尽管如此，弥彦明人还是很在意，认为政府显然忘记了使用更先进的管理方式（至少他们是这样认为的）来治理他们的村寨。由于他们的村寨地处偏远地区，弥彦明人在很多方面确实十分吃亏，比如他们能享受到的医疗服务非常有限，受教育的机会也微乎其微，并且难以接触到西方的商品。这些不利使得这种"末等公民"的感受越发强烈。

在与世人接触之前的时代，弥彦明人拥有新几内亚最与众不同的生活方式。在语言和文化上，他们与新几内亚中部的沃可山（Mountain Ok）人表现出许多密切的关系，但弥彦明人生活在低地和丘陵地区。看起来，弥彦明人的祖先是在很多代以前从山里迁移到低地的。低海拔地区的可用资源贫瘠，他们又很容易感染疾病（儿童阶段尤其如此），这些因素似乎迫使他们进入了这个极为不寻常的生态位①。

弥彦明人过去称呼自己为"大路人"，这指的是他们每天天不亮就会起床，检查通往他们村子的泥泞道路上是否有入侵者脚印的习惯。如果发现了什么蛛丝马迹，整个村子就会立刻进入战备状态。

之所以要如此警惕，都是弥彦明人自己招来的，因为他们自己就是新几内亚最热衷于劫掠的民族之一。即使到了 20 世纪 80 年代早期，他们还是会将邻近的阿特巴明（Atbalmin）人称作 bokis es bilong mipela（字面意义上是"我们的冰箱"）。虽然在西方人中有个神话，认为多数新几内亚人都是食人族，但弥彦明人身上表现出来的食人习性在新几内亚人文化中还是极为罕见的。

1973 年以前，西弥彦明人会将一年分为两个季节。一个是旱季，这是西弥彦明人猎猪的季节，他们会下山来到冲积平原，捕猎猪和其他猎物。而在一年中最湿润的那段时间，低地会被洪水淹没，这时就到猎杀人的季节了。在这期间，弥彦明人会上山前往高地的山谷，那

---

①生态位是一个物种在环境中所占据的资源的总称。

里密布着特莱福、阿特巴明以及其他部落的村落。他们常常会花好几年的时间来制订残杀掳掠的计划。

我在贝它卫普有两位长期伙伴：一位是 turnim tok（翻译）克格塞普，他讲得一口好皮钦语，因此可以把弥彦明语翻译成皮钦语说给我听；另一位是阿纳鲁（Anaru），贝它卫普村的 lululai（头人）。就是通过这些人，我得以近距离了解弥彦明人曾经的生活方式，以及他们的过去是如何继续影响着他们的。

克格塞普是一个身材瘦小，神经质的人，穿着脏兮兮的短裤和一件衬衫。他总是不停地为 sanguma（巫术）担惊受怕。唐·加德纳给我讲了一个关于克格塞普的故事，很能说明他看待世界的方式。在一次流感爆发期间，唐曾和他一起溯斯康嘉河而上走过很长一段路。那次流感大概是这个地区爆发的最早的流感疫情之一。野火般蔓延的疫情和随之而来的大量死亡造成了紧张的社会氛围，这使得他们的行程变得危险重重。每个人都把疾病的流行怪罪于邻居施的巫术，因此报复性的袭击随时都可能发生。

一天早上，唐走进克格塞普的草屋，发现他生病了，并且脸色死灰。慢慢地，唐弄明白了个中的缘由。原来在头一天晚上，克格塞普到营地的边上去撒尿，他在那儿感觉到有什么东西扫到了他的腿。他说那是条蛇，正试着爬上他的腿，钻进他的肛门里。克格塞普说他知道这条蛇是敌人派来让他的身体变虚弱的。他解释说，小时候他曾看见过好多这样的蛇，被从他父亲带领的袭击队杀死的受害者的肠道里取出来。克格塞普说他知道那些蛇是被人用巫术驱使来打头阵的，目的是先让这些受害者的身体变得虚弱。

克格塞普在被杀死的人身体里看到的"蛇"，毫无疑问是蛔虫属（Ascaris）的蛔虫，这些令人印象深刻的寄生虫在美拉尼西亚的偏远人群中无处不在，它们体型巨大又活泼好动，乍看起来确实与白蛇有几分相似。

唐清楚克格塞普的情况有多糟糕，很想帮他的忙，却又束手无策。最后，他给克格塞普吃了两片阿司匹林，解释说这是能杀死任何钻进他体内的蛇的妙药。

克格塞普很快就好了。服用阿司匹林或者维生素这类简单的疗法能在弥彦明人这样的人群身上取得良好的效果，我常常为此感到惊讶。对于那些严重缺乏维生素的人来说，吞下一片维生素之后，身体状况几乎会有立竿见影的好转。同样的道理，对于从未服用过止疼片的人来说，简简单单的一片阿司匹林能够带来的解脱是巨大的。

我非常喜欢克格塞普。他总是欢声笑语，每次都不厌其烦地纠正我那口蹩脚的皮钦语。想想他每天面对的那些如影随形的恐惧和困境，真让人觉得悲伤。1984 年那次离开雅普西埃的时候，我把我的衬衫给了他。1986 年是我最后一次去雅普西埃考察，克格塞普在考察结束后不久就死了。

阿纳鲁是一个头发灰白、孔武有力的人，大约五十岁。在贝它卫普，他是同龄人中到目前为止最健康的一个——除了寻常的红圈癣，没有显现出任何疾病的迹象。除了一个短的阴茎鞘，他什么也不穿，尽力展示着自己的那身好体格。

在贝它卫普度过了短短几天之后，我就跟阿纳鲁混熟了，并决定去爬波比亚里山，这座 1 200 米高的石灰岩山峰就伫立在村子外不远的地方。据说这座山是古氏树袋鼠（Dendrolagus goodfellowi）的家园。这种树袋鼠是新几内亚最稀有、最美丽的哺乳动物之一，弥彦明人把它们称作 Timboyok。这种漂亮的、栗棕色的袋鼠有一条杂带着金色的长尾巴，背上有两道纵走的金色条纹，还有摄人心魄的蓝眼睛。新几内亚的橡树林冠层就是它们的家。但是，当时人们对于这种动物在野外的情况仍然一无所知。

我旅途的伙伴是阿纳鲁、戴福（Deyfu）和伊梅福普（Imefoop）。阿纳鲁和戴福是优秀的猎手，而伊梅福普则是病快快的。他的身体在童年时就被肺结核毁掉了，羸弱的身体使他手无缚鸡之力。伊梅福普是我们在雅普西埃站招募的挑夫之一。唐对他的情况十分了解，因此为他着想，让他背我们的水壶。他每天能得到四基纳（约合六澳元①）的报酬，和其他挑夫一样。即使是背着这么轻的东西，当到了我们所谓的烟歇时间时，伊梅福普还是常常气喘吁吁。

能为我们从雅普西埃往贝它卫普背东西，伊梅福普高兴极了。对他来说，这不单单是钱的问题，事实上，伊梅福普在部落里几乎毫无地位。在村里，他是孩子们无时无刻不在挖苦的笑柄，又被成年人视若无物。而如今，他可以与身体比他更健康的弥彦明人并肩干活，拿的还是一样的酬劳。他总算被人正眼瞧了一回。

1986 年，就在我们爬波比亚里山之后两年，肺结核差不多完全摧毁了伊梅福普的身体，腹腔中的积液流进了他的阴茎和阴囊，致使他身体畸形，给他带来了巨大的疼痛。有一天，在命不久矣之际，他来到唐的身边，掀开了裹着他身体的那条毯子。

"看看我的痛苦吧。"他说，声音里充满了悲痛和耻辱。

临死之前，伊梅福普表现出了一丝尊严和影响力，这些在他此前可悲的一生中都是那么遥不可及。躺在自己的草屋中等待死亡降临的时候，他大喊道，他将惩罚那些长久以来戏弄他的孩子们。他说在他

---

① 1 澳元约为 4.758 人民币。

死后，他的灵魂会飞到斯康嘉河的源头。那里将会发生滑坡，泥土会混浊河水，孩子们将无法继续他们最喜爱的消遣——潜水寻找石英石。

很快，他的亲朋好友都围拢在他身边。每个人都求他到了灵界后给他们些保佑。伊梅福普终于被当作一个人物对待了。

第 8 章

与 "食人族" 同行

通向波比亚里山山顶的路不长但很陡。天可怜见，全程大部分时间都是在高大的原始森林中穿行。随着我们沿着山坡越爬越高，天气也变得更加凉爽，脚下也变得越发坚实。在大约 800 米高的地方，我们出乎意料地到达了一条覆盖着 kunai（草地）的小山梁。在那里，有一丛生长在小坑里的高高的藤草，人们常用它制作弓箭。戴福弯下腰，轻轻地拔了几根茎秆。当我问他在干什么时，他轻轻地说道："Papa bilong mi I stap."（我父亲在这里。）片刻之后我才明白，这藤草是种在他父亲的坟墓上面的。突然间，他这一动作中所蕴含的象征意味使我不知所措起来。

这一小块空地上以前有一个村落，大概在二十年前被废弃了。从防御的角度考虑，这是一个绝佳的位置，因为站在这里，乌萨克河的整个上游都能一览无余。任何敌人，不等靠近，在距离很远的地方就会被发现。可不论防御优势如何，你都会不由自主地想起那些可怜的妇女们来。不知多少个世纪以来，她们每天都要长途跋涉下山，在她们的园子里劳作。每个晚上，她们都需要将食物、装满水的竹筒，还有婴儿背回到 800 米高处的这里。

又向上爬了几百米后，我们来到了一座小草屋。说是小草屋，其实不过是四根杆子上支着一个顶棚，离地有一两米高。我们在这里休息、煮茶。戴福将藤草秆咬在牙齿中间校直，做成了弓箭。

我们要在这里度过一个礼拜的时间。

休息了几个小时后，我们离开草屋，向峰顶进发。我们沿着一条长约一公里的山路前行，接近峰顶时，植被开始变得低矮，一缕缕云雾在树木间飘荡。又走了几步，小路在一处悬崖前突然终止——我们到达峰顶了。

我们在那里得到了一个惊喜——一只鹰一样的大鸟停落在伸出悬崖外的一棵光秃秃的矮树上。尽管它有个不起眼的名字叫长尾鸳（*Henicopernis longicauda*），但它仍是一种令人印象深刻的动物。作为新几内亚第二大的林栖猛禽，它的羽毛泛着柔和的褐色，还有一根生着横条纹的长尾巴。很少有人近距离地见过这种鸟，在新几内亚这么多年里，这是我唯一一次在区区几米之内见到它。

它滑翔着飞出了山谷。

山顶以下，透过萦绕着的雾气，能看到闪着波光的乌萨克河，还有贝它卫普的顶顶草屋。我成了唯一一个登上波比亚里山的白种人。突然之间，我感受到了这意味着什么——我感觉到自己距离任何地方都异常遥远。

在山上度过的那些寂寞的夜里，阿纳鲁向我说起了他年轻时参与过的对其他部落的袭击。他告诉我，要想干一票成功的突袭，第一步是当头儿的得去"牵线"。他的意思是必须要有人在散居的各弥彦明群落间建立起一种社会义务的关系网，这样才能聚集起来足够多的成年男子，进行一次成功的劫掠。"牵线"靠的是把女儿嫁到其他弥彦明群落，向其他弥彦明群落赠送猪崽和肉，还要通过赠送其他种种礼物来巩固各群落间的这种联系。一旦战略同盟缔结完毕，为袭击做计划的工作就可以开始了。

如果打算袭击的是阿特巴明人，那弥彦明人就必须建一座藤蔓吊桥，跨过隔开两个部落领地的塞皮克河。这可能要花上几个礼拜的时间。接着，必须选择一个合适的村子，并对村子的情况进行侦察。被袭击的村子一般有四五十人，距离其他村子不能太近。在袭击时杀死或捉住每一个人极为重要，因为哪怕只有一个人逃走了，临近的村庄就会收到警报，并赶在弥彦明人离开前赶来救援。

阿纳鲁向我描述了他们晚上是怎么包围村子的。袭击通常在临近破晓的时候进行，这时他们会冲进草屋里。杀戮必须干脆彻底。处决男人和年纪大点儿的女人时，他们通常会先从后面抓住受害者，然后把一根磨尖了的食火鸡腿骨狠狠地向下刺入其锁骨和肩胛骨之间的空隙，这样可以刺穿受害者的肺部。

阿纳鲁用一支血迹斑斑的旧匕首给我比量了一下，拿我模拟那些受害者。他肌肉发达的手臂勾住我的脖子，将我的身体勒向他，匕首的骨头尖已经顶入了我的皮肤，这种感觉让我不寒而栗。手法太专业了。

这些突袭对于弥彦明人来说至关重要，无论是对他们的社会，还是对他们的身体都是如此。对那些为一次成功的袭击谋划了数年的男人们来说，这些突袭赋予了他们生命的意义。只要他们能成功哪怕一次，他们的名字就会代代相传。但这不是劫掠最重要的成果。弥彦明人最为在乎的是，通过劫掠，他们带回来了孩子。

即使在他们迁居到雅普西埃以前，弥彦明人的婴幼儿夭折率也高得恐怖。一个孩子一旦活过了生命中的头几年，那么长大成人的机会就大大提升了。正是因为这样的原因，年龄较大的孩子对弥彦明人来说就显得颇为珍贵，即使是抢来的孩子也会很受珍视，在充满爱意的家庭中被抚养长大。

直到 1986 年，当我访问弥彦明定居点中最偏远的一个村子尤明比普（Yominbip）时，我才完全体会到这其中的重要性。在那里，我遇到了关系融洽的一家人，这个家庭就是以这种方式结合起来的。但这个故事得等后面再讲。

我承认，在阿纳鲁给我讲了他早年的生活之后，我在波比亚里山的窝棚里度过了几个难眠的夜晚。他明显很热爱那些"过去的好日子"，讲起故事来有滋有味儿的。

我们在波比亚里山上捕猎的日子既充满了巨大的欢乐，又承受着几乎令人无法忍受的不适。窝棚太小了，棚顶也是千疮百孔，每天下大雨的时候，躲在它底下仍然会被淋湿。晚上也是如此，因为我们的身体总有一部分会暴露在下个不停的雨水中。更糟的是窝棚太低矮了，我在里面都没法站起来，而且它经常没法完全挡住阳光。尽管存在诸多不便，但我们别无选择。这道山梁太窄，除了这里，没有其他地方可以搭窝棚。

山上最恼人的莫过于无刺蜂[①]。它们老早就发现我们了。无刺蜂是小型、无刺的蜜蜂，从早到晚都数以千计地群集在一起。顾名思义，它们会喝汗液。笼罩在窝棚周围的巨大的无刺蜂"云团"发出尖锐刺

①原文为"sweat bee"，指包括隧蜂科 Halictidae、蜜蜂科的 *Plebeina hildebrandti*、无刺蜂属 *Trigona* 和意大利蜜蜂 *Apis mellifera*，以及食蚜蝇科 Syrphidae 的昆虫，它们都会吸食人的汗液。从分布范围和没有螫针的特征来看，作者指的最有可能是无刺蜂属。

耳的嗡鸣声，只要还有日光就不会停息。它们是一种顽强到不可思议的生灵，除非被拍死，否则绝不会离开你的皮肤。它们会爬进你的耳朵、眼睛、嘴巴和鼻子里，钻进你的衬衫、裤子、袜子和头发里，数量成千上万。一万条小舌头同时在皮肤上舔舐的感觉，很快就把我折磨得精神错乱了。

更要命的是，上千只蜜蜂里也许有一只其实并不是无刺蜂。被这种蜂蜇就像被电击一样。把手扶到树上或者棚子的支柱上，它就会蜇你。去拿起一件工具，或是碰了窝棚的顶一下，它也会蜇你。从脸上或者胳膊上拂去蜜蜂，被电击的感觉就会再度袭来。在这样的虫云虫雾中待上一分钟就够惨了，可以用度秒如年来形容。而要连续地、无处可逃地过上几天，那绝对是场噩梦。我甚至期盼起黄昏的蚊子来，不管它们携带的疟疾有多危险。

出于某些无法解释的原因，我的动物陷阱在波比亚里宿营期间什么也没抓到。猎人们的捕猎成果比较好，也正是阿纳鲁和戴福找到的神奇动物让我愿意继续待下去。我们在那儿的第一天，戴福便拿着一只大老鼠的尸体回到了营地。它有一只小猫那么大，脸的两侧生着长度超过 15 厘米的胡须。它的背部皮毛是深棕色的，腹部是白色的。引人注目的是，它的蛋蛋比任何人的都要大。

最开始我鉴定不出这种奇怪的动物。这是一只得了象皮肿病的大镶尾鼠（*Uromys caudimaculatus*）吗？不对，尾巴上的鳞片太大了。这时我想起了若干年前读过的一段描述，关于新几内亚最稀有的大型啮齿类动物。这种动物的名字叫 *Xenuromys barbatus*，也就是"长胡子的奇怪老鼠"。曾有报道说这种动物在外观上和常见的大镶尾鼠很相似。想到我握着的可能是白种人见过的仅有的五只 *Xenuromys* 中的一只，我不禁激动得颤抖起来。如果真是这样的话，我就很荣幸地成为史上第一个知道这小畜生的重量，知道它被找到时藏身于何处，检查过它的肠胃，了解它的饮食，甚至还思索过它为什么需要如此巨大的外生殖器的人了。说实话，我很可能是第一个发现它竟如此天赋异禀的白种人。

这些想法很快就让我开始了疯狂的测量、取样和保存样本，还有最后的烹调！吃了一餐米饭和鱼罐头之后，我们都馋肉了，于是我们把剥了皮的尸体和林子里的野菜一锅炖了。对于这类食物，阿纳鲁他们习惯于把骨头也一起嚼碎，要让他们别这样做真的非常困难。每次听到篝火四周有骨头碎裂的声音，我都必须找出那些干坏事儿的家伙，要求他们把正在大快朵颐的那一口吐出来。剥夺他们明显正在享受的食物让我觉得很内疚。但当吃完之后，我依然会小心翼翼地把骨头包好带走，骄傲地想着，这将是史上第一具荣列博物馆收藏的 *Xenuromys* 骨架。

我关于新几内亚的哺乳动物发表的第一篇科学论文就是基于从那号标本上采集的材料。直到今天，我仍然没能破解它那对巨型睾丸的秘密。

随后在波比亚里山上的每一天，我们都有更多的惊喜。有一天，阿纳鲁带回来两只土袋貂（*Phalanger gymnotis*）。这些大号袋貂在进化上是澳大利亚的帚尾袋貂的亲戚，阿纳鲁的猎狗是在它们的巢穴里找到这些袋貂的，阿纳鲁在它们逃散时射杀了它们。弥彦明人对这个物种怀有特殊的敬意，他们管它叫 Kuyam，相信它是他们的女祖先阿菲克（Afek）的一个孩子。

当我们在波比亚里山的日子接近尾声的时候，最大的惊喜到来了。

一天傍晚，当天快黑了的时候，戴福回到了营地，扛着一只身上有火红色、黑色、硫磺色和白色的鲜艳花纹的袋貂。我从没见过这样的动物。这只动物的个头很大，当戴福抱着它，胸与它的头齐平时，它的尾巴仍然拖在了地上。我敢肯定，它一定是某个未被描述过的物种。

然而等我回到悉尼之后，我发现它在20世纪30年代时就已经被人描述过了。但这个描述只有一段话，是用德语写的，而且完全没有描绘出这种动物外表的华丽。这种如今名叫卷尾斑袋貂（*Spilocuscus rufoniger*）的动物太稀有了，因此许多研究者都认为它只是斑袋貂的一个变种。不过，对采集自波比亚里山的这号标本进行的生物化学和其他分析显示，这确实是一个截然不同的物种。

让我失望的是，期盼已久的古氏树袋鼠仍然无处可寻。

第 9 章

阴茎鞘和猪獠牙

离开波比亚里山营地的那种解脱感是可想而知的。我的皮肤因为蚊虫叮咬和各种伤痕而一片红肿，眼睛也肿成了一条缝，因为一个礼拜没法洗澡浑身上下脏得不行。我向往着贝它卫普的舒适生活——草屋里有一整块地板，可以四仰八叉地躺在上面，也许还有一块甜饼干配茶，以及河边清凉的水塘，很深，游在里面十分惬意。

一回到村里，我们赶往的第一个地方就是河边的水塘。在前往水塘洗澡这个事情上，我们已经练就了一点套路，只要需要，就很快能洗上澡。一个弥彦明朋友会开路先行，喊着说女人必须离开水塘，把猪和小孩儿也带走，因为那帮白人要来洗啦。等我们到了水塘边，妇女们都已经离开了，这时我们就可以脱掉衣服或是摘掉阴茎鞘，洗上一两个小时。

村里的孩子们找到了一大块乳白色的石英石。要玩一种很好玩的游戏，必须得有一块这样的石头。游戏的时候，我们先把石头扔进水塘的深处，然后潜水找到它。这是我们最喜欢的消遣，村里的孩子们也同样喜欢。第一个把它从绿色的深水中捡回来的就是赢家。白色石英石像一座灯塔般闪耀，即使在最深的坑洞里也是如此。水塘太深了，每当我接近湖底的时候，耳朵里就会哔哔啵啵地响起来，大鱼们则会谨慎地游入绿色的阴影区域中。

在这一天，鹅卵石的河滩上，四仰八叉躺在弥彦明伙伴中间的我内心无比满足。我爬上了波比亚里山，带着巨大的财富归来。我又干净清爽回来了。也许是受到了我们在波比亚里山上建立起来的同志之情的鼓励，我们的谈话很快转到了更加私密的话题上。我的弥彦明朋友们说，他们比较喜欢乳房长而下垂，走起路来"一跳一跳"的女人（意思就是给孩子喂过奶的女人），而不是多数西方人喜爱的那种大小适中，形状完美，没喂过奶的胸部。

找老婆的时候，他们几乎不考虑长相，而是找能干活儿的。我的一个朋友向我解释说，一个男人要是想享受一把美女的话，可以到附近的村子里去勾引小姑娘。

随着对话继续进行，戴福朝我倚靠过来，小声问为什么我和他们如此不同。我被这个问题吓了一跳，开始试着为我较大的体型和白色的皮肤寻找合适的解释。戴福立刻打断了我这段纠结不已的话语，把手指向他的两腿之间，说道："No, hia!"（没说那个，说的是这里！）

问题的所在立刻就明显了——我做过包皮环切，他们没有。我把我最会讲的那些皮钦话搜罗起来，仔细地解释说："Ol tumbuna bilong mi i save rausim laplap bilong kok bilong pikinini man。"翻译过来大致就是"我的祖先们养成了一个习惯，会把他们孩子的小鸡鸡头上的那一小圈皮给割掉"。

戴福毕恭毕敬地看了我好一会儿，然后试着把这段解释翻译给他那些迫不及待的部落朋友们听。没说几句，他就倒在地上，哑然失声，抽搐起来。

他笑抽了！

随着他把话断断续续地说完，他所有的伙伴也都笑得前仰后合。很长一段时间里，他们中的任何人只要看我一眼，就会笑疯过去。至少过了二十分钟，这场欢乐才终于平息下来。

这一切正在进行的时候，我开始审视起自己对弥彦明人和他们的服饰的态度来。最开始，弥彦明人的阴茎鞘、穿了孔并挂着猪獠牙的鼻中隔①，以及戴在打过孔的鼻子上的犀金龟的头，在我看来都是最为古怪骇人、最为原始的一种风尚。直到这一刻前，我从没想过，他们可能也会在以同样的方式看待我。

但后来回到悉尼，结束了这段漫长的野外行程之后，我意识到白人的时尚也颇为怪异。一走出飞机，我就惊讶地看着两个很惹眼的人从我身旁走过。她们睁着明亮的眼眸，皮肤白得过分，嘴唇又异常鲜红。那一瞬间，她们就好像是来自某个奇怪非洲部落的访客，将自己的皮肤涂成了苍白的颜色，显现出了大到夸张的眼睛和脸上的微笑。但她们并不是来自非洲部落的访客，只是两名化过妆的年轻女子，妆容也许称得上浓妆艳抹，但仍符合时下的潮流。我花了几天时间才重新将这种"部落妆扮"视为常态。在长期的野外工作中，我已经开始接受人类的"常态"就是衣不蔽体、又矮又黑这一观念了。

从水塘回村的路总是令人提心吊胆。这条小路每天下午都被一个老太太占用着，她拥有全美拉尼西亚个头最大、脾气最坏的一头猪。要不是照顾它的老太太异常沉迷于自己的这份职权，这头名副其实的怪物肯定早就被 mumu（放在石头铺底的灶坑里烤）了。

---

①把鼻腔分成左右两部分的组织。它由骨、软骨和黏膜构成。

哼哼唧唧的巨大噪音就是这个大块头母猪靠近的信号，弥彦明人一听到这种声音就会立刻跳到树上或是灌木丛里去。我经常会在母猪一路拱过去的时候溜到一棵树后面。不管是谁占了它的道，这家伙明显都会发飙。

母猪是很危险的生物。不像公猪（它们只会用獠牙挑人），母猪会凶狠地咬人，并且会死咬着不放。有很多人被母猪咬死就是因为这个原因。

贝它卫普的所有人，除了它的"妈妈"（这是他们对这个老太太的叫法），都活在对这头猪的生死恐惧中。当听到这头猪在某天下午回到村子里的时候，人们都会跳到房子前的门廊上。接着这头巨大的、哼哈直叫的猪就会走过去，后面跟着一个瘦小枯干、体重只有三十公斤的女人（我知道她的体重是因为唐为了给她进行医疗救助，必须称一下她的体重）。她只有猪的四分之一大，却能用一根棍子牢牢地控制住它。这头猪听从她的每一句话，像只吓坏了的小狗那样服从她。在它还是头小猪崽的时候，这个女人曾让它吮吸自己的乳房，就像婴儿喝母乳一样。随着它慢慢长大，她一口口给它喂精挑细选的红薯。当它长到足够大了之后，她又每天带它到林子里觅食。简而言之，它就像是她的孩子一样。

村里的人把我们的到访当成了一次除去这个怪物的机会。不管老太太怎么抗议，他们都坚持认为在白人"老爷"来访的时候，周围还有这头畜生实在是太危险了。

这场争论你来我往持续了好几天。最终，让老太太悲伤不已的是，村民们赢了。

要宰了这头母猪原来是个复杂的过程。解决它之前，必须要先通知它"真正"的"父母"。这个老妇人原来只是它的"后妈"！在它还是小猪崽的时候，她从一对夫妇那里领养了这头猪。从贝它卫普出发，前往这对夫妇所住的村子，步行要走两天的时间。这是白费劲啊，我琢磨着。

猪的"父母"一到贝它卫普，宴会的准备工作就开始了。村民们在村子边挖了一个很深的坑。坑的周围是一大堆点燃的柴火，柴火上面盖着从河里搬来的石头。与此同时，那头猪被牢牢地拴在村子的广场中间，它的"后妈"则在不远处的草屋里轻声啜泣着。

最终，我的朋友凯布格走上前来，拈弓搭箭射向这头猪。猪被射中了胸膛，但这一箭不足以致命，一时间，暴怒的它尖叫起来，险些就要挣脱拴它的绳子了。

在这千钧一发之际，阿纳鲁冲了上去，拿着一根很沉的棍子。在它的头盖骨上大力一击之后，猪被打死了。

几分钟之内，一群挥舞着竹刀的弥彦明人就把这头巨大的母猪切成了一块块猪肉，并把这些猪肉用树叶包好。烧到发红的石头被铺到坑里，接着，弥彦明人又铺上一层层叶子和草。一包包肉被放到坑里，上面再放上一层芭蕉叶子。这之后，弥彦明人又在上面抹了些厚厚的芋头泥"布丁"，盖上了一层由 marita（一种长长的、红色的、矛头形状的露兜树果实）制成的酱汁。所有这些接着又被用一层树叶、石头和土封了起来。

几个小时后，mumu（灶炕）被打开了，扑鼻的香气四散开来，沉浸于"丧女之痛"的"后妈"的哭泣声变得更加撕心裂肺。我们深受感动，很为她感到惋惜，就给了她几个鱼罐头（算是对新鲜猪肉的一点可怜巴巴的补偿吧）作为晚饭。但是，她的悲伤并未消解。

第 10 章

暴脾气的弥彦明人

在我们刚到贝它卫普不久时，唐·加德纳给一名妇女治疗了腿部的败血症。由于脚上一处割伤导致的感染，她的整条腿已红肿不堪。在接受了一个疗程的抗生素治疗之后，她的情况有了很大的好转。她的丈夫凯法克（Kaifak）此前对我们相当冷淡，在这件事之后，他变得分外友善起来。他听说我的妻子怀上了我们的第一个孩子，于是有一天来找我，很自信地预测（预测结果后来证明是正确的）会是个男孩。他坚持要我给孩子取名为奥吉（Oki），我照办了。他解释说，奥吉的意思是"食火鸡的蹬踹"①，我的孩子如果取这个名字，那一定会长得很强壮。

凯法克长了一张慷慨大度的脸庞，眼睛又大又黑，还有一个典型的美拉尼西亚式的大鼻子。从某些角度看，他与情景喜剧《斯特普托父子》(Steptoe and Son) 里扮演哈罗德的演员哈利·H. 科比特（Harry H. Corbett）很相似。他常常保持着微笑，一只耳朵上有一个非常大的耳洞，上面穿了一枚安全别针。

凯法克与灵魂世界有一种特殊的联系——他是一位萨满。他第一次拥有通灵能力是某天在林子里打猎的时候。他在那里遇到了鬼魂，

①食火鸡的踢击力量很大，锋利的爪子常常能够撕开对方的肚子，非常致命。

这个鬼魂把他领到了林子中他此前不知道的一块地方。在那里，鬼魂给了他一块鬼芋。凯法克吃了。吃下这种鬼芋通常会导致人死亡，但这一次的情况有所不同，因为鬼魂和凯法克达成了一项协议。根据这项协议，凯法克会把阳间发生的事情告诉鬼魂（一般人是看不见鬼魂的），而鬼魂则会把阴间发生的事告诉凯法克。鬼魂紧紧地搂着凯法克的肩膀，两者从此密不可分。

弥彦明人认为人死后与人间仍然很贴近。他们相信逝者栖居的世界与人间的世界在很多方面都很相似，这个逝者的世界就位于地面下一两米的地方。活人在人间从事的多数活动，死者在那个隐秘的世界中也在做。

弥彦明人对于空间和时间的概念很有限。他们关于山谷以外的世界的认知少得可怜。尽管他们听说过，甚至可能去过外面，但雅普西埃河的山谷才是他们的世界。边界以外的地区增添了一层层不确定性。对他们而言，就连莫尔兹比港也是一个近乎神话中的地方。

他们眼中的历史只能大概回溯三代人。他们将祖父辈出生前的时间归到一个遥远朦胧的纪元里，也许是接近时间起点的时候。另外，受限于基督教教义，他们对未来没有远见，他们认为世界末日和基督再临很快就会到来，肯定会在他们这一代人活着的时候发生。

虽然他们对于时间和空间的观念很有限，但他们仍然以极大的平静去接受那些对我来说非同寻常的事物。

一个晴朗的夜里，我们一群人坐在村子里看星星。这时一颗卫星进入了我们的视线——一颗明亮的小点点在黑漆漆的夜空中慢慢地移动。我指着它，问大家是否熟悉这样的物体。讨论了一阵之后，一个男孩告诉我，尽管现在能常常看到它们，但这些东西在他父亲还是个孩子的时候可是闻所未闻的。我问他知不知道这是什么。他说不知道，于是我试着给他们解释了一下。

1984 年，美国总统是罗纳德·里根（Ronald Wilson Reagan），当时他的"星球大战"计划正搞得热火朝天。我的解释中有一部分是卫星在战争中的用处，还有它们攻击空间和地面目标的能力。一番揭秘之后，我的听众们陷入了长长的沉默当中，似乎是集体懵掉了。这时一个非常小的男孩靠过来，毕恭毕敬地问道："老爷，我父亲岁数大了。他的眼睛花了，再也没法打猎了。下次您看见里根先生，能不能问问他，可不可以让他的卫星给我父亲打点儿袋貂啊？"

一天，一个引人注目的身影大步流星地走进了贝它卫普。他是安贝普（Ambep），凯法克的兄弟。随着他的到来，贝它卫普的气氛一下就紧张起来了。安贝普与他的大家庭生活在一个叫作耶玛纳（Kyemana）的村子里。这是一个与世隔绝的传统乡村，坐落在贝它卫普上方的山丘里，从那里步行前往贝它卫普大约需要半天的时间。

安贝普是一个瘦小的上了年纪的老男人，只戴着一个阴茎鞘，头上还有一个东西，最开始我以为是种奇怪的茶壶保温套。他的大鼻子和凯法克一样显眼，但脸要窄一些，比较瘦削。他的眼睛闪烁着一种凯法克的眼睛所没有的光芒。

别管他的外貌有多古怪，安贝普可不是你能随便要着玩儿的人。有一天我想给他照张相，但通过克格塞普得知他生气地拒绝了。安贝普的理由是，很多人在照相之后就死了。事实上，当时弥彦明人的死亡率非常高，所以安贝普的观察与事实确实相去不远。

在其他的人，甚至是他的近亲们看来，安贝普是一个"古怪"的人。除了他掌控下的直系家庭成员外，这些年来他几乎与所有人都起过争执。在我们到达这里的几个月之前，凯法克来到了贝它卫普，目的就是躲开自己的这个亲兄弟。来到贝它卫普时，凯法克的胳膊里还插着一支箭。凯法克是在与安贝普发生了争吵后逃离耶玛纳来到这里的。

这场家庭危机的前因后果极不寻常。四个弥彦明男子——安贝普的近亲们一同外出打猎。期间下起了暴风雨，他们躲到一个菜园的棚屋里，棚屋的旁边矗立着一棵巨大的树。开辟这个菜园的时候，这棵树被留下了（因为太费劲了，所以没砍）。它就在那里立着，慢慢地朽烂了很多年。在那场暴风雨最猛烈的时候，一阵狂风把树吹断了，巨大的树体倒下来，砸在了脆弱的棚屋上。四个人当场全都死了。

几乎任何美拉尼西亚乡下人都会认为，这样的事情是巫术造成的。如此严重的灾难只可能是恶毒的敌人施了巫术。

这场灾难把安贝普都快逼疯了，他陷入了一种典型的弥彦明式的愤怒与悲伤。他有一个养女，是几年前在袭击阿特巴明人时抓来的。她已经差不多十七岁了，刚好到了出嫁的年龄，此前备受安贝普及其家人的宠爱和珍视。

灾难发生后，安贝普拎起他的斧头，砍进了这个女儿的脖子，然后命令老婆把尸体大卸八块之后煮了。接着，他逼自己的家族成员吃这些肉。凯法克提出了抗议，然后胳膊上就被射了一箭，并被赶了出来。

我曾见过安贝普打猎，如果他想的话，他完全有能力要了凯法克的命。

于是现在，我们都觉得安贝普的到来又给贝它卫普蒙上了一层暴力的阴影。本地的牧师很紧张，他威胁要把安贝普吃人的事报告给行政官。但是，这会让整个村庄陷入更严重的恐慌当中。

夹在这一切当中的我，必须为了自己的目的去和安贝普打交道，

72

因为他是一个技艺高超的猎手，每天都能给我带回有趣的标本。

一天下午，我造访了村子边上的那间草屋，安贝普一家人就栖身在那里。我希望把我的工作是怎么回事儿解释给安贝普听。就这么一间屋子，里面烟雾缭绕，地板上几乎坐满了人。

人群中的一个年轻女人患有严重的肺结核。在疾病的折磨下，她的上半身已经变得很瘦小。她不断地咳出充满泡沫、微微发红的痰来。这个女人的双眼突出，眼神中满含着恐惧，害怕自己无法呼吸到足够的空气。她不停的咳嗽声使安贝普很难听懂我那口蹩脚的皮钦语（这种语言他本来也听不懂几句）。

突然间，安贝普就发作了。他眼里闪烁着凶光，站起来用拳背甩了这个女人的脑袋一下。女人害怕地蜷缩起来。尽管如此，我还是磕磕绊绊地继续说完话，心中交织着义愤、恶心和恐惧。

安贝普在悲伤时表现出的那种明显的狂暴并不鲜见。事实上，多数西弥彦明人都会时不时地被哀伤卷入疯狂。虽然悲伤之下的愤怒可以屡屡成为施暴的借口，但对于这种由灾祸造成的暂时的非理智状态，弥彦明人的社会仍持广泛接受的态度，他们认为这是一种正当行为。渐渐地，我只要一听到某人变得"悲愤交加"就会害怕起来。它常常预示着极为可怕、毫无意义且无法预知的暴力行为。

有一天，唐·加德纳给了一名助手一顶崭新的蚊帐。这名助手很珍惜这份礼物，小心翼翼地把它挂在了屋里。接着，助手的兄弟养的一只鸡跑进了草房，在洁白无瑕的蚊帐上拉了屎。关于这起风波，唐最先得到的消息就是一个狂暴的弥彦明人在村子的广场上前冲后撞，手里提着斧头。之所以有这样的反应，这个弥彦明人的理由大概是这样的：

白人到咱们这儿来，多大方啊。人家送给我一件厚礼——一顶蚊帐。我兄弟的鸡又干了些啥？**我亲兄弟**[1]**的鸡往我的新蚊帐上面拉屎。我亲兄弟的鸡！**

他一边说着这些，一边挥着斧头狠狠地砍几棵木瓜树。这些树是他兄弟种的，都快结果子了。接下来，他兄弟的鸡也被他宰了。这些都是新近才来到村子里的贵重商品。要是他的兄弟当时现了身的话，可能也会遭遇同样的命运。

这些显而易见是鸡毛蒜皮的事也能引发暴力事件，这使我变得有点过度紧张了。有一天，村里的牧师来找我，请我帮他数钱。为了能到杜兰明（Duranmin，从村里出发步行要花两个礼拜）的圣经学校上学，他需要140基纳（那时候约合200澳元）。他很兴奋地以为自己已经存了137基纳，差不多够报名了。可当打开他的存钱罐时，我惊恐地发现里面躺着1基纳37托伊[2]（2澳元）。这可让我咋说呀？我怕他发飙，因此只能建议他继续存钱。

还有一次，两个给我干活的小男孩"借"了阿纳鲁的独木舟（一件值钱的家当），还把它撞坏了。直到两眼喷火的阿纳鲁开始敲他的kundu鼓时，我才明白该怎样解决这个危机。我来到他的草屋，满脸堆笑地提出希望花远超过实际价值的价钱买下这面鼓。这让阿纳鲁的脸上出现了一丝微笑，而就在片刻之前，这张扭曲的脸上还满是愤怒。

1986年，我本人也差点成了这种让人瞠目结舌，且完全无法预

---

①原书中作者用了斜体表示强调，中文版用黑体来呈现作者的这种意图，下文同。
②巴布亚新几内亚辅币，100托伊=1基纳。

料的弥彦明式暴力的受害者。那天下午三四点钟，我正在自己的草屋里睡觉，因为头天晚上为了打探照灯抓动物熬了大半夜。突然，我被旁边一间草屋中发出的喊声和尖叫声惊醒了。我踉踉跄跄地爬起来，走到门廊里。在那里，在刺眼的热带阳光下，我看见一个年轻人满满地拉着一张弓，正努力透过草屋墙壁的缝隙瞄准着什么。我立刻就意识到他这是要杀掉某人。我大喊着吸引他的注意力，告诉他如果他伤害了任何人，我就不得不把事情告诉警察。

当他转过身来面对着我时，我立刻明白自己犯了一个严重的错误。他的眼中燃烧着一种疯狂，这说明他没听见我说了什么。他要杀人，他的弓已经拉满了，箭就指着我的胸口，距离不足十米。

我的霰弹枪就倚在屋子里的门柱上，但肯定没法伸手够到。在我思考这些的瞬间，我看见有个人从邻近草屋的棚子下冲出来，从后面抱住了这个年轻人，箍住了他的胳膊。

他没法把箭射出来了。

救了我命的人是这个年轻人的叔叔。他向我解释说，这个孩子最近才结婚，他怀疑妻子对他不忠。他刚才想杀的是她。

最奇怪的是，等到那天傍晚，还是这个差点儿杀了我的年轻人微笑着来到我门前，献给我一只他刚打的袋貂。他看上去很轻松友好，就像什么都没有发生过一样。

他是安贝普的儿子。

在我们离开贝它卫普的前夕，凯法克与灵界的那种互利共生式的关系使得送别颇有点像政治活动。我们站在村中广场准备离开的时候，凯法克开始在集合起来的人群面前大踏步地走来走去，用弥彦明语大声咆哮，胡言乱语起来。人们表面上看显得很庄重，实则对他要说的那些话非常失望。最后我们被叫去，私下里聆听了他的这段长篇大论。凯法克是这样说的：

"在莫尔兹比港，鬼魂可受政府优待了，你们知道吧。灵界的那些，个个都给发腕表，发半导体收音机。而且，他们已经有了自己的村委会啦。"这是弥彦明人的一块心病，他们知道自己是巴布亚新几内亚几乎唯一一没有得到这种形式的政府管理的族群。"政府都给我们干过点儿啥呀？瞅瞅我们。我们啥也没有！给他们投票的是我们呀，他们为啥要偏向那些死鬼？我要让这些白人去告诉迈克尔·索马雷①(Michael Somare)。这种偏心真是够了。政府应该开始把他们发给鬼的那些货也给活人点儿。"

我瞧着自己的靴子，咬着后槽牙不让自己乐出来。

我们离开贝它卫普时，我请求所有人把猎到的动物的下颌骨保留下来。我承诺他们，等我下次来贝它卫普（如果我再来的话）的时候，我会把它们买下来，这样我就可以估算捕猎带给每个家庭的蛋白质摄入量了。

而我确实也回到了贝它卫普，那是两年后的 1986 年。这次和我一起来贝它卫普的是我的朋友及同事莱斯特·塞里（Lester Seri），他是巴布亚新几内亚环境部的一名生物学家。令人惊讶的是，只有那个面目可憎的暴徒安贝普细心地保存了所有的骨头。不管其他方面怎么样，我发现他是一个说话算话的人。

我跟安贝普说，我想再搞些两年前在波比亚里山上第一次碰到的那种稀有的巨型老鼠 *Xenuromys barbatus* 的样品。很显然，只有他的

---

①在本书的故事发生时，迈克尔·索马雷曾于 1975—1980 年和 1982—1985 年两度担任巴布亚新几内亚总理。

狗才靠得住，能够追踪到这种被他称作 Boboyomin 的动物。从我的巡逻箱里，我抽出一把开山刀、一块小的防水帆布罩，还有一柄战斧。我当着他的面，把它们摆在草屋的地上，挨个指着它们说："Wanpela Boboyomin, wanpela Boboyomin, wanpela Boboyomin" ——只要能给我搞一只 Boboyomin 来，他就可以从这三件东西中选一样。

当天下午，安贝普就得胜而归了，手里提着 Boboyomin。他的狗在一大堆岩石中间找到了这种动物的巢穴，发现的位置是这种巨型老鼠典型的筑巢地点。安贝普把尸体递过来，欢天喜地地要走了那柄战斧。他向我保证，等明天回来，肯定能把剩下的两件东西也拿走。

然而，灾难突然发生了。那天傍晚，我去安贝普的草屋做客的时候，看到他的狗在火旁边躺着，浑身抽搐，口吐白沫。它一边在地上抽风，一边翻着白眼。安贝普觉得它是吃了毒蜈蚣或是被毒蜈蚣咬了。毒蜈蚣也许是某个满心嫉妒的竞争对手派来的，想阻止安贝普再次抓到 Boboyomin，取走开山刀和防水帆布罩。

在遭受到这么大挫折的情况下，安贝普还是在第二天如约而返，手里又拿着一只 Boboyomin，这着实令我惊讶。帆布罩到手后，他向我们解释说，他是叫他老婆陪他一起进行的这次搜索。她赤着手探进了无数个岩石裂缝当中，去摸索这种巨鼠的巢穴。最终，她找到了一个。她把整只胳膊伸进巢穴，单手抓住了老鼠并掐死了它，并且没有被咬到。

在我们最后离开贝它卫普之前，谢天谢地，再没有巨鼠被安贝普撞见了。所以那把开山刀留在了我们身边。

在即将离开的时候，我们扎了一些筏子，这样可以和以前一样顺流而下。可就在计划出发的那天早上，斯康嘉河涨水，我们走不成了。到了午饭时间，陪着我们的那个弥彦明人觉得洪水已经退得差不多，可以冒险漂流了，于是我们的货物被装到了筏子上。最后一刻，我们的开山刀不见了，虽然表面看来，刀似乎是掉进了泛滥的河水里，但我们心里怀疑其实是被人偷走的。莱斯特和我闷闷不乐地动身了。

我们到达雅普西埃站的第二天，安贝普来到我们的住处，到达时已经筋疲力尽了。这让我们颇感意外。他的手里握着那把丢了的刀。他解释说刀是被一个年轻人偷走的。安贝普逼着他说出了藏刀的地方，然后把这个年轻人揍了一顿，因为这是厚颜无耻的偷窃行为。安贝普这种诚实的行为让我们深受感动。他本可以轻易留下那把宝贝刀的，因为我并没有再回到贝它卫普的计划。

关于弥彦明人的社会我了解得越多，就越觉得安贝普的暴力行为不过是社会规范的一种极端的版本而已。的确，安贝普可以是一头"怪兽"，但他同时也是一个智慧与诚信远远超过他的同胞的人。如果我们对一个人所处社会的文化和他的个人风格近乎一无所知的话，我们又怎么能够对他进行评判呢？我仍然会想起这个奇特的、充满矛盾的人，而且必须承认，我开始喜欢起他来。

我还记得一件事。安贝普的儿子发疯的那个下午，阿纳鲁来看我了。我们坐在草屋的门廊里，享用着一杯甜美的黑咖啡，凝望着远处高耸的波比亚里山主峰。主峰完全被云雾笼罩着。

阿纳鲁意味深长地看着大山。"我来给你讲讲 Timboyok 在那座山上的生活吧。"阿纳鲁说。弥彦明人把古氏树袋鼠称作 Timboyok。他告诉我："每天早上，太阳一升起来，Timboyok 就会爬到波比亚里山最高的那些树的枝杈上。从高处眺望，它们能看见咱们的村子，还有所有生活在这里的人身上正在发生的事。从那么高看下来，我们在它们的眼里就像蚂蚁一样。Timboyok 看着我们争斗，看着我们生病，看着我们勤苦劳作，清出林地用作菜园。在我们辛劳的时候，它们瞧着膝下的儿孙们在周围玩耍，享受着阳光。"

第 11 章

七岁的老人

尤明比普位于连绵不绝的图恩瓦（Thurnwald）山脉，是一个只有针尖大小的定居点。

1986 年，在图恩瓦山脉中修建直升机停机坪是一项艰巨的任务。唐·加德纳想在那儿做医疗情况的调查，因此派凯布格徒步先行，去安排直升机停机坪的修建工作。为了告诉凯布格所需的空地面积，唐用步子量出了一片十五步见方的场地。凯布格出发以后，我们等了一个月才乘直升机前往尤明比普，估摸着这段时间足够完成这项工作了。

乘直升机飞往尤明比普是一段非同凡响的经历。直升机一大早就从绿河（Green River）地区的勘探基地飞到了我们的出发地。这是一架很小的直升机，机头是一整块大的挡风玻璃。我们在飞机起飞上升时可以透过它看着地面向后退去。这是我第一次坐直升机，当高度升到树冠层以上，开始飞往遥远的图恩瓦山脉时，无边的遐想和眩晕几乎让我相信我们是要进入另一个世界了。飞行四十分钟后，我们进入了连绵起伏的群山的怀抱，开始寻找降落点。

狭窄的山梁显现在我们面前，从高高的峰顶直到较低的丘陵，从未间断，最后猛地跌入下面的山谷中。它就像一道翠绿色的巨大刀锋，刀锋上的绿色"铜锈"覆盖着一棵棵古老的森林巨树。刀锋上有一小块褐色的"锈斑",位于刃尖的顶端。靠近一看,我才意识到那块"锈斑"就是新建的停机坪。一两分钟之后我们将在这块"锈斑"上着陆。直升机就要呼啸而去了。

直升机一旦离开,在一段时间之内都不会再回来了。我们没有无线电,因此在这段时间里将没办法联系外面的世界。

随着直升机接近这块空地,螺旋桨的气流犹如云团一般,带起了很多树叶和小枝条,它们像旋风一样包围着我们。停机坪显然太小了,飞行员要么得冒着桨叶扫到近在咫尺的树冠的危险,要么就得放弃任务返回。

犹豫了片刻之后,飞行员决定继续降落,最终,直升机在摇摇晃晃中着陆了。从直升机上下来也很需要技巧,因为它是在摇摇欲坠中保持着平衡的:直升机的起落架从刀锋一般的山脊两侧伸了出来,露在峭壁外面。

直升机离开后很久,空中仍然飘散着大量落叶碎片,聚集在悬崖上的弥彦明人都捂着自己的眼睛,头发上满是碎叶片。

围在我们这些落地的人和装备周围的弥彦明人有男有女。多数男人都只戴了一个阴茎鞘,女人则穿着非常短的草裙,不过也有少数男女穿着破旧的西式废弃衣物,衣物的颜色可以称得上是五花八门。一个上了岁数的女人正在一小群人中漫无目的地穿行游走,显得一脸茫然。她穿着一件残缺的白色与金色混搭的丝质长袍,长袍的款式曾经非常时髦。由于摩擦的关系,她的乳头透过衣料很显眼地凸了出来,这让穿着效果更加吓人了。

在近一些的地方,一个年岁较大的男人一瘸一拐地向前走来,他的阴茎鞘挤在紧绷的二手足球短裤里,显然弄得他很不舒服。我们发现,尤明比普的人们是披上了他们仅有的几件西式服装来欢迎我们的。

另外一些人则是穿着西式服装来这里，显然是不希望因为穿传统服饰而感到蒙羞。

当我们开始把装备从简易停机坪搬到村子里去的时候，一个年轻女人走上前来帮忙。她穿了一条干干净净的裙子，带着波浪的黑发被拢到身后，用红丝带绑了一条整齐的马尾辫。一两分钟之后，一个快五十岁的男人也向我们伸出了援手。

那天直升机走后的很长一段时间里，村民们都像受了惊吓一样漫无目的地走来走去，圆睁着眼睛盯着我们，又面面相觑，仿佛是在寻求一个我们来访的解释。最终，傍晚的时候来了一个人，探究我们和我们此行的目的。

当我们告诉他们此行的目的时，他们觉得很难理解。外来人（可能是有史以来第一次来到他们这个偏远村庄的外来人）大老远地跑过来就为了看这么点儿东西，这让他们难以置信。

事实上，对于尤明比普的一些居民来说，我们的来访并不算是太新鲜的事儿。一些年轻人离开过村庄，访问过附近有飞机跑道的社区，还带回过一些交易品以及山谷外的美妙故事。有个人在马当（Madang）的一个种植园工作，他甚至在那里看见过大海。而现在，在1986年4月（这是公历的时间，我知道是什么意思，但他们不知道）这个明媚的早晨，外面的世界造访了这里，每个人都有机会可以看一看。

要把我工作的重要性传达给其他人（包括很多西方人）是份苦差事，因为在这些人看来，这份工作似乎一点儿用也没有。但是到了这里，这似乎成了一项无法克服的挑战。然而就在这个早上，莱斯特·塞里，我亲爱的巴布亚新几内亚bras（兄弟），向整个群落的人进行了一场不畏困难的讲话。

"我是一个巴布亚新几内亚人，我为咱们的国家工作。这项工作非常重要，所以澳大利亚政府专门派了一个人，一位博士，来帮助我们。他是大老远从澳大利亚过来的。"

"我们是来了解你们的动物的。政府担心许多地方的肉畜已经被杀光了。他们想知道这儿还有些什么动物，想知道你们是怎么照看它们的。我们感兴趣的不只是肉畜，我们对你们这儿的有害动物也感兴趣。你们这儿的蛇、蠕虫、老鼠乃至青蛙。是的，所有东西。我们想看到每种生活在这儿的动物，每种至少一只，有一些我们要保存在这个药（福尔马林）里，把它们带回去给政府看。我们需要你们的帮助来完成这个工作。你们每天活动的时候，比如在菜园里劳作的时候，或者捡柴火的时候，如果碰见了一个动物，希望你们能把它带回村里，并且跟我们讲讲它的事儿。我们会付钱答谢你们的帮助，如果你们要钱没用，我们还有食物以及其他你们可能想要的东西。"

所有人似乎都被这则消息镇住了。虽然莱斯特也是一个乡下人，但在尤明比普居民的眼中，他仍是个与我同样怪异的人。他遭受着和我一样多的凝视和鬼鬼祟祟的触碰，包括一个年纪挺大的女村民在他腰带以下那惊世骇俗的一戳，估计她不确定莱斯特究竟是男是女。直到几个礼拜之后，我才开始明白我们对于这个小社群来说是何其另类，以及我们的到来对于村里人来说意味着什么。

村里的头人头发已经花白。他不知道自己的年龄，我第一次问起的时候他回答说可能是七岁。我让他再想想，他试探着猜了个四岁。这个人是传统学问的大行家，他老迈的叔叔也是一样，不过叔叔年事已高，记不得太多东西了。

头人的叔叔绝对是我见过最老的弥彦明人，他很可能有七十多岁了。20 世纪 50 年代，当劫掠其他部落的突袭如火如荼进行的时候，他就已经是部落的一位长者。尽管现在耳朵完全聋了，视力也在迅速下降，但老人也还没到百无一用的地步。他仍然能动弹，每天都会缓慢地在菜园子中走动，给菜园除草。

　　一天下午，当莱斯特和我正忙着给我们的标本测量、剥皮和记录数据的时候，我们看见这位老人蹲在一座草屋的阴影里，看上去很茫然，对一切漠不关心的样子。一个女人在她的菜园里找到了一只东方水鼠（Hydromys chrysogaster）的洞穴，并把这只动物挖出来带给了我们。东方水鼠拥有最为绵软可人的光滑皮毛。抚摸着它，我灵机一动，把它拿到老人那儿，放在了他的手里。他站起来，起初不明白我是什么意思。但他很快感受到了东方水鼠皮毛那种婴儿皮肤般的柔嫩和细腻。"Ayam."（东方水鼠的弥彦明语名字）他轻声说道，脸上那标志性的严峻冷漠的神情退去了，取而代之的是最为安详的微笑。

　　我们都很同情这位权叔。每天傍晚他都需要自己劈柴。这对他那副老朽的身躯来说似乎是个太过吃力的任务。一天下午，唐·加德纳哄骗了一个小男孩来给他劈柴。几分钟之后，这个老伙计就开始絮絮叨叨起来。刚开始的时候，我们听到了木头撞击在墙上的声音。随后这个男孩飞快地从我们身边跑过，紧接着一捆柴火又从我们身边飞了过去，直追那个男孩。比起柴火，老人家看来更稀罕他的独立。

　　我必须承认，这个老大叔有一点碍事。不管什么时候我们煮米饭，他似乎都在旁边，盯着锅里面，惊奇地咕哝着，自言自语。他会大声地表达惊叹，好奇我们从哪里找到了这么多的"蚂蚁卵"。在每天巡查陷阱和网子的时候，我经常会差点儿被他绊倒。他总是四肢着地，一边除草一边对着自己窃窃私语，有时是在他的菜园子里，有时不是。

　　一天晚上，他差点儿让我们的考察以灾难收场。莱斯特去村子上面的山梁打探照灯了。那天晚上老爷子决定去外面露营，当时，他正坐在他菜园边的一个土丘上，距离村子只有徒步几分钟的距离。

晚些时候，莱斯特在回村的路上遇到了这个老爷子。他当时醒着，正坐在火堆旁边，这时候火堆已经只剩下亮着火光的木炭了。他看到了莱斯特的手电筒，立刻伸手去拿自己的弓箭。莱斯特赶紧友好地喊了一声，希望能打消老人的疑虑，然后才想起来他已经彻底聋了。

在咒骂自己愚蠢的同时，莱斯特还意识到这个老人可能不知道手电筒是什么，他及时关掉了手电筒。这时，老爷子已经匍匐在灌木丛中，弓弦上搭着一支能够致人于死命的箭，拉得满满的。莱斯特快步退回到森林里，之后才回到村子。

当我们过一会儿回来查看老人的时候，我们发现他已经把所有柴火加到篝火中燃烧起来了。熊熊烈火炙烤着窝棚上面的树冠。他就坐在烈火的近旁，显得很不舒服，正在大声地叫喊着，毫无疑问是在以一种声嘶力竭的努力驱赶那些打扰了他独处时光的邪灵。

村里最受欢迎的是奥布兰凯普（Oblankep），他是头人的儿子。奥布兰凯普是尤明比普少有的几个活跃的年轻人之一，也是个很棒的猎手。尽管社群里还有大约三十个成年人，但我的生活很快就开始围着奥布兰凯普一家转了。

奥布兰凯普的父亲德高望重，他有着指点江山的气度，是天生的领袖。没有与他的友谊，我们在这儿可能是待不下去的。是他张罗着每天给我们做青菜吃，给我们洗衣服，还有其他各种各样琐碎的帮助，让我们的生活变得愉快起来。我们工作的时候，他常常会坐在我们身边，总是很好奇，时不时地挂念着我们各类物品最终的命运，也希望知道我们离开的时候会不会留下点什么。

每当看到我的钢锉时，他的眼睛就亮了起来。那就是一把普普通通的五澳元的锉子，我们用来磨开山刀和修整陷阱的，却被他视为最梦寐以求的一件东西。终于在一天下午，他把自己那把老掉牙的开山刀带来了。我摸了摸它的刀刃，已经几乎和刀背一样钝了。他解释说，这刀再也砍不动了，只能用来 chewim daun diwai（砍砍树）。帮他磨刀似乎只是一个很小的忙，但几分钟之后，村子里的每一把刀就都堆到了我面前，等着被磨快。

磨这些刀不过是一个小时的事儿。但直到那天下午，当一个年轻人一瘸一拐地朝我走来时，我才意识到磨这些刀将让我背负上何种精神负担。

他用矮藤蔓捆着自己的大腿。当他把紧压住伤口的手松开时，鲜血从膝盖上方被割断的一条动脉里喷涌而出。伤口的尺寸令人触目惊心，似乎也没有什么办法能够止住血。我用掉了一大堆绷带，仅仅是盖住了他的伤口。

我刚刚处理完这个紧急事件，正想着人们在正常情况下会怎样应对这样可怕的事故时，一群妇女就冲了过来，难过地号哭着。一个年轻妈妈本来在砍柴，她的孩子在一旁玩耍，结果开山刀出人意料地擦过了树木，砍到了她的孩子。这一刀几乎砍掉了孩子的一根脚趾头。

我以前只处理过小的划伤，因此，我被当时的情况震惊到了，只能尽力把伤口包扎好。

伤员的名单正在越变越长。奥布兰凯普很利索地削掉了他左手大拇指的指尖，其他人的伤口则可以用五花八门来形容。很明显，磨快了的开山刀在那些用惯了钝刀的人手里发挥了出人意料的作用。

接下来的日子里，处理那些大得吓人的伤口在我心中成了一种梦魇。

奥布兰凯普对所有大型有袋类物种的习性了如指掌，去哪儿抓，什么时候抓，他是张口就来。与他一起工作是我享有过的最大荣幸。在他的陪伴下，莱斯特和我上到坐落在图恩瓦山脉顶峰的苔藓林，下到河谷里的云雾丛林，无往而不利。莱斯特和奥布兰凯普在图恩瓦山脉高海拔区域的森林中露营了几天，那里无人居住，人迹罕至，是地球上最壮美的地方之一。从那里看下去，周遭的低地似乎笼罩在永恒的云雾中，一座座高峰像岛屿一样从云雾中耸峙出来。不幸的是，莱斯特在那儿被疟疾撂倒，回来的时候已经半死不活了。

在莱斯特恢复身体期间，我在海拔 1 000 ~ 1 700 米的中部地区的山腰上打猎。

我有很多工作都是在夜间进行的。环境条件恶劣得可怕，山坡又陡又滑，林下植被层的大部分都是荨麻。一天晚上，在林中跌跌撞撞地走了几个小时之后，我看到在一棵高高的树上，一只袋貂的红眼睛闪着微弱的光亮。由于我们在这个地点从没有捕获过任何袋貂，我决定把它捉来做标本。

我站在一个极陡的斜坡上，天开始下雨了。在我拉下枪的保险栓，举起来瞄准时，雨水灌进了我的眼睛。倏忽之间，我脚下的地面没有任何征兆地松动了。我一个跟头跌下了斜坡，摔到下面十米左右的一丛密集的荨麻里。枪落在我身边，幸运地是没有走火。我要是在这个自己一无所知又鸟不拉屎的地方射中了自己，那可怎么办啊！

尤明比普至少分布有两种荨麻：其中一种蜇人很疼，但是对身体并没有危险，弥彦明人在长途跋涉中会用它来解乏。他们会薅下一大把来，用它抽打自己的身体，声称这样可以让他们恢复精神。我试过一次，结果起了一片疼得要命的红疹子，每次洗澡时都会复发，那感觉就像用刺激性很强的软膏揉按全身一样。另一种荨麻在外观上和第一种很相似，但蜇人要疼得多。据弥彦明人说，被这种荨麻蜇伤会很危险。我就是摔到了这种荨麻丛里。我的长袖衬衫和长裤让我免于被严重地蜇伤，但我的双手、脚踝和脸都起了疹子，在之后的几天里红肿得很厉害。

我逐渐开始珍视与奥布兰凯普的友谊起来，每当又听到一点他的往事，我就变得更加信任他一些。他熬过了很多可怕的灾难，其中最严重的一次是他在马当附近的种植园当劳工时发生的事情。

他当时是去特莱福明一个大的政府工作站，那也是离这里最近的政府工作站，正是在那里，他"报了名"。包工头先给他讲了在大城市里将会有哪些多彩的经历，然后就招他做了两年的工。种植园的条件很差，连日连夜的劳动令人精疲力竭，抱怨的人还会挨揍。他的多数工钱都花在了生活必需品上，只剩很少的一点钱可以用来小小地奢侈一下。

把奥布兰凯普逼到尽头的是他哥哥的死讯。为了完成传统的葬礼仪式，他必须回到家里，但他的请求被种植园的经理直截了当地拒绝了。当天傍晚，奥布兰凯普和其他几个人找到了孤身一人的经理，袭击了他，逃出了种植园，多数的家当和工钱都丢下不要了。

几乎整整一年，奥布兰凯普在马当都过着居无定所的生活。他就是在那儿遇见了他的妻子玛丽亚（Maria）。他筹集了举办传统婚礼的钱，又找他的亲戚朋友给他和他的新婚妻子买了从马当到遥远的特莱福明的机票。从那里，他们又走了大半个礼拜才到达尤明比普。刚来的那天帮我们搬行李的女人就是他的妻子。

头人两口子非常喜欢奥布兰凯普，我经常和他们促膝长谈。有一天，头人宣布要给我讲讲他是如何有了这个儿子的，这让我大感意外。

大概是 20 世纪 50 年代末或者 60 年代初吧，那是尤明比普地区最后一次发生部落劫掠突袭的时代。尤明比普的人们筹划这次突袭已经有好几年了。他们偷偷用藤条建了一座横跨塞皮克河的吊桥。一大群战士趁夜过桥，包围了一座阿特巴明人的村庄。

一声令下，他们从天而降，屠杀了这个村子五十多个居民中的成年人，只放过了几个小男孩和小女孩。

在村子的外围，一阵持续不断的微弱声音让头人停下了脚步。那是一个哭泣的婴儿，不到一岁，被装在一个 bilum，或者叫网兜里，挂在路边的一棵树上。婴儿的母亲一定是在听到袭击者的声音之后冲出了草屋。她不顾一切地想救她的孩子，因此把他藏了起来，然后被袭击者砍倒。头人拿起了那个网兜，把它扛在肩上。走了几步之后，这个孩子被他新继父的体温和走路的节奏安抚住，静了下来，睡着了。

在讲述这个非同凡响的故事时，这位老人慈爱地握着奥布兰凯普的手。故事讲完，他又用皮钦语悄悄地加了一句："我那时就知道我的儿子会成为一个好人。他没有哭，在我背着他的时候又乖又安静。"

奥布兰凯普面带微笑地看着他父亲的脸。我仍然处在震惊当中，为这种形式的天伦之爱困惑不已，这时头人的妻子也加入了进来。

"我们吃了他的阿特巴明父母，他们真肥。我能有奶喂两个孩子，全都是因为吃了他们。奥布兰凯普靠着他们长得很壮。"

像奥布兰凯普这样的故事在尤明比普是完全被人们所接受的。事实上，这是一种常态。讲述关于一个人某种身世的故事，似乎能够强化他们对于尤明比普社会的归属感。

从 20 世纪 70 年代初开始，尤明比普的居民们陷入了困难时期。通过对周边的村社提供保护，澳大利亚政府有效地遏止了劫掠突袭的行为。由于婴幼儿死亡率极高，尤明比普的小孩变少了，村子的人口开始慢慢下降。

随着旧的生活方式被抛弃，一种西方宗教与美拉尼西亚信仰的奇怪混合体开始生根发芽了。一场基督 rebaibal（复活运动）在我们到来的前几年横扫了尤明比普，但事实上这个村社当时还没有皈依基督教。

20 世纪 70 至 80 年代，复活运动像野火一样蔓延到了巴布亚新几内亚所有的偏远地区，从一个被"点燃"的乡村传到下一个乡村。在尤明比普，祖灵的祠堂在基督复活运动如火如荼之际被彻底烧毁，夷为平地，而祖先的头骨也被扔进了河里。

在尤明比普这样的地方，你会对时间的流逝完全没有概念。离直升机来接我们就只剩下几天时间了。我开始琢磨着把不要的东西分拣出来，同时我们还开始着手改进停机坪，好让撤离更顺利一些。

对于我们将要离开，奥布兰凯普一家感到很沮丧。奥布兰凯普拉着一张大长脸，更加努力地去寻找那些我们还没有获得的个别稀有物种，每天大半个晚上都在外面打猎。

在尤明比普的最后一个傍晚，我们在草屋里不停地工作着，给装备打包，重新装箱。奥布兰凯普的妻子玛丽亚这时出人意料地造访了我们。她说话的声音低沉而绝望，用皮钦语讲述的故事中交织着仇恨和恐惧。

她在马当外面不远的一个小村庄里长大。尽管她的家庭很贫穷，但她仍然喜爱城市生活。她是在马当的市场遇见奥布兰凯普的，玛丽亚觉得他长得帅，把他带回家去见了她的家人。奥布兰凯普讲了些关于尤明比普的故事，把它描述为一个离大城镇和海滨不远的很大的村庄。

玛丽亚的父母接受了他的提亲。那一刻，玛丽亚知道自己可能再也见不到父母亲了，眼含热泪地同他们依依惜别。

他们一到特莱福明，奥布兰凯普的面目就变了。他殴打她，强迫已经怀孕的她徒步走到尤明比普。这段旅程几乎要了她的命。到了特莱福明之后，孤孤单单的她生活在被陌生人包围的环境里，并为他生下了一个孩子。玛丽亚每天都在遥远的菜园里劳作。她开始憎恨尤明比普。奥布兰凯普给她讲的那些关于这里的故事，原来都是谎言。

她嘶哑地轻声说道："请把我也带上吧。直升机来的时候，请把我也带走吧。"

"可是你的孩子怎么办？"

"不管了。"她的回答很残忍。

当她离开的时候，我感到了一种强烈的不安。我们应该把玛丽亚从尤明比普偷走吗（毫无疑问，奥布兰凯普会认为这是偷）？还是应该拒绝她的请求？我不敢向人提起她的来访，因为即使是目前为止的这些所作所为，一旦被发现，她也可能会遭受一顿暴打。一次失败的逃亡甚至可能让她丢了性命。

巴布亚新几内亚的多数谋杀案的起因大都源于女人、猪或者土地遭到了偷窃。如果我们要尝试帮她逃走，就得牺牲我们自己的安全。此外，我还有其他更加复杂的问题要考虑。事实上，尤明比普的整个村社能够聚到一起，就是绑架的结果。奥布兰凯普绑架了他的妻子，但他本人也是被强行从最初的家庭带到这里来的。在这种情形下，要试着解释玛丽亚的遭遇的是非对错是徒劳的。我所理解的那种道德，这里的人们是完全无法理解的。

　　我整个早上都在担心这个问题，直到能够听到某种模糊的机械声响，这表明直升机快来了。我跑到奥布兰凯普的草屋，发现玛丽亚一动不动地坐在一个角落里，旁边站着她的公公。我看不见她的脸。为了强作幽默，我问有没有人要给外面的人带口信。没有人回应。为了打破尴尬的沉默，我请奥布兰凯普到我的草屋来，准备送给他一些礼物。所有不带走的东西，我都交给了他和他的父亲看管，以便给整个社区使用。

　　直升机越来越近。在它快要降落到新的停机坪上时，我看见玛丽亚在奥布兰凯普的草屋门口哭泣。在螺旋桨叶旋转所发出的巨大声响中，莱斯特开始把我们的标本和装备装进货物仓，全然不知正在发生的事情。我转过身看着玛丽亚，她面目扭曲，泪如涌泉。

　　在她的身后，奥布兰凯普正看着我们，怒目圆睁地看着我们。

第 12 章
部落战争

20 世纪 80 年代中期，一群难民从伊里安查亚迁移到了雅普西埃。

当时，正有越来越多的伊里安难民到达巴布亚新几内亚边境的一些村庄，一个国际救援机构为这些难民提供了食物、衣物和装备等援助。

当所有这些"货物"被空运到雅普西埃时，弥彦明人被惊呆了。他们与这些难民之间的关系可没有那么近。弥彦明人感觉他们的政府背叛了他们，而且是又一次背叛了他们。他们作为巴布亚新几内亚公民，事实上一无所有，而政府却把所有这些货物提供给这些新来的人！弥彦明的大人物们在机场跑道上来回奔走，用恶言恶语咒骂着莫尔兹比港的每一个人。对弥彦明人而言，这次的事情再一次说明他们是被当作"末等公民"对待的。虽然唐向他们解释说这些救援物资不是来自莫尔兹比港，而是来自国际机构，但仍改变不了他们的态度，因为他们无法理解上层政府机构之间的这些细微差别。

难民们一定是在 1984 年 2 月至 1986 年 4 月的某个时候来到这里的。我遇见他们的时候，似乎他们来到巴布亚新几内亚还没有多久，因为他们几乎一句皮钦语也不会讲。幸运的是，当时在雅普西埃生活着一个印尼语－皮钦语的翻译，难民们就是通过他向我们讲述他们的故事的。

我没办法知道他们的故事是真是假。然而我确定的是，在这里与我面对面交谈的人，如他们所言，是从伊里安查亚中南部来的阿蒙梅人（Amungme）。我记下了他们语言中很多动物名字的叫法，后来验证了其准确性。

阿蒙梅人生活在自由港附近，那里是个出黄金和铜的矿场，位于雅普西埃以西大约 500 公里。要徒步到达巴布亚新几内亚，这些人必须穿越地球上最崎岖的一些地貌。任何一个能在这场旅途中活下来的人，都是奇迹。

阿蒙梅难民们说，他们的困境始于一名前来视察的印度尼西亚官员，后者视察的内容是他们生活方式的整改情况。这名官员告诉他们，印度尼西亚政府不能接受他们传统的生活方式。在那时，阿蒙梅的男人和男孩集体住在男性房里，而妇女则与婴幼儿和猪一起住在较小的房子里。这个官员坚持要让男人与他们的妻子儿女搬到同一间房子里去。猪则要单独饲养。

这样的建议势必不会受到阿蒙梅人的欢迎。许多美拉尼西亚男人相信过多地与女人接触会使他们变得虚弱不堪。阿蒙梅人相信，他们如果奉命这样居住，就会被迷惑，迅速染上疾病，或者在下一场战斗中丢掉性命。更严重的是，这种新的居住方式会使家庭财产（猪）很容易被人偷走。很多地方都有偷猪行为，一个家庭损失了猪可能会引发灾难性的后果：婚姻会被推迟，传统的通过补偿解决纠纷的活动将无法进行，从而导致更多的部落战争。

至少是部分出于这样的信条，阿蒙梅人不希望按照这名官员的指示那样做。当他开始催促此事的落实时，这名官员遭到了阿蒙梅人的攻击，被赶出了村子。

几天后，村子上空传来了直升机飞临的声音。直升机降落之后，下来了一大群印度尼西亚士兵。这些当兵的将男人与妇女、小孩分开，把他们领进了两个仓促建好的带刺铁丝网的围栏里。

那天晚上，男人们决定冲出围栏，逃到丛林里去，而他们的家人就只能乞求那些当兵的手下留情了。难民们说当晚有300人逃进了森林，但这么多人出逃似乎不太可能，因为即使是最大的高地村落也没有这么多人。

不管情况如何，这群人穿过丛林向东逃去。许多人饿死了，其他的人则成了敌对部落的刀下鬼。

在穿越卡斯滕士（Carstensz）山脉（坐落在自由港矿区的东边）的南部丘陵时，他们遭遇了一个将房子建在树顶上的部落。这些人看到阿蒙梅人，就降下绳梯，下到地面攻击他们。

给我讲这段故事的人们认为，大约有三十个阿蒙梅人的尸体被这个部落的人抬进了树屋。

几个月的艰难跋涉后，幸存者们到达了沃可西比尔（Ok Sibil）村，紧邻巴布亚新几内亚边境的地方。他们在那里与沃可西比尔的部落居民进行了接触，第一次受到了欢迎和款待。

然而，这是一场诡计。那天晚上，趁阿蒙梅人熟睡之际，这里的主人变了脸，杀了很多阿蒙梅人。阿蒙梅人认为，沃可西比尔的村民之所以会杀他们，是因为可以借此获得赏金。因为每个越境者的人头，只要拿到当地的军事哨所去，就可以换取50 000卢比（当时相当于约35澳元）。

阿蒙梅是个坚韧的民族，几天后他们重新聚集起来，袭击了沃可西比尔。他们杀了几个人，强行掳走了很多年轻妇女。在我与难民们面对面交谈时，这些女人已经被他们留作了自己的妻子。他们谁也不会讲对方的母语，所以毫无疑问，这种关系总的来说并不那么愉快。

从霓虹盆地下山。肯·阿普林和柯西皮的哥以拉拉年轻人把我们的装备（包括一个非常重要的液氮罐）搬下陡坡。

在 1981 年的考察中，我们在柯西皮附近建了一个临时住所，我和几个帮我布设陷阱的当地人就住在那里。临时住所的屋顶是用一棵至少五百年的香松的皮盖的。森林中一整天都响彻着斧头砍树的声音——哥以拉拉人在砍树拓宽他们的新花园。

为了在雅普西埃办一场宴会，凯布格射杀了一头猪。虽然当时他已经感染了丝虫病，但凯布格仍然从雅普西埃走到了尤明比普，在那里为我们建了一个直升机停机坪。

波比亚里山，阿纳鲁打猎归来，带回了两只土袋貂。

西巴布亚新几内亚沃可泰迪地区的兴登堡崖。当地人认为兴登堡崖是世界
上的一大奇景。

一只 Tenkile（*Dendrolagus scottae*）。在三年的时间里，我只找到一只爪
子——这种树袋鼠新种存在的唯一证据。1988 年，我搞到了经费，得以重返
托里切利山脉。在那里的考察中，我发现这只爪子确实来自一种不为人知的稀
有树袋鼠。要保证这种树袋鼠不灭绝，我们需要一个保育项目。

在乘小舟渡过雅普西埃河时，我思绪万千：液氮罐、笔记本，还有我自己将会落入满是鳄鱼的河里。弥彦明人的小舟没有平衡托架，因此非常不稳定。要想保持平衡，你必须纹丝不动，而我做到这一点非常难。这张照片由罗伯特·爱登堡拍摄。

赛姆因为善于捕猎树袋鼠而远近闻名。这张照片拍摄于 1992 年野外季即将结束时，赛姆戴着一个胜利花环。赛姆已经老了，犬齿也磨损得不再锋利，但它的存在似乎是找到 Tenkile 的必备条件。

奥罗人戴的这种巨大物体是 tumbuan（灵魂面具）。前面这个人戴的一个红黑相间的 tumbuan 代表 Tenkile 祖先的灵魂。在 1992 年野外季结束时，这些 tumbuan 被从 haus tambaran（祖灵祠）中拿出来，在一个节日中使用。

这些布尔特姆村（位于塔布比尔附近）的年轻人即将举行一个教化仪式。特莱福明（距离布尔特姆村步行有几天的路程）曾经是这种仪式的中心，但在浸信会传教士来到这里之后，特莱福人已经很少举行这种仪式了，现在这种仪式主要在布尔特姆村这样的天主教地区举行。

左上

右上

左中

左下左　　　　左下右　　　　右下

　　柯西皮，A.D. 霍普和一些哥以拉拉朋友在一座瑞士风格的小屋前（左上）。
这些西达尼人从伊拉加徒步前往瓦梅纳卖盐（左中）。正值壮年的阿蒙塞普和
他的一只狗。他的左手拿着一些打猎时的护身符（左下左）。我与费姆塞普在
他死前一两年时的合影。照片由一个当地人拍摄（左下右）。在被困在 2 法斯
的几个礼拜里，我们与当地人进行了很多次飞镖比赛。虽然他们很会使用弓箭，
但飞镖大赛的获胜者往往是我们（右上）。威洛克吃绦虫的习惯让特莱福人也
感到恶心。他从一只环尾袋貂体内拽出了这条绦虫。科学家后来用了我的名字
来给这种绦虫命名（右下）。

　　这个小男孩在拍照前不久成为孤儿，他头的上方是阿纳鲁的鼓。他胀鼓鼓的肚子说明他患了营养不良或者疟疾（也可能两者兼有）。他的皮肤上满是红圈癣。唐·加德纳和我都对他的健康状况很担心。我不知道他最后有没有活下来。

雅普西埃的生活节奏似乎在过去的千年来都没有改变过。每天傍晚，妇女们会背着小孩、柴火和食物，带着猪回到村里。

当我们在托里切利山脉用无线电跟踪 Tenkile 时，彼得是我们的厨师安东的首要助手。即使是在潮湿的雨林营地中待了几个礼拜之后，彼得的脸上仍然保持着微笑。

　　这头猪是不是救了我的命？我把它买下来送给 3 法斯的村民，以缓解那里一触即发的社会矛盾，换取和平。照片由一个当地人拍摄。

　　奎亚瓦基的潮男们。在我们徒步前往克兰古尔洞穴途中，这些拉尼年轻人用在森林中采集的树叶和花朵把自己打扮了一番。

这个拉尼男人正在奎亚瓦基附近的森林中设置死亡陷阱。利用这种陷阱可以捕获到巨型老鼠、袋鼬、袋貂甚至沙袋鼠。他背上的 noken（网兜）里装着红薯。

1996年2月，位于南伊里安查亚的吉肯卡纳市的中心广场。这座城市刚建好，居民尚未入住。一两年前，这里还是一片低地丛林。当时估计将会有二十五万人居住在这座城市，其中绝大多数都是来自伊里安查亚以外地区的人。

　　和无数其他的移民定居点一样，建设这个位于南伊里安查亚的移民定居点也推掉了一些丛林。定居点附近同样也设置了军事哨所。这里不适合种植水稻，因此居民竭尽所能求生。有的人在伐木公司工作，有的人设陷阱捕获野生动物拿去卖钱。更多人靠在镇上贩卖水果和蔬菜赚取几个卢比。

　　一大片低地森林最终将被自由港矿业公司倾倒的矿渣覆盖。图中的是蒂米卡附近一个尾矿堤旁被砍伐清理掉的森林。

　　与被 15 000 年前的冰川切割出的石灰岩峭壁相比，我们在梅林峡谷中的营地显得非常渺小。在距这里几百米的地方，阿里安纳斯·穆利普遭到了警卫的攻击，在荒凉的峡谷中等死。

　　我蹲在一个冰洞的入口前，这是尤纳斯在梅林冰川发现的一个 Rumah tuan tanah（大地之灵的家）。照片由尤纳斯·蒂纳尔拍摄。

冰川时代最后的遗迹。梅林冰川是目前地球上屈指可数的几个赤道冰川之一，位于中伊里安查亚的卡斯滕士山脉。全球气候变暖正在使这座冰川迅速萎缩，梅林冰川也许在我死之前就将不复存在。

一只 Dingiso（*Dendrolagus mbaiso*）。1994 年，我发现了这种黑白相间、在地上活动的树袋鼠，这是我作为生物学家生涯的顶点。这种树袋鼠分布在伊里安查亚的群山中。莫尼人认为 Dingiso 是他们的祖先。

THROWIM WAY LEG
AN ADVENTURE

特莱福明，不再与世隔绝

第 13 章

鳄鱼河上的漂流

我第一次去特莱福明是在 1984 年。一场灾难从我在雅普西埃度过的最后几天就开始了。唐·加德纳和其他人决定乘筏子从贝它卫普前往雅普西埃。我以前从没干过这事儿，因此觉得兴奋不已，迫不及待起来。

我们出发的那天早晨阳光灿烂，风平浪静，天气也很暖和。河水平缓地流淌着，河面上是周围森林的倒影。"这简直是水上航行的绝佳日子，"我兴奋地想，"我们再也不用在泥泞的沼泽中痛苦前行了！"

我乘坐的那条筏子很挤，同伴们在喋喋不休地谈话，因此在我们想近距离观察野生动物前，它们就已经被谈话声给吓跑了。这种搅扰很快就让我心烦不已。另外，由于筏子的控制不够灵活，我错过了很多想再靠近些观察的东西，这也很让人沮丧。我无法继续忍受错失这些观察的良机，因此决定把我的充气床垫吹起来，坐在床垫上和筏子一起漂流。这样一来，我就能稍稍自主一点地活动，可以靠近一点观察任何我特别想了解的东西。

一只软壳龟在离筏子不远的地方钻出了平静的河面。我开始往那边划。很快我就被这个生灵完全吸引住了，这东西我以前从没在野外见到过。

龟潜入了水下。接着我看到一只栗鸢停落在河面上伸出的一根树枝上。这只褐白相间的威严猛禽在我接近它的时候就这样站在那里，颇有一副帝王之相。不知道是什么原因，当我坐在充气床垫上漂流而过的时候，这条河上的生物并不把我视作威胁。或许它们以为我已经死了，又或许它们认为我只是一块漂浮的原木吧。

随着筏子远离视线，我独自一人漂在河上，仿佛来到了天堂。没有了喧闹的人声，河畔生灵们的声音现在显得非同凡响。鸟类和其他动物仿佛凭空冒了出来。

我在那条充满魔力的河流上顺流而下漂了一整天，近距离观察着此前从未遇见过的野生动物。当天下午，我经过了一个直径至少有五十米的圆形大涡流。我与巨大的原木和其他任它摆布的残骸一起缓缓地打着旋。我仰面朝天躺着，我看到一棵棵大树的树冠，它们好像在围绕着我旋转。这是我一生中经历的最迷人的日子之一。

在一个地方，一堆巨大的原木几乎把河流都阻塞住了。在我前面的一个考察队员惊奇地发现，这堆原木上有一只已经半腐烂的沙袋鼠尸体。他艰难地从筏子爬到湿滑的原木上，小心翼翼地把沙袋鼠的头颅取回来用作博物馆收藏。几个月后，当我们的标本在博物馆中接受清洁和处理时，我的注意力被这只沙袋鼠头骨上一些奇怪的窟窿吸引住了。我慢慢地意识到，这些窟窿原来是鳄鱼撕咬留下的穿孔。这只沙袋鼠并不是我当时猜测的那样淹死的。它是在水位高一点的时候，很可能就在我们漂流而过的几天以前，被一只鳄鱼咬死并拖到原木堆上的。

而那时的我正在满心欢喜地顺流而下，独自一人，毫无防备。

但是到了那天下午晚些时候，我意识到，我不清楚自己离雅普西埃站还有多远。我甚至有可能已经毫无察觉地漂流过了雅普西埃，现在正奔着汹涌的塞皮克河而去。

要是我错过了工作站，那我的麻烦就大了，因为前面很多很多公里内都荒无人烟。

迷失方向让我警觉起来，并开始有目的地划桨，寻找一些人类定居点的痕迹。当落日最后的余晖划过天空时，我开始恐慌了。就在这时，我看到河边有一根杆子，杆子上高高地挂着巴布亚新几内亚国旗。

那是雅普西埃站的旗杆。

在我跌跌撞撞地爬上岸时，戴福在那里等我，他是在一个小时前乘筏子到的这儿。他严肃地看着我，把我领到了林子的边缘。在那里，一根杆子上穿着一个鳄鱼头骨，这是我见过的最大的鳄鱼头骨之一。戴福指着它告诉我，这个畜生是几个礼拜前在河里被打死的，就在工作站附近。我感觉自己蠢得不可救药。

然而，最糟糕的事情还没来呢。

到达雅普西埃的那天晚上，我在凌晨的时候被严重的腹部绞痛疼醒了。上厕所显然是无法避免的了，然而我很害怕。在我们的石棉水泥小屋外，只有一个坑上铺着长短不一的脏木板的厕所，远不如蹲在小树丛里让人舒服。对我来说更可怕的是，这个厕所成了数量可观的长毛大蜘蛛理想的栖息地。我曾把一卷卫生纸落在那儿，第二次去的时候发现一只丑得出奇的家伙在卷纸筒里面吐丝结网了。白天，它们中的大多数躲藏在角落和缝隙里，但到了晚上，它们可就无处不在了。

我得很不好意思地承认，毛茸茸的大蜘蛛是我最害怕的动物，害怕程度远超其他东西。那天晚上，随着疼痛不断加剧，我不得不无数次地面对恐惧。

第二天早上，我觉得很恶心并且开始呕吐。我再也没有力气爬到厕所去了，只能躺在石棉水泥房子那狭小简陋的金属淋浴间里。每当上吐下泻的时候，我就打开冷水淋浴，在清凉的水流中把自己冲洗干净。这种不幸的境况持续了好几天，在此期间我什么都没吃。等到塞斯纳小飞机来这里接我们去特莱福明的时候，我依然感觉很虚弱，但已经恢复了足够的气力，能继续我的研究了。

第 14 章

肆无忌惮的天堂鸟

1984 年逗留在雅普西埃期间，我听说了很多关于特莱福明的事。当一些弥彦明人向我描述这个地方的时候，我油然升起的那种情感和一些澳大利亚人对伦敦的态度很像：那是一块遥远却又居于内心中央的祖先故土。

在我爬上雅普西埃跑道上的塞斯纳飞机前，我问阿纳鲁他对特莱福人了解多少。"他们的语言听着就像青蛙呱呱叫一样。"他说。他还告诉我，沃可山的所有人，包括弥彦明人，起初都来自特莱福明。他提到了一个名叫费姆塞普（Femsep）的特莱福老人，拥有让弥彦明人的芋头枯萎的能力。说起这位强大的巫师时，阿纳鲁带着高度的崇敬之情。从他身上，我感觉到我应该小心这个老伙计和他的魔法。

唐·加德纳则给我讲了一点白种人与特莱福明接触的历史。1953年，特莱福人阻截并杀害了两名年轻的澳大利亚行政官和两名巴布亚警察。接着，特莱福人聚集在政府工作站，想杀掉剩下的澳大利亚人。诺姆·德雷珀（Norm Draper）是其中一名澳大利亚人，他是一位机智敏捷的浸礼会传教士。德雷珀抓住了正在无线电收发室旁玩耍的费姆塞普的儿子，把他押作人质，直到救援到来。

特莱福人砍倒原木，让它们滚到飞机跑道上，以阻止赶来救援的澳大利亚人着陆。但是，德雷珀在原木能阻挡住跑道之前就用无线电发出了求救信号。

特莱福明距离巴布亚新几内亚其他的主要人口中心确实很远。人口稠密的巴布亚新几内亚中央高原远在东方数百公里之外，而伊里安查亚的巴连山谷则位于西边更远的地方。出于这种与世隔绝的原因，特莱福明有一点闭塞，这里的文化也非常地与众不同。

红薯（在大约 400 年前被引入了新几内亚）是大多数地区的农业支柱，但在特莱福明，它扮演着很次要的角色。在这里，芋头（一种古老得多的土产作物）仍然占据着主导地位。神奇的是，一种大约 3 000 年前被引入新几内亚，如今遍布全国大多数地区的有害生物——缅鼠（*Rattus exulans*），在特莱福明并无踪迹。这同样也反映了这个地区的偏远。

特莱福人的物质文化也很独特。沃可山人（他们都是特莱福人的后代）是新几内亚唯一拥有复杂的雕刻传统的族群。他们的盾牌和房屋用板（上面有一个当门用的椭圆形小开口的板子）上都雕着很漂亮的抽象图案，常常还涂上了赭色、黑色和白色。

与巴布亚新几内亚大多数地方的族群相比，沃可山人的服饰也有所不同，更接近伊里安查亚很多山地部落的服饰。女人们穿一条草编的裙子，几乎每个人的额前都挂着一个装得满满的 bilum（网兜）。这些编得很漂亮的网兜是用某种树的树皮做成的。新做好的时候，它们颜色雪白，质地柔软，而韧性和弹性又强到不可思议的地步。它们被用来装芋头、其他食物、柴火，甚至还有孩子。这就是救过奥布兰凯普命的那种网兜。特莱福网兜以其坚固、耐用和艺术性，在巴布亚新几内亚声名远播。

男人的装束相当复杂。这其中包括一个长长的阴茎鞘，被套在阴茎上面，基部绑在阴囊上。男人们的腰上围着几圈藤蔓，鼻中隔里穿着一块骨头或是野猪的獠牙。他们的鼻尖上也穿有孔，孔里佩戴着犀金龟的头，鼻翼上的孔中则插着取自食火鸡翅膀的粗刺状的坚硬羽毛。这些东西在鼻子上方形成交叉，装点出了一副野猪般的凶恶面孔。男人们的网兜常常五花八门地装饰着羽毛或者其他东西。在过去，他们的头上还会戴一种用藤蔓和赭石做成的精巧头饰。从头饰和网兜的类型，你就可以看出一个男人的社会地位。

一段时间里，传统服饰与新的潮流在特莱福明地区奇怪地混合到了一起。有个男人取下了戴在阴茎上的黄色阴茎鞘，转而"戴"上了一个塑料娃娃一条粉色的、胖嘟嘟的腿，这一举动让他变得非常有名。有了这样的新用途，塑料娃娃那粉色的肌肤和可爱的婴儿脚看起来总显得有点儿淫秽。还有个人出名则是因为他的阴茎上"戴"了一个雪茄烟盒。

1984 年，当我初次到访特莱福明时，仍然有少数老人戴着阴茎鞘和藤圈。但到了 1990 年，即使是这些人也不在了[①]。那时，几乎所有人都穿着脏兮兮的废弃的西式服装。这些衣服是澳大利亚人捐给浸信会的，他们将这些东西用船运到巴布亚新几内亚，卖给特莱福人。

初次造访特莱福明，我是从雅普西埃经由塞皮克峡谷飞过来的。在接近山谷时，你可以看到它的入口———座面积巨大的悬崖。这座白色石灰岩悬崖大概有 1 500 米高，守望着它的南侧。悬崖的边缘有一个小村庄。相比于下面巨大的白色陡坡，它就像是蚂蚁建造的一样。

特莱福明小小的政府工作站和传教站坐落于平坦的山谷谷底，塞

---

①指死了。

皮克河从它的南部边缘流过，但是海拔却低于山谷谷底数百米。关于这个山谷的成因，我有一个大胆的猜测：很久以前，一场山崩阻断了塞皮克河，形成了一个填满整个特莱福明山谷的湖泊。那座高耸的白色悬崖也许就是这次巨大的史前山崩留下的伤痕。不管是什么情况吧，在这个古老的湖泊里，沉积活动一定持续了很久，因为只有这样才可能最终堆积起厚达几百米的谷底。

当坝墙坍塌的时候，湖泊干涸，河水开始冲刷湖底积累的沉积物。这种冲刷已经产生了深深的结果，因为塞皮克河现在流淌在老湖床以下很深的地方。

1987 年，当特莱福明附近的山谷里在修一条公路时，工人们发掘出了一些化石，这些化石是老湖区附近曾生活着古代生物的证据，令人着迷。在用推土机开路时，工人们发现了一层保存在一种浅蓝色黏土中的化石化的叶片。它们旁边有一个已灭绝的近乎完整的有袋类动物骨架。这只动物是袋熊的远亲，大小和体形像一只熊猫。它的栖息地一定是湖泊周围的森林。植物化石还没有得到研究，但等到真正被检视的时候，科学家将通过它们对亿万年前的森林迷人的样子增加些许了解。

由于在史前时代被清理过，老湖床的表面现在全都是草原了，但小块残留的森林还是在溪谷里存留了下来。山谷的南壁同样也是草地。在那里，山壁猛地拔起了 2 500 多米。那里地势陡峭，旱季在山脚燃起的火会径直延烧到山顶上，所到之处森林尽毁。

当我第一次来到特莱福明山谷时，它看起来是个光线昏暗、令人生畏的地方。云层遮盖着它，就像一块毯子盖着一个盆地。在永不停歇的蒙蒙细雨中，沼泽地周围是一张由泥泞小路编织成的网，通往一座座外表阴沉的建筑。每一根露在外面的栅栏和死去的树木上都长着苔藓和地衣，它们证明这里常年阴雨绵绵，云雾缭绕。

丹·约根森（Dan Jorgensen），一位已经与特莱福人相处了好几年的加拿大人类学家，当时住在一个名叫特莱福利普（Telefolip）的村子里。特莱福利普位于跑道南边，沿着一条穿过草地的泥泞湿滑小径走大约四十分钟就到了。我迫不及待地想见到丹，因为与唐·加德纳相处的经历告诉我，人类学家更能够提供与当地人接触的宝贵机会。

通往特莱福利普的岔路附近有一小群草屋，我去其中一间打听了一下丹的消息。一位老人领我穿过高高的 kunai 草，沿着岔路往前走。很快，我们从高原向下，进入了一条陡峭的溪谷。环境骤然改变了。我们穿过了一小片巨型南洋杉（Araucaria）的树林，林子四周是树的幼苗，但再往里走，这些杉树就变成了参天的巨木，树冠之间缭绕着云雾。它们笔直干净的树干上长着一块块鲜绿色的苔藓，与它们胡桃木色的树皮形成了鲜明的对比。在一个地方，小径从一棵倒下的巨树树干下延伸过去，这给了我一个亲自丈量一棵巨树直径的机会。它大约有一米粗。

这片林子最吸引人的地方在于它优美的声响。仿佛一瞬间，我们就离开了细雨淋漓、人声嘈杂的泥泞世界，进入了一座巨型的露天大教堂。那些村庄，连同它们湿滑的小路与吵吵闹闹的猪和小孩，都被我们抛在了身后。即使是雨水的声音也消失了——细雨被高高的树冠挡住了。树冠下的你感觉不到在下雨，也听不到雨声。小路本身也变得更加清晰起来，它现在铺展在一块满是落叶与苔藓的软"地毯"上，踩上去软绵绵的。

忽然，一只鸟从其中一棵南洋杉低处的枝杈间掠过。我屏住呼吸，认出它是一只雄性的华丽长尾风鸟[①]（Astrapia splendidissima）。生着长

①风鸟又称极乐鸟、天堂鸟。

长的尾巴和弯曲的喙，这些华美的天堂鸟令人一见难忘。从远处看，它们似乎是全黑的，但靠近一些观察，你就会发现它们胸部和头部的一块块色彩，美得无法用语言形容。无论在什么地方，它们艳丽辉煌的尾羽都很珍贵。正因为如此，它们遭受了贪婪的猎杀，这导致它们通常都很怕人。我看了看我的同伴，想知道他有没有对这只鸟产生兴趣。让我很惊讶的是，鸟就从他头顶上的枝杈间掠过，他却几乎没有注意。他就这么脚步沉重地走了过去，低着头，沿路而行。

很快，阳光就透过我们前方的树木照了进来，这标志着南洋杉林已经到了尽头。我们来到了一堵篱笆前，那里立着一栋建筑的墙壁。我以前从没在新几内亚见过那样的建筑，它有着谷仓一样的结构，大约有两层楼那么高。随着我们绕到它的正面，我可以看到它唯一的出入口就位于正面墙壁的半高处，是一个小小的椭圆形的门。

在这栋奇异的建筑前面铺展开的便是特莱福利普村。它由十栋左右的房屋构成，排成两排，面朝着一条通往那座谷仓形建筑的小路。这些房子都立在大约一米高的土质基座上。很显然，数不清的一代代人的脚步带走了这些基座之间和周围的土壤，使建筑物凸了出来。这在新几内亚的多数地方从未出现过，因为许多村庄的地点总是在变动。

特莱福利普最让我震撼的是，一切都在恪守着传统。这里没有一根钉子和一个铁器，也没有一个塑料袋、一根尼龙绳，让人完全看不出这是一座20世纪末的村庄。

丹·约根森正坐在其中一间草屋里，身边围绕着一些年长的特莱福人。尽管正在和特莱福人进行深入交谈，他还是亲切地欢迎了我。我当时正因为如此近距离地看到了一只天堂鸟而兴奋不已，便立刻把刚刚目击的故事讲给他听。

然而就是这只鸟，似乎已经在那片神圣的林地中炫耀羽毛好几个礼拜了。

"那片南洋杉林，"丹解释道，"属于阿菲克，特莱福人的女祖先。"圣林尽头的那座大的建筑物就是她的礼拜堂，特莱福的年轻男人们会被带到那里，接受并传承阿菲克的秘密。女人们是不允许进那座建筑的。其实，女人们甚至连我刚刚穿过的那片南洋杉林都不允许进入。相反，要进入村里，她们必须走一条泥泞陡峭的小路。

丹解释说，这片林子里的一切几乎都是圣物。在这片林子里，哪怕是一片树叶，甚至一只讨人厌的蚊子，都不能被打扰。世代以来，鸟儿们学到了这一点，即使是天堂鸟这样通常很害羞的生物，也会在弓箭的射程内毫无畏惧地炫耀着自己的羽毛。看着像华丽长尾凤鸟这样的珍稀鸟类肆无忌惮地展示羽毛会让特莱福人很懊丧，这就解释了为什么我的向导一脸的闷闷不乐。那一定和看见地上有一块宝石，却不能把它捡起来一样令人失望吧。

特莱福人相信人类的生命就开始于这片圣林和特莱福利普的礼拜堂中。对他们来说，这里是第一个人类居住的地方，也是所有沃可山人的起源地。在特莱福人眼中，特莱福利普实际上就是宇宙的中心。听到这里时，我觉得自己已经被特莱福明彻底迷住了。迄今为止，在和我相处过的美拉尼西亚人中，特莱福人是最让我觉得开心和自在的族群。

与丹聊了几个小时以后，我第一次进入了特莱福利普的礼拜堂。小小的入口开在建筑一侧很高的地方，在一只摇摇晃晃的梯子顶端。在这个并不稳妥的高处，人们必须以某种方式挤过狭小的椭圆形门洞，才能进到里面。门洞很狭小，从高高的梯子上往里挤又有很大的危险，这种体验有点类似婴儿出生。毫无疑问，这种象征意义会让特莱福的男孩们铭记在心。第一次进入礼拜堂之前，他们是男孩，过了一会儿钻出来的时候，他们就是男人了。

穿过门洞时，我必须先伸进一条腿和头，但只有把腿对折起来抵在下巴上才进得去。同时，我的背也弓成了对头弯，接下来就只有靠两个"接生婆"般的特莱福人不厌其烦地劝说并帮我摆正姿势了。

进入礼拜堂，舒展开身体之后，我起初什么也看不见。随着我的眼睛适应了昏暗的光线，我发觉这座建筑物的四壁装饰着数以万计的猪下颌骨和颅骨。它们中间悬挂着装有人头骨和四肢骨骼的网兜，而一些老旧的特莱福式盾牌、棍棒和其他器械则靠在墙壁上。

地板上有两个炉灶。丹告诉我，左边的那个是芋头炉，另一个是弓箭炉。几件与农业和战争相关的器具被散放在炉灶上面或是旁边，附近还摆着一些柴火。

丹向我解释了礼拜堂中两个炉灶的重要意义。芋头炉举行的有关仪式是为了祈求农业、养猪业和其他相关事务能够顺利进行。弓箭炉负责的则是战争和狩猎。特莱福利普的人们主要分为两个群体，分别对应着这两个炉灶。弓箭派从白人来到这里时就开始衰落，因为在白人带来和平和西方商品之后，战争和狩猎就变得没那么重要了。

房间并不是很高，因为这栋建筑的高度多半是由地板下面封闭的一大块地方构成的。下面的这片空间没有入口。我很难了解关于它的任何信息，但是若干年以后，一个老人偷偷告诉我，那其实就是阿菲克居住的地方。

丹·约根森帮了我一个堪称无价的忙，将特莱福利普两个年纪较大的男人介绍给了我。阿蒙塞普（Amunsep）和提纳莫克（Tinamnok）都属于弓箭派。丹说我很幸运，因为阿蒙塞普是老弓箭帮最后的一批人之一，他关于这片区域的哺乳动物的知识无人能比。

离开礼拜堂，我被直接领到了阿蒙塞普的家，就在左边没几户远的地方。他的家甚至比礼拜堂更暗，房顶和墙壁都被煤烟熏得漆黑。房子被分成了两间，后面那间估计是用来睡觉和做饭的，而前面的前厅似乎还承担着招待访客的任务。

一群特莱福男人坐在前厅等着我，他们抓住我的手，用新几内亚西部最标志性的咔嗒式握手迎接我。在咔嗒式握手时，你需要把你的食指关节放在你朋友的两个指节之间。接着，朋友迅速地将手抽走，发出响亮的咔嗒一声。完成这个仪式之后，一个男人开口说他是提纳莫克，阿蒙塞普的侄子，但是很不巧，阿蒙塞普出去打猎了。

阿蒙塞普家前厅的装饰很不同寻常。一些漂亮的网兜、弓和箭，还有其他物品都被挂在或倚在墙壁上，而整个陈列物的核心物件则被挂在大门的上方。那一排一排的，是这位伟大的猎手一生当中收集的下颌骨，足有几百块，或许是几千块，全都依据大小和种类排列着。即使是我这个研究哺乳动物的澳大利亚博物馆馆员，在分类和展示上也没法做得更好了。奇怪的是，里面没有老鼠的下颌，此外，还有几个别的种类也没有入列，这引起了我的注意。直到我开始理解特莱福文化，才了解到这种现象意义非凡——阿蒙塞普猎杀之后收藏下颌骨的动物，都是那些被认为是适合高地位的男人吃的动物。

在我逗留特莱福利普期间，提纳莫克一家算是收养了我。他们觉得到目前为止最适合我研究的地方是索尔（Sol）河源头附近的一片菜园子。菜园子临近一些地形崎岖的石灰岩地带，树袋鼠就栖息在那里。

提纳莫克四十多岁，为人和善，还是一位超级猎手。他是我特别乐意结伴而行的那种人。他拥有一把老旧的大口径短筒猎枪，但精度和可靠性都极成问题。然而他对这把猎枪甚为依赖，坚决拒绝使用我带着的更加现代化的武器。每当我建议他借去用用时，他的眼睛都会睁得大大的，咬着一根手指的关节，对我那把锃光瓦亮的新枪表现出不信任，甚至是恐惧。

虽然他是捕猎中型有袋类动物的行家里手，但在捕捉多丽树袋鼠（*Dendrolagus dorianus*），也就是特莱福人所谓的 D'bol 时，提纳莫克却并无专长。这时我就需要去咨询阿蒙塞普了，而他当时仍在很远的地方打猎。我很气馁，但最终决定不再傻等，而是在提纳莫克和一个叫威洛克（Willok）的年轻人的陪同下，前往索尔河流域一条高海拔的山谷，那里距离我们的住处步行需要半天的时间。那里是提纳莫克的地盘。

第 15 章
索尔河之旅

前往索尔河的路很陡。多数时候我们都在原始森林中穿行。抛开上坡这一点，除了需要不断走过湿滑的原木路——这就像走钢丝一样考验人的平衡感，其他路都比较好走。唯一需要跨越的实质性障碍是索尔河本身，它位于路途中间。

索尔河是塞皮克河的一条主要支流，汹涌澎湃，经常暴发洪水。第一趟行程中，我们差不多在午饭时间到达了索尔河的河边。

在看到索尔河之前，我就十分清楚我们将要进行一次艰难的横渡，因为我离着老远就能听到河水的咆哮声。随着我们越走越近，我能从咆哮声中分辨出低沉的爆破声，就像远处在开炮一样。这些声音是由大块的砾石被水流卷起，又被拍向河床所发出的。随着我们临近河岸，撞碎的岩石散发出的火药般的气味充满了我的鼻腔。河水是灰色的，好似泥水滚动的怒涛。尽管并没有受到污染，但它无论是看起来还是闻起来都像一条充斥着矿物残渣的河。

一定是索尔河上游的集水地区下了暴雨，才会形成这样的急流。以前横跨河面的那座旧独木桥已经被暴涨的河水冲走了，我很确定我们必须得返回了。然而提纳莫克不这样想。他一头扎进河边的木麻黄树丛中，开始砍其中最高的那一棵。

几分钟后，树就被砍倒了，在激流上方划过一道优美的弧线之后，树冠刚好够到对面的河岸。提纳莫克的狗第一个过了河。它大摇大摆地溜达过去，绕过直立的挡路枝杈，就像是走在宽阔的乡间大道上。

提纳莫克本人走在中间，同样闲庭信步，这时他才意识到我对过河有些疑虑。他折回来，给我砍了一根长棍子供我保持平衡，然后拉着我的手领我过这座临时的桥。我紧紧地盯着对岸，这使过河的第一阶段变得容易了些。木麻黄树的主干很干净，覆盖着粗糙的树皮，可以踩得很牢。

直到我走到河中间，一些粗壮的枝杈挡住了我的路时，我才算遇上了麻烦。我在这里犯了向下看的错误。就在我下面仅一米半的地方，河水流动的速度慑人心魄，看一下就会令人眼晕。我眼睛对焦的速度不够快，什么也看不清，只有一团横冲直撞的模糊影像在威胁着我，要将我吞噬。

我开始失去平衡。但是掉下原木就意味着当场死亡，这种念头打断了急流对我那种催眠般的控制。我颤抖着，比之前更加牢固地抓住提纳莫克的手，绕过拦路的枝杈，片刻之后就到达了对岸。

这次险象环生的过河经历，使我在旅途的后半段都难以放松下来。索尔河在我身后等着我，切断了我的回头路，这样的想法占据了我的头脑。我不确定自己还有没有勇气再次跨越洪水泛滥的它。

几乎是刚一到达提纳莫克在打猎时用以栖身的小窝棚，我就再一次病倒了，显现出在雅普西埃经历过的那种症状。我后来才知道，我当时染上的是贾第鞭毛虫病，致病的贾第鞭毛虫来自雅普西埃河的脏水。疾病的复发让我十分无助。我一个多礼拜没有正经吃饭，只能每天早上费尽全力爬到设的陷阱线旁，给动物标本称重、测量和做剥皮工作。

我在窝棚附近待着时，提纳莫克就会出去打猎，经常一次出去两三天。他会在空树洞里睡觉，或者在向阳的河岸边打盹，直到有所斩获才会回来。提纳莫克打猎时一直有威洛克（就是他收养的那个年轻人）陪着。威洛克，一个阿特巴明人（他们的领地紧邻着特莱福人领地的西侧），是个脸刮得很干净，面貌坦诚的小伙子。他对我似乎抱有着一种真挚而亲近的情感。他虽然不是个好猎手，但像很多阿特巴明人一样，在搜索树洞和小型树栖动物可能的筑巢地点时，有着无尽的耐心。威洛克采集到了一些我在特莱福明工作期间遇到的最珍稀、最有趣的哺乳动物。

但是，威洛克有一个很糟糕的习惯让所有人倒胃口，即使是他的养父也不例外。每次提纳莫克带着一只铜色环尾袋貂（这是一个很常见的物种）回来，威洛克就会很急切地来帮我剥皮和掏内脏，然后他会沿着肠子仔细地摸索，摸到一个小肿块时，小心地用手指甲刺破肠壁，满怀胜利感地拽出一条又大又黄的绦虫来。接着，就像在厨房做料理一样，他会将绦虫夹在手指之间捋一遍，去除一些粘在上面的排泄物，然后将这条扭动着的寄生虫直接扔进嘴里！

我的特莱福朋友告诉我说，威洛克的习惯是阿特巴明人的一个小癖好，和我一样，他们特莱福人也觉得这种癖好令人生厌。作为一个生物学家，我感到好奇，这种可以吃的寄生虫，有没有可能感染吃掉它的人。于是我抢在威洛克动嘴之前搞了几条绦虫，回到澳大利亚后把它们送到一位寄生虫学家那里去研究。寄生虫学家同样很好奇，因为可食用的寄生虫在自然界中确实很罕见。不过，他猜测威洛克的这种饮食癖好不会对他造成伤害，因为环尾袋貂的肠道是高度特化的，任何生活在环尾袋貂肠道里的生物，都会觉得人的肠道是个不适合生存的环境。

若干年后，我通过邮件收到了一份科研论文，寄生虫学家在论文中描述了我采集的这种绦虫。因为这是一个此前在科学上未知的物种，所以他给这种绦虫命了名——*Burtiella flanneryi*，很明显这是在向我致敬嘛[①]！直到今天，我都为自己与这种奇葩饮食间的联系感到有些心情复杂。

一天晚上，我正在棚子下独自一人病快快地躺着，为自己分外感伤之际，一条狗悠闲地走进了营地里。不久又有一只跟了进来，接着还有一只。几分钟之后，一个人来到了这里。

是阿蒙塞普。他回到了特莱福利普，听说了我的事之后，赶来帮我寻找树袋鼠。

阿蒙塞普看起来有五十多岁。他的脸盘很宽，长着一头卷发和一个典型的美拉尼西亚式的大鼻子，太阳穴处的头发已经花白，一只眼睛上长着一个鸡蛋大的疖子。他穿着旧式的陆军短裤，戴一顶军用贝雷帽，但毫无疑问，他早年间曾穿过 kamen 和 autil，也就是传统的特莱福阴茎鞘和藤制腰带。他的肩膀上扛着一只 bilum（网兜），只有特莱福妇女那种细心和对实用性的关注才能编出这样精美的网兜。这只网兜的装饰风格是我前所未见的，因为它的外面至少装饰了二十只 D'bol 树袋鼠（多丽树袋鼠）的尾巴尖。阿蒙塞普的脖子上也挂着一只小网兜，甚至比第一个还要漂亮。不过，由于太小，这只小网兜看起来派不上任何用场。

毫无疑问，当发现营地有人时，阿蒙塞普一脸惊讶。或许他是觉得我太懒或者太无能了，没法跟上提纳莫克打猎的脚步。别管是什么情况吧，要想消除他的看法是很困难的，因为阿蒙塞普是一个很传统的人，既不会讲英语，也不会讲皮钦语。在特莱福明待了不到一个礼

[①]这位寄生虫学家以作者的名字来命名了这种绦虫。

拜的时间，我就已经学会了一点特莱福语。尽管只会一点点，我仍然用特莱福语里惯用的短语"Ngum saro"问候他，他也问候回来，接着坐在了火堆旁。一阵尴尬的沉默后，我从炭灰里面扒拉出一块烤熟的红薯（这是我们在营地时的主食）递给了他。在他吃的时候，我开始大声念出自己通过提纳莫克艰难收集到的动物的特莱福语名字。

我每正确地念出一个动物的名字时，阿蒙塞普就会模仿这种动物的行为和叫声，并且指上指下或是指着周围，来表明它的垂直分布范围。首先是 Bogol，这是特莱福人对于新几内亚角雕（*Harpyopsis novaeguineae*）的叫法。这种鸟非常有力，据说可以抓走小的树袋鼠，甚至还能抓走被母亲一时间忽略了的小孩。雄性 Bogol 的叫声听起来就像拉紧的弓弦被快速释放的声音。接着，阿蒙塞普又模仿了雌性 Bogol 发出的很低的咯咯声。阿蒙塞普能够完美地模仿这些叫声。他对俯冲而下的利爪和凶猛眼神的模仿，让我的心都提到了嗓子眼里。

最后，我念到了树袋鼠 D'bol。这种动物立刻就在我面前鲜活起来。它那力大无穷的前臂，它那令人生畏的利爪，它从高高的树冠上向下凝望着攻击者时那种咄咄逼人的眼神，全都被阿蒙塞普栩栩如生地呈现在了我的面前。就连受到惊扰时发出的鼻息声和磨牙声都被他真实模仿了出来，树袋鼠那特有的姿态和跳跃动作也无一遗漏。

当我最终从我的动物名单上抬起眼睛时，时间已经接近凌晨两点了。一个星光灿烂的夜晚预示着第二天将是打猎的好天气。

伴随着破晓的晨光，一股刺鼻的烟直扑到我的脸上。阿蒙塞普已经起床了，正煽火取暖。我躺在潮湿的睡袋里看着他，感觉自己病得更重了。阿蒙塞普从脖子上解下那个小网兜。他从里面拿出了一些东西，看起来是当地产的某种烟叶。他将叶子搓成一根小烟卷儿，点上火，深深地吸了一口。接着，他抓住离他最近的一条狗的前腿，往它的鼻孔里面吹了一口烟，把它从沉睡中唤醒了。放开这只呜咽着的畜生，他又将这个过程在其他狗的身上重复了一遍。

接着阿蒙塞普拿起一种白花花的植物树皮，这种植物被特莱福人称为 tabap kal。他将这种有香味的树皮咀嚼成浆状，然后再一次把狗拉起来，将白色的液体直接吹到狗的脸上。之后，他从网兜里拿出一块鹅卵石。鹅卵石呈深红玛瑙色，在溪流中翻滚打磨得很光滑，像一颗小圆球，非常美丽。他用这块石头轻轻地摩擦着每只狗的前额，并低声吟诵着什么。最后，阿蒙塞普便离开了，而我又被扔在那片美丽的森林中，孤身一人待了两天。

一天下午，阿蒙塞普和提纳莫克一起回到了营地。他们打到了寻常的袋貂和环尾袋貂，但没有打到 D'bol。

这个时候，我感觉自己好转了不少，已经能走路了。这次考察连一只树袋鼠的影子都没看到就结束了，我们一起从 D'bol 的世界走下山，回到了人类的世界。

天空晴朗无雨，那条惊涛拍岸、噩梦般的索尔河仿佛被驯服了，我踩着石头就能蹚过它，甚至还花了点时间在河岸上享受了一下阳光，静静地坐在那儿聆听着流水的叮咚声。

🐦 **第 16 章** 🐦

只有四根手指的袋貂

在索尔河流域与提纳莫克、威洛克以及他们的家人共度的日日夜夜是一段令人心醉的时光。在 1984—1990 年，我一次次地回到这个山谷，一路跋涉到森林的尽头。每一次我都借住在他们的菜园小屋里。这些年来，为了容纳我们的队伍，这座小屋被不断地扩大。这样的扩建非常必要，因为有时，会有四五个白人与我同行。

我觉得提纳莫克一家人很期盼我们的到来，他们对我们带来的陌生物品极感兴趣。有一次来访时，我扛着整整一麻布口袋的活青蟹，这东西当时在莫尔兹比港的柯奇市场价格相当便宜。由于特莱福人完全生活在内陆，因此从来没见过青蟹。他们一边惊讶地睁大眼睛，一边仔细地观察着这些青蟹。我要来一口大锅，倒上水，把一些青蟹放进去，然后开始加热。厨房里挤满了来目睹这场奇观的人们。随着锅子开始变热，其中一只螃蟹挣脱了捆绑住它螯肢的绳子，推开了锅盖。巨大的钳子在蒸汽中挥舞，聚集在一起的众人被吓到了，惊声尖叫着跑出了屋子，隐没在茫茫的夜幕中。多数人在螃蟹煮好的时候回来了，但是几乎没有人能被劝动尝一尝这些螃蟹。虽然不愿意吃螃蟹，但在接下来的几个礼拜，几乎每一个特莱福利普人都佩戴着一块块蟹壳或者一只只蟹腿。

　　每来一次这个地区，我对它的了解就会增加一些。这里到处都长满了能发光的真菌，非常显眼。成百上千棵又小又细的毒菌在白天时呈浅褐色，到了晚上就变成鲜绿色的"阳伞"。还有一些发光真菌侵染了朽木。一棵多年前倒下的林中巨木，正在腐烂的组织中的每一根纤维似乎都被一种发光真菌侵染了，发出强度略逊于绿毒菌的光。你必须先把手电筒关掉一会儿，才能领略到它显现出的光辉。当你的眼睛适应了黑暗，一种极为惊艳的景象就出现了。整个森林中到处都是这棵巨木倒下时破碎肢解的树干和树枝，最粗的可达一米。它们闪耀着一种银光，你可以用这些闪亮的碎片来玩大脑拼图游戏。这幅景象的震撼之处在于别的植物性物质不会被这种发光的生物侵染。然而在白天，你是无法分辨出这棵巨型断木的，因为它已经被其他的腐质完全覆盖住了。

　　尽管这些景象称得上蔚为壮观，但最引人注目的光辉却来自于一条生长着衰老青草的河岸，就在一片菜园旁边。掉落的枯枝撒向河岸边，延伸出大约五米的宽度，每一根枯枝都被发出闪闪银色冷光的物种所侵染。到了晚上，寻常的河岸就变成了一座闪亮的结冰瀑布。

　　总的来说，索尔河地区的动物区系没有多少惊喜可言。我们捕获的动物中最常见的是袋貂，我在那儿工作期间，猎人们带回来的袋貂绝对超过了一百只。我们只为博物馆保留了一点点，因为绝大多数都是毛袋貂（*Phalanger sericeus*）这同一个物种。后来，在 1986 年的一次考察临近尾声时，一个猎人带回来一只样子与其他所有袋貂都不同的小袋貂。回到澳大利亚之后，我发现它与我一年前在特莱福明南边的依河（Nong River）流域抓到的一只成年个体很相似。当时我估计，这只在依河流域捕获的动物是一个杂交个体。

　　有了这第二个标本，我开始重新梳理思路。这时，莱斯特·塞里给我看了他几年前在蒂法尔明（Tilfamin）附近抓到的一只雌性袋貂。我们发现这只和前两只也很相似。随后的生物化学和形态学方面的研究得出了清楚的结论，这些标本是一个独特并且非常稀有的原始袋貂物种，只有在特莱福明地区才能见到。我将它命名为 *Phalanger matanim*，名字的后半部分就是特莱福人对它的称呼。即使是今天，科学家也只有六件这种奇特生物的标本。

随着我在索尔河流域的工作时间不断变长，我渐渐了解了作为一个特莱福人意味着什么。特莱福人世界观的中心是阿菲克（就是南洋杉林里的那个阿菲克）的故事，她是所有沃可山人的女祖先。阿菲克的故事有很多个版本，我听到的那个版本和其他人听到的版本并不完全相同。由于我在动物方面的兴趣，我更多了解到的其实可能是这个故事中有关动物的那些方面，其他方面就比较少一些了。抛开了解整个故事的情节不谈，要领会特莱福人的价值观，你需要先了解阿菲克的故事。

据特莱福人说，阿菲克是世上出现的第一个人。她和她的孩子们生活在特莱福利普的礼拜堂里。她的孩子中至少有一个男人，而其他的则包括长吻针鼹（特莱福人管它叫 Egil）、老鼠（Senok）和土袋貂（Quoyam）。长久以来，它们都与阿菲克一起愉快地生活在礼拜堂里。

Egil 是阿菲克的孩子中第一个离家的。它向母亲抱怨说，做饭的火冒出的烟伤到了它脆弱的小眼睛。阿菲克告诉 Egil，它最好住到特莱福明山谷周围高处的苔藓林里面去。她告诉她的人类儿子，Egil 是他的兄弟，切不可用任何方式伤害它。

由于这条禁令的存在，特莱福人从来不捕猎这种最为稀有的新几内亚动物，这种禁忌直到最近才被打破。20 世纪 50 年代时，长吻针鼹在特莱福明极其常见，甚至在特莱福利普村子边上都能看到它们的踪迹。这项针对捕猎长吻针鼹的禁忌在整个新几内亚都是绝无仅有的，这在当时使特莱福明成了这种如今已经濒危的动物最后的避难所。

不得伤害 Egil 的禁忌极为严格，因为特莱福人相信，手上沾着长吻针鼹的血走进特莱福利普会给所有沃可山人带来灾难。即使是今天，虽然所有特莱福人都是名义上的基督徒了，但是许多年纪比较大的人还是会拒绝触摸、食用，乃至看一眼死去的长吻针鼹。尽管如此，特莱福明地区还是看不到长吻针鼹了。那些从青少年时期起就信奉基督教的年轻人会捕捉这种动物，把活的长吻针鼹以大价钱卖给生活在特莱福明的非特莱福人，或者背着它们到附近的部落里去卖。

我必须心情沉重地承认，在我待在特莱福明的那一整段时间里（1984—1992 年），我从没有见过一只活的长吻针鼹。

让我们接着讲阿菲克的故事。阿菲克的另一个孩子，老鼠 Senok 从未离开家。相反，它留在阿菲克的房子里，成了一种对人类有害的动物。侵扰特莱福人房屋的老鼠是斯氏家鼠（*Rattus steini*）。别看叫这个名字[1]，它可是一种可以长到很大的啮齿动物，能给粮食造成极大的损失。在以前，这种老鼠还真有个用处：在从商店购买食物在各地普及之前，Senok 是特莱福女性主要的蛋白质来源。

在阿菲克儿女的故事中，Quoyam（土袋貂）的故事也许是最离奇的。土袋貂的体型和力量都很大，受到很多沃可山人族群的尊重。这一点毫无疑问，因为它是阿菲克的一个孩子，并且事实上被认为是最接近人类的一种动物。特莱福人说 Quoyam 会从他们的菜园里偷走

---

①原文中作者还提到了这种老鼠的英文俗名"Small Spiny Rat"，如果直译，意思是"小刺鼠"。

食物。它将芋头的碎块放在育儿袋里，就像人类中的窃贼会将偷来的芋头藏在网兜里一样。甚至关于 Quoyam 离开它祖居的故事，也都带有明显的"人类味"。

Quoyam 与它的母亲愉快地生活在一起。当进入青春期时，Quoyam 对异性产生了兴趣，开始对女性的身体构造好奇起来。一天，在肉欲迷思的驱使下，它将自己的一根指头伸进了母亲的阴道里。愤怒的阿菲克用一把石斧砍断了这根大不敬的手指。这个故事使特莱福人至今仍相信 Quoyam 的前爪上只有四根指头。

生物学家们认为这则故事有问题，因为我们知道，和其他所有的袋貂种类一样，Quoyam 的每只前爪上都有五根手指。有一次，当一个年轻人抓到一只 Quoyam 时，我第一次把这个问题指了出来。这个年轻人不解地瞧着爪子上那五根粗壮的指头。他摇着头表示，Quoyam 一定只有四根手指，他抓到的这一只啊，别看长这个样子，也许压根就不是 Quoyam！

应该如何解释在铁证如山的证据面前仍然无动于衷的这种特莱福式的执念呢？答案也许在于土袋貂是一种好斗的动物。年老的雄性往往遍体鳞伤，如眼睛被抠掉了、耳朵没有了、指爪被咬掉了等。也许在战场上丢了一根指头的大个子雄性为数众多，这才让这则神话在特莱福人的心中历久弥新。

回到阿菲克的故事。特莱福人相信，由于女祖先与特莱福利普的这种联系，这座村子在沃可山人的宇宙中有着特殊的地位。事实上，他们认为自己占据着这个地区实体和精神上的中心位置。由于这种中心位置，特莱福人认为他们的仪式具有笼罩整个沃可山人世界的法力。

或许，正是这种特别的责任感造就了特莱福人不苟言笑和正襟危坐的举止风格。他们的笑有时候来得很慢，特莱福人的观念就是对轻浮的举止表现出不屑。事实上，特莱福人将自己标榜为冷静克制、有责任担当的族群，并且他们觉得自己的邻居们缺乏这些品质。他们说弥彦明人凶残暴戾，而且像小孩子一样，容易无端暴怒。阿特巴明人在他们的嘴里也像小孩子一样，没有真正的责任感，也没有对未来的担忧。

在巴布亚新几内亚，很多礼拜堂都已经被废弃，也许正是这种社会向心力的意识让特莱福利普的礼拜堂得以保全下来。自从与白种人接触以后，特莱福文化经受着巨大的压力，这些压力中既有有意的，也有无心的。

在白种人带来的挑战旧观念的认知中，最具打击性的是，世界比特莱福人认为的要大得多，世界的中心也肯定不在特莱福利普。

基督教在二战之后传到了特莱福明，20 世纪 50 年代初，距离特莱福利普几公里外的地方就建立起了一个浸信会的传教站。特莱福的年轻人发现除了他们自己传统的宗教仪式以外，还可以通过其他途径来提高自己的地位。通过成为牧师，或者在教堂里以其他方式获得权力和影响力，他们学会了如何架空部落长老们的社会控制力，并对传统权力体系提出了质疑。对这些雄心勃勃的年轻领导人来说，给古老的仪式贴上邪魔妖法的标签，以此让老式的权力体系失信于民，全都太容易了。这使得很多传统信仰都走向了衰落。

这些影响的结果就是，如今那些最为重要的教化仪式并不是在特莱福利普，而是在南边一些地区的礼拜堂举行的。那里生活着沃普凯明人（Wopkaimin），他们处在罗马天主教的影响之下。

一些成为牧师的特莱福年轻人搬到了其他的沃可山人社群中去传

播福音。1986 年，我在特莱福明以西约五十公里的蒙比尔（Munbil）的阿特巴明人定居点就遇见了一个这样的人。

蒙比尔的跑道在我到访的三个礼拜前才刚刚开放，并且还在进行着加长和铺平的工作。在降落时，我们的塞斯纳飞机尖啸着在跑道上滑行，一直到距离森林只有几米远的空地尽头才刹住。

跑道上工作的阿特巴明人看来与外面的世界接触甚少，因为他们穿着草裙，戴着阴茎鞘，多数人即使会说皮钦语，也只会很少的一点。摩西（Moses），也就是那位特莱福牧师，向我们做了自我介绍，并邀请我们去跑道边新建好的诊所里一叙。他告诉我们，二十年前，还是一个特莱福明年轻人的他听到福音之后，就决心要做一名传教士，在蒙比尔的阿特巴明人中生活和传教。

摩西长久以来向阿特巴明人保证，如果他们虔诚地祈祷，遵从福音的教诲，总有一天白人会来到这里，给他们带来好东西。他说我们的来访让一场期许了二十年的梦成为了现实。他请求我们买下村里的妇女们种植的番茄和胡萝卜。摩西解释说，阿特巴明人并不愿意吃这些奇怪的食物，他们种这些只是为了卖给意料之中会涌入这里的游客们。摩西的理由是，如果他们看到白人吃这些食物，就有可能受到鼓励，从而自己也去吃，或者至少再多种些来卖。

不管他对我们的期望值有多高，我们还是与摩西相处得很融洽。直到一天早晨，我们这一小队人（我和四个澳大利亚博物馆协会的成员）下到河里去洗澡。

那条河位于一个陡崖的下面，地势大概比村子低了五十米。我们（其中有两名女性）全都脱得只剩内裤，彻彻底底地洗了个痛快澡。我留意到摩西和大约两百个阿特巴明人在崖顶上看着我们。

等我们回到村子里，摩西都快哭出来了。

"二十年啦，"他悲叹道，"我一直努力教育村里的女人，端庄一点，把乳房遮起来，就像圣经教给我们的那样。现在你们来了，恬不知耻地在我的整个教众面前露出你们的身体。他们该怎么看我啊？"

我常常在想，我该怎样评价摩西。他一生都致力于践行自己心目中的善念。可是他又有什么样的成就呢？也许，他引进了更加多样化的食物，因此改善了阿特巴明人的营养。但这能抵消掉人们开始穿白人的洋垃圾服装，从而患上疾病的负面影响吗？浅学误人，这话大概不假。

特莱福明浸信会的传教士努力地想将特莱福人与他们眼中的异教作风割裂开。我不止一次地听人说，传教士们提出要购买从特莱福利普的阿菲克圣林中砍下来的木材，他们还明目张胆地阻挠特莱福人参加礼拜堂的重建工作——这种重建工作大约每二十年就得进行一次，因为它所使用的建筑材料朽坏得非常快。

20世纪80年代后期，旧式的特莱福文化开始渐渐消逝，这让人很伤感。最后一批穿着传统服装的人的数量正在迅速减少。特莱福利普正在因为疏于修缮而慢慢损毁，甚至南洋杉树的圣林也不再是不可侵犯的了。我记得在1984年，一个特莱福年轻人陪同我穿过这片林子时，一根枝杈从一棵大树上掉了下来。他对此极为警觉，认真地看着这根落下来的树枝，好像非要从里面瞧出些子丑寅卯来似的。

1992年，我最后一次探访这片林子时，一棵巨大的南洋杉就躺在小路边，树干已经被链锯切割成了几段。它是在倒掉后才被切割的吗？然而在十年以前，就算是把倒下的树锯开也是难以想象的禁忌。

虽然特莱福人在1950年（这时政府的影响力开始触及这里）到1990年之间经历了社会的剧变，但他们没有经历伴随而来的法律和秩序的崩溃。这一点很特别，因为这种法律和秩序的崩溃在巴布亚新几内亚其他地区非常普遍。在我去过的地方中，唯独特莱福明不会发生抢劫，这个结合紧密又与世隔绝的社群似乎对年轻人的恣意妄为有着较强的约束力。特莱福人不会轻易屈从于无法无天的状态。他们对此太有信心了。

到了 1992 年 5 月，特莱福利普的房屋已是一副年久失修的模样，显然不再有人居住了。房屋周围的杂草长得很高，再也不会有被打开的门板四周是彼此缠绕的藤蔓的景象了。礼拜堂已经被彻底废弃了，房顶上的大洞漏着雨，宝贵的特莱福盾牌（在国际艺术品市场上价值数千美元）和装满祖先骨骸的网兜在地上正在慢慢腐朽。看起来，似乎现代社会最终还是赢了。特莱福明已不再是宇宙的中心，它被转变成了又一个偏远、灰暗的政府工作站。

第 17 章

造钱的魔法

白人来到了特莱福明，这让很多特莱福人困惑不已，只好一点点摸索着去解释这种令他们的生活翻天覆地的现象。这种变化实在太快，而且完全没有规律可循，各种离谱的误解也就不可避免地出现了。

我饶有兴致地发现，提纳莫克对一支蜡烛表现出了极大的兴趣。他以前从没见过这东西，但对于装电池的手电筒倒是已经见怪不怪了。同样，轻型飞机作为一种日常的交通方式，已经完全被特莱福人所接受，但这里的人们见到自行车时又会做何反应呢？

西方科技的到来是特莱福人的故事中最热门的一个话题。山谷里的第一支手电筒的故事人们给我讲过好几次。这支手电筒是被一个年轻人从商贸店带回来的。每个人都觉得这是个奇迹，它实在是太宝贵了，怎么能留在这么一个年少轻佻的伙计手里呢？因此年轻人那个上了年纪、德高望重的叔叔便把手电筒占为己有了。有天晚上，这老爷子外出打猎去了。有了这支手电筒，他大获成功，被他打死的袋貂扛在肩上都快像一座山了。

他走了很远的路，突然，午夜的天空下起雨来。老爷子满不在乎，停在一棵树下，捡了些引火的细枝。他用手电筒近距离地照那些细枝，满以为细枝上会腾起火苗。过了许久，他的火还是没有点着，这个已经又湿又冷的老头儿开始有了挫败感。终于，他怒从心头起，把手电筒扔到了地上。手电筒摔坏了，他蜷缩在那堆袋貂下面，摸黑过了一夜。一早回到村里，他就把手电筒扔在侄子脚下，把这个无用的劳什子连带着把它带到村里来的侄子骂了个狗血淋头。

在面对现代社会的渗透时，特莱福人那种强烈的手足无措感，你是能轻易体会到的。文化渗透对于与世隔绝的他们所产生的影响，在我 1986 年的一次来访中表现得十分明显。当时我待在索尔河流域，有几个人兴高采烈地走过来，说第三次世界大战爆发了。他们自称是在收音机上听到这个消息的，说美国对苏联发起了进攻，许多城市已经被摧毁了。有些报道相当翔实，甚至包括苏联的米格战机以及双方其他飞机的损失数量。

当时是里根时代，冷战仍在如火如荼地进行，这个骇人听闻的消息因此自带着可信性的光环。好几天我都处在高度紧张的状态里，问身边的人是从哪儿得到的消息，他们到底听到了什么。他们的故事有理可循，又讲得十分确凿，我是真的相信他们了。我当时想，全世界唯一残存的，也许就是这条高枕在新几内亚中部群山中的小小山谷了。

当几天后回到特莱福利普时，我发现那里的每个人都带着同样的焦虑在劳动。没人知道消息是哪儿来的。但看起来真像是美国和苏联在打仗一样，而且双方似乎还不时地使用了核武器，造成了非常可怕的破坏。

直到几个礼拜后到了莫尔兹比港，我才弄明白了整个真相。原来是切尔诺贝利的核电站炸了，人们咬耳朵传播这个消息，结果等新闻传到特莱福明时，这个事件已经变味成了世界大战。

在索尔河附近时，常常会有一位特莱福老人在死寂的夜里朝我靠近。他会向我耳语："今天傍晚，我可是把阿菲克的所有秘密都告诉你啦。哥们儿，你跟我说说吧，钱是从哪儿来的？"

起初，我不明白这些问题到底是什么意思，便会回答说，钱代表财富的积累，表示我的祖先勤劳节俭。他们把钱投资到银行或者公司里，又创造了更多的财富。

听了这些，他通常都会变得焦躁起来，说："钱不是干活儿得来的。你们到这儿来，出钱叫我们给你们干活。我们给你们抬装备，给你们做饭吃。你们不干活，可有钱的却是你们。真的，跟我说说，我这个朋友是会保密的啦。钱是从哪儿来的？"

特莱福人想知道的原来是一个魔法方程式，有了这个方程式就能造出钱来。

一天晚上，有人用类似的话问我，飞机是怎么被造出来的。很多特莱福人这时候已经去过新开的沃可泰迪（Ok Tedi）矿了，所以我决定先解释基础问题，比如金属这样的原材料是哪儿来的。我说，飞机是金属做的，很像沃可泰迪矿里挖出来的铜和金子。这些东西被拿到工厂去，那里有一大堆掌握各种技术的人，把它打造成一架飞机。我还加了一句，没有谁仅凭自己一个人就能制造飞机，相反，造飞机是一个需要很多人协作的活儿。

我的特莱福朋友们依旧耐心地听着，但最终还是有人直截了当地问道："你就告诉我怎么造它们就行了。"就好像我知道使用魔法造飞机的秘密，却又很自私地拒绝与他们分享一样。

在我于 1985 年的野外季①离开特莱福明之前，我决定要试着去

①原文为"field season"，"野外季"是野外生物学工作者圈子中的俗语，指一年中适合进行野外考察（通常气候比较温暖），有较好的预期成果的时间段，一般是晚春、夏季和初秋。

见见费姆塞普，一个我时常有所耳闻的人。他的一生经历了我所描述过的所有变迁，并且在其中一些变迁里扮演了至关重要的角色。由于我从阿纳鲁和唐·加德纳那里听说过一些他的经历，又读过美国自然历史博物馆的汤姆·吉利亚尔（Tom Gilliard）写的一篇有关他的文章，我觉得自己对这位特莱福第一名人已经有了相当的了解，因此我们之间的会面不会给我带来多少新的惊喜。然而，我大错特错了。

汤姆·吉利亚尔是一名鸟类学家，20 世纪 50 年代期间与费姆塞普一起工作。具有讽刺意味的是，吉利亚尔从纽约出发，到达莫尔兹比港的那天，正是两个澳大利亚行政官和两个当地警察死于激愤的特莱福和艾利普（Elip）人之手的日子。吉利亚尔原本计划在特莱福明工作，但由于这场杀戮，他的计划必须要被搁置了。直到一年多以后，当吉利亚尔最终抵达特莱福明的时候，费姆塞普已经作为谋杀案的主犯被逮捕，并在审讯之后被判处了死刑。后来，费姆塞普被减刑为终身监禁。最终，在眼看着要因病而死时，他被政府从韦瓦克（Wewak）的监狱里放了出来，并回到了特莱福明。

根据吉利亚尔的记述，费姆塞普"坐在栖身之所的圆形入口处。他是个很瘦小的男人，被痢疾和发烧折磨得瘦弱不堪……完全没穿衣服，鼻子上穿的孔里缺少了其他男性戴的那种装饰性的细细的食火鸡羽毛管。他的头发被剪成了监狱里的平头，那些曾经盘绕在一个用植物茎秆精心扎成的大角上的辫子不见了……"

在他向这个惨兮兮的人询问事情的时候，吉利亚尔发现费姆塞普游历遍了沃可山人的大部分领地，而且他对于野生动物的了解比任何特莱福人都要多。

无论什么时候，每当我向其他人问起一种不为人知的动物，或者一点传统的学问时，我都会产生同样的印象，因为人们的回答永远都

是 "Femsep I save."（费姆塞普会知道的。）

1985 年，动身去见费姆塞普的那个早晨，我沿着小径往特莱福利普走。我随身带着几个鱼罐头和几卷天堂之雾（Paradise Twist）牌的烟草当作礼物，这些东西是觐见这种显赫人物所需的惯常之礼。走着走着，我看到一位老人在我前面缓步前行。我很快追上了他，用皮钦语跟他打招呼："Apinun wanpela, Femsep I stap we?"（先生下午好，您知道费姆塞普在哪儿吗？）令我惊奇的是，他回答说他就是费姆塞普。我的惊讶一部分源于他的外貌，尽管有吉利亚尔的描述在前，但他还是和我脑海中这位大人物的形象不符。费姆塞普十分**瘦小**，他的身高大概只及我的腰部。此外，穿着烂大街的白人洋垃圾的他，看起来实在是貌不惊人。

这场不期而遇让我多少感到有些窘迫，只好解释说我想和他谈谈关于他的人生的话题。我把罐头和烟草递过去，费姆塞普停下来，害羞地看了下周围，确认没人之后，把它们藏在了跑道旁边的高草**丛**里。他说如果他把这些东西带回家的话，就会被他的家人吃掉，所以最好还是藏在一个地方，他可以回来自己独自享用。

就这样一路走着，我觉得应该让费姆塞普知道我不完全是个新手，而是已经在特莱福明地区做过一段时间的哺乳动物研究了。于是，我以自我介绍的方式告诉费姆塞普，我与阿蒙塞普一家人一起工作过。听到这些，费姆塞普显出一副悲哀的神色，说："Amunsep i dai pinis!"（阿蒙塞普死了！）我十分震惊，因为我前一天才见过阿蒙塞普，还与他一起痛快地喝了杯茶。在看着我表现出难过之情好一阵之后，费姆塞普爆发出了几声响亮的大笑，明显是为自己彻底地戏弄到我而感到得意。

又开了些套近乎的玩笑之后，我向费姆塞普问起了有关他在

1953 年暴乱中扮演的角色的问题，但他自称对此几无所知，矢口否认自己在那场屠杀中充当着带头人的身份。这种否认，我从同辈人的记述里得知，完全是不真实的。

当我们到达他的目的地时，我与这位奇特的老人家道别了，并且因为他的狡黠而对他又添了一份尊重。终其一生，他都保持着冒险精神，永远勇于尝试新的体验。我听说就在我们相识几天之后，他乘坐直升机去了绿河，探望他在那里工作的儿子。

两年之后费姆塞普去世了。特莱福人对待一位大人物的死，就像是一棵巨大的南洋杉倒下了一样。"Drii 倒了。"他们谈到这样的死讯时会这么说。费姆塞普一定是活到了八十多岁才死的。他的声望高到了让当地的村社弄来一些水泥，为他建了座纪念碑。据我所知，这是有史以来唯一由特莱福人建造，用来向一个特莱福人致敬的纪念碑。

但费姆塞普最后真是被埋在了混凝土的纪念碑下面，还是说这只是又一个用来捉弄 tablasep（白人）的奇谋诡计呢？私心里我希望的是，按照特莱福人的传统，费姆塞普的遗体被暴露在林子里一个秘密的地方，他的遗骨则被收拾起来，装在一个网兜里，放到特莱福利普的礼拜堂中。露天葬法如今在巴布亚新几内亚已经是非法的了，但如果费姆塞普真的以传统葬法安葬，那也不足为奇，因为这已经不是费姆塞普第一次挺身对抗全世界并且获胜了。如果真是这样的话，特莱福明的浸信会传教士和公共健康官员可能就要担惊受怕了吧。

很久以后的 1995 年，在一次去塔布比尔（Tabubil）的矿业小镇时，我碰见了我的特莱福老朋友特朗德塞普（Trondesep）。我们花了一个上午，聊些八卦，谈论我们认识的朋友和地方。我甚为悲伤地听说阿蒙塞普在 1993 年左右去世了，大约一年后，提纳莫克也死了。提纳莫克的死是令人震惊的消息，因为他既不算年老也不算体弱，他的身体一直都很好。我推测可能是死于肺部感染，比如流感或者急性肺炎。村里如果有抗生素的话，也许就能救他的命。

我还听特朗德塞普说威洛克结婚了，他的妻子已经生下了他们的第一个孩子。特朗德塞普又给我讲了一些似乎难以置信的事情。特莱福利普的礼拜堂被重建了，一些年轻的新信徒开始了那分为六个阶段的教导仪式。这真是振奋人心的消息，但即使是现在，我也不确定它是不是真的，也许这只是特朗德塞普为了让我高兴起来而编造出来的。

午饭时间，我带着特朗德塞普去了云乡酒店（Cloudlands Hotel），他在那儿要了份丁字骨牛排。他摆弄不好刀叉，最后只好沮丧地用两手抓住牛排，欢快地啃了起来。一群肤色有黑有白的矿工皱着眉头瞧向我们这边，看着特朗德塞普享用他的大餐。我完全忘了，特朗德塞普是一个矮小、赤脚、鼻中隔上还穿着孔的特莱福人，而且穿着一身脏衣服。但在我看来，他是一位部落首领，一个富有学识的人。我认为在每个人的眼里，他的尊严和宽广的胸怀是显而易见的。我不禁想问，怎样才能让人们忽略外表、语言和文化这些表象，看到人格中那熠熠生辉的伟大之处呢？

与此同时，各地的 Drii 们正在纷纷离世。接任他们位置的那些后来者并没有具备成为大人物所应有的传统技能和知识。相反，他们向民众传播的是宗教或者西方的学问。这片土地，还有它和它的人民之间的那种平衡，将会被这些事物不可挽回地改变。

我为自己遇见过像费姆塞普这样的传统领袖感到很高兴，同时他们的逝去让我对未来充满了担忧。

THROWIM WAY LEG
AN ADVENTURE

蝙蝠与矿场

第 18 章
冰河时代的蝙蝠

如果说社会分裂在特莱福人的身上来得很迅速的话，那么和沃普凯明（Wopkaimin）人被迫面临的那种改变的速度相比，特莱福人变化的步伐就慢得像蜗牛爬一样了。沃普凯明人是另一个沃可山人族群，生活在星辰山脉的南坡。

沃普凯明人生活在新几内亚最为艰苦的一些地带。布尔特姆（Bultem）村（他们的主要定居点）的年降水量超过九米。晴天十分少见，没听说过有一个礼拜不下雨的情况。情况更糟糕的是，这个地区的地形险峻得让人大气也不敢喘。相对平缓，适合农耕和村庄选址的地点几乎和晴天一样稀少，就算有这样的地方，通常面积也很小。这样的地方被沃可山人称为 bil，这就解释了为什么那么多跑道的名字都带着这个词语作为后缀（Tabubil, Tumolbil, Defakbil 等）。

这些因素迫使沃普凯明人以小而分散的家庭群组形式，居住在他们广阔的领地中少数宜居的地点。直到 20 世纪 70 年代，他们都过着不仅与外部世界隔绝，而且在大多数时间里邻居之间也不相往来的生活。长期以来，他们实际上从未与殖民当局进行过接触。直到当局开始勘探沃可泰迪的铜矿时，这种状态才被打破。随后，在有商业开发价值的铜和黄金矿藏被发现后的短短几年之内，外面的世界便一窝蜂地涌入了他们小小的村庄和森林里。这件事的影响非常巨大，结果也极其出人意料。

我能够与沃普凯明人扯上关系，很大程度上是因为一种极不寻常的蝙蝠。1975 年，巴布亚新几内亚大学的一位生物学教授——吉姆·门奇斯（Jim Menzies）描述了一个新发现的古怪异常的蝙蝠种类。对这种蝙蝠的描述基于钦布省的洞穴存留物中发现的一些骨骼，这个洞穴位于沃普凯明以东大约 400 公里。这些骨头可以追溯到冰河期的末期，距今大约 12 000 年。在这个地区类似的洞穴里，科学家还发现过塔斯马尼亚虎①的遗骸、巨型袋熊一样的动物以及灭绝了的大型沙袋鼠。单说这些蝙蝠骨头，它们似乎属于一个大型的穴居种类，由于完全没有前齿（门牙）而在蝙蝠界颇为另类。

看起来，这种生物现在已经灭绝了。

不过这项发现太不寻常了，它引起了国际学界的兴趣，甚至直到很久以后，还被迈克尔·克莱顿（Michael Crichton）在他的小说《侏罗纪公园》（*Jurassic Park*）里简略地提及过。门奇斯把他的蝙蝠新种命名为 *Aproteles bulmerae*。名字的前半部分的意思是"前端不完整的"，后半部分用的是考古学家苏珊·布尔默（Susan Bulmer）的名字，以此作为对她发现这些残骸的褒奖。这个新种很快就被生物学家们（其实还有广大公众）冠以布氏果蝠的俗名。

就在它被发现两年后，一位名叫大卫·海恩德曼（David Hyndman）的考古学家与朋友结伴外出狩猎蝙蝠。当时，沃普凯明人受雇成为勘探队队员，有了为沃可泰迪矿做探矿工作的机会，以钱换物的经济形式和西方的商品刚刚传入这个地区，因此，沃普凯明的猎手们破天荒地拥有了猎枪和尼龙绳。

①又名袋狼。

猎人们来到了一个叫鲁鲁文特姆（LupLupwintem）的洞穴，这个名字的意思是"聚集洞"。之所以叫这个名字，是因为这里曾经聚集着数量巨大的蝙蝠。这个洞穴非常大，入口很艰险，因此千年以来都无人能够进入。它的主干是一个垂直的落水洞，至少有300米深，下面的开口通向一个如大教堂般大小的山洞。即使人们能够进入洞穴，弓箭仍然无法射到挂在洞顶上的蝙蝠，因为它们栖身的巨大洞室太高了。

蝙蝠本身也增添了此地的威严感。据沃普凯明人说，每天傍晚，当数以万计的蝙蝠从洞穴里飞出来的时候，大地都会在它们翅膀鼓动发出的声音中震颤。人们必须捂住耳朵才不会被那声音震聋。

无论情况如何，一个胆量过人的汉子还是顺绳而下，进入了巨大的落水洞。他用掉了整整五盒猎枪弹射猎蝙蝠，打死了几千只，当天晚上搞了一场蝙蝠盛宴。海恩德曼保存下了一只蝙蝠的头颅和几个下颌骨，还有一张填充好的皮毛，以便回去鉴定这种被他们当作晚餐的不同寻常的蝙蝠。

然而，让海恩德曼懊恼的是，村里的狗把那副填充好的蝙蝠皮给吃了。因此他没法带着那张皮毛到莫尔兹比港去做鉴定，不过头骨和下颌还是安全抵达了巴布亚新几内亚大学的动物学系。

想象一下，当吉姆·门奇斯打开包裹，看到一只没有门齿的蝙蝠完整的头骨和下颌骨时，该有多么惊讶，这东西几个礼拜前还是张三李四的晚餐呢。那一刻他明白了，布氏果蝠并没有灭绝，而是以某种方式，在遥远的巴布亚新几内亚西部的沃可泰迪矿附近存活了下来。

两位科学家尽快赶回了鲁鲁文特姆，但让他们错愕不已的是，这个巨大的蝙蝠群落已经无影无踪了。在中间的这段时间里，还有其他几队猎人来过这个栖息点（沃普凯明人说他们是从蒂法尔明来的），这些猎人把这个群落赶尽杀绝了。科学家们只看到两只蝙蝠在洞顶上盘旋，后来就一只也看不到了。布氏果蝠这次似乎是真灭绝了，可以说是在它再次被发现的那一刻灭绝的，哪怕是连一张皮也没留下来——如果有的话，寻找的人至少还能知道它长什么样。说实话，它所保有的那种神秘感，和人们发现它的古代化石时体会到的感觉几乎完全相同。

布尔特姆（离这个洞最近的村子）的人们将鲁鲁文特姆视为圣地，正常情况下不会伤害任何栖居在里面的蝙蝠，这一点也不奇怪。这个洞穴的故事和它所特有的重要意义是诺肯（Noken）告诉我的，他是20世纪80年代末期布尔特姆村的首领。那时他已经年老有疾，看起来患了肺结核。在确认没人偷听之后，他用很蹩脚的皮钦语悄悄地向我讲述了这个故事。

诺肯要我发誓保密，他说这个故事只有受过完整教诲的布尔特姆男人才知道，布尔特姆人的敌人如果知道了，一定会用它来对付他们。因此，我不能在这里复述这个故事。我只能说，村民们相信，任何施加到蝙蝠身上的伤害，都会一个个转移到布尔特姆人的身上。

20世纪70年代末，随着与外部世界的接触带来的剧变，有一些人开始无视这些信仰了。事实上，有可能是其他村子的人（这些人并不持有这样的信仰）被勘探队来的消息吸引到了布尔特姆，并且在1977年进行了大规模的猎杀活动，而布尔特姆人对这场杀戮只能旁观。

由于在附近的特莱福明工作，我对布氏果蝠着了迷。在1984—1992年的八年间，莱斯特·塞里和我对特莱福明地区的哺乳动物进行了调查，我们搜索了这片地区的每一个山洞，但没有发现丝毫布氏果蝠的踪迹。退一步讲，我们的搜寻之所以困难，是因为我们不知道这种蝙蝠长什么样。说实话,我们对它的全部认知就是它很大,生活在洞穴里,以及没有前齿。

在我们调查的山洞中,有几个很令人兴奋。我多少有点儿幽闭恐惧症,而莱斯特对蛇(它们是新几内亚洞穴的常见住户)则有着肝胆欲裂的恐惧,因此我们很难称得上是一对适合洞穴探索工作的搭档。可我们不顾这些短处,就这么用爬行、滑动和攀援的方式进入了特莱福明附近每一个我们力所能及的洞穴和岩缝,在此过程中记录了几十种蝙蝠、蛙类、长得像巨型蜘蛛一样的伪蝎,以及蛇的存在。

其中一个洞穴令我终身难忘,它位于依河流域的兴登堡崖(Hindenburg Wall)。对于这座非同寻常的崖壁,我曾多次有所耳闻。从特莱福明向南要走一天半的时间才能到达这个洞穴。依河穿过一条树林优美,几乎完全没有被人类活动打扰过的山谷。这个与世隔绝的洞穴就位于谷底。它的入口是一条窄缝,匍匐前进了几米之后,洞穴就敞开成了一座如大教堂般大小的洞室。洞的顶上有个窟窿,从窟窿中射入的光照亮了洞室。几只食虫的蝙蝠栖身在入口附近的微光中,但在这第一个大洞室中,我几乎没看见什么有意思的东西。

由于洞穴里没有什么特别的蝙蝠,因此我开始调查洞穴地面上一些积满水的坑洞。水既平静又清澈,完全无法判断其深度,在某些情况下,我甚至意识不到水的存在。一些水坑的水底有美丽的鹅卵石,或少许骨头。走近些看,我才发现那是人骨,而且时间不长。我没有把这个发现告诉我们的沃可山同伴们,因为他们认为洞穴里有鬼魂居住,为此非常紧张,当时的他们已经显得格外地躁动不安了。

莱斯特和我越走越深,进入黑暗之中,沃可山的同伴们被我们留在了洞穴入口处。他们似乎不愿意再往里走,一直谈论着居住在山洞中的 masalai(魂灵)。

走了一段距离之后，我听到一种很低的隆隆声。这种声音起初非常低沉，与其说是听到，不如说是我感觉的。与此同时，空气迅速变得稀薄起来，四周弥漫着一种奇怪的雾气。这让人非常惶恐不安，因为洞穴太大，人站在中央什么也看不见，四面八方白茫茫的一片。

绕过一个拐角，我就看不到莱斯特手电筒的亮光了。

我慢慢地向前移动，几乎看不见洞穴的地面，只得用手摸索岩壁来为自己寻找方向。隆隆的声音变成了震耳欲聋的咆哮，震撼着洞室的四壁。

让我松了一口气的是，我终于触摸到了岩壁。我伸手继续向上摸索，最后触到了一个庞大的木质物体。那是一棵巨大的树干，卡在了洞中的高处。

我猛然明白这个地方是怎么回事了。声音和雾气来自一个流量庞大的地下瀑布。它的回响充满了洞室，震动着地面。一旦瀑布的水量增大时，我所在的洞室就会被水淹没，被洪水冲进洞穴的树木就被卡在了洞壁和洞顶之间。

那些人的尸体，看来也是被水卷进来的。当尸体腐化分解之后，骨头就躺在洞口附近的静水坑里了。

突然，我觉得自己迷失了方向。我无法判断自己是在远离，还是更接近这个瀑布？雾气太浓了，我把手放在面前也几乎看不见它。我强压着爬上心头的恐慌，身体紧贴洞穴的岩壁，继续缓慢地向前挪动。

渐渐地，雾气开始消散，隆隆的声音远去了。我害怕迷路，便循着足迹折返了回去。我怀揣着恐惧走过那些有骨头的水坑，这种感觉，我猜，与我的沃可山同伴们心中对灵魂的那种恐惧是非常相似的。

经过这一次以及后来其他很多次类似的勘察，莱斯特和我确信这个地区没有被布氏果蝠占据的大栖居点，因为这里如果真有这样的栖居点的话，我们应该已经找到它了。

尽管我们在调查中从未找到布氏果蝠，结果却是，在一种极为诡异的阴差阳错之下，我们的手中一直都握着一个办法，能够部分解开布氏果蝠的谜团。当我们耗时数年，在遥远的新几内亚搜寻这个物种期间，在我位于悉尼的日常工作地点不到两百米的地方，就尘封着一件布氏果蝠的标本！

差不多十年之后，布氏果蝠神秘拼图中缺失的这一块才被补全。

因为用于藏品管理的经费短缺，从 20 世纪 50 年代起，澳大利亚博物馆的哺乳动物收藏中堆积了大约两千号"问题标本"。这些标本就躺在各式各样的抽屉和展柜里，无人照管，无人研究。1990 年，我弄到了经费，可以对这些材料重新进行检视、登记和维护了。

一天傍晚，受雇来执行这项艰难任务的馆员助理敲响了我的门。她手里捧着一盒尚未登记的蝙蝠头骨。就在我漫不经心地拿起一块，寻找线索确定这只蝙蝠的物种信息时，我的呼吸凝结了，心脏开始狂跳不已。这块保存完好的头骨没有前齿。

简直令人难以置信，我手里拿着的竟是近乎神话一般的布氏果蝠的头骨。

这块头骨挂着一个标签，上面写着一组数字"24/85"。我们认出这是一个制备编号，是在标本被送到剥制师那里制作或者清理时分配给它的。助手迅速查找目录，然后从收藏中拿来了一张编号与头骨吻合的皮毛。这张皮子挂的是普通的裸背果蝠（*Dobsonia magna*）的标签。表面上看，这张皮子与裸背果蝠的很相似。然而简单地看了一眼它的皮毛、脚爪和翅膀，我就确信这个标签错了。我的额头像有条带子勒着似的紧绷起来，胃里感到一阵恶心。那一刻，我意识到，我是地球上唯一一个知道布氏果蝠长什么样的科学家。

在又用更加系统的方式检视了这张皮子之后，我开始发现它与常见的裸背果蝠非常不同。它的皮毛更顺滑，面部更方正，爪子是褐色而非象牙色的，翅膀上还有一根额外的爪子。此外，虽然这东西和裸背果蝠一样大，它却还只是一只幼崽，成体肯定要大得多。如果真是这样的话，那它将是这个星球上最大的穴居蝙蝠。

等我的心跳慢下来一些，乱成一团的脑子变得清晰起来时，我开始琢磨，这一切会不会只是一个离奇的梦。毕竟，一只世界上最稀有的蝙蝠的标本，怎么会在进入我们的博物馆收藏之后没有引起任何人的注意？是谁采到的它，又是在哪儿采到的呢？

结果，答案就在那张皮子挂着的标签上。

这只蝙蝠是昆士兰博物馆的史蒂芬·范戴克（Steven Van Dyck）在 1984 年采到的。在我第一次去特莱福明和雅普西埃考察时他与我作过伴。史蒂芬是一位袋鼩分类方面的专家。当时他决定去特莱福明山谷一个叫阿菲克塔曼（Afektaman）的地方工作（我当时则去了索尔河）。那里的海拔为 1 400 米，他觉得在这个高度上更可能遇到袋鼩。

采到布氏果蝠那天他一定是忙得焦头烂额了，因为对于这只蝙蝠，他的野外日记中只有可怜巴巴的一点细节：这只动物的性别、体重和前肢长度。旁边潦草地写着一个谜一样的词语：Woflayo。

回程时，史蒂夫和我把采集的标本进行了分配，一部分归昆士兰博物馆，一部分归澳大利亚博物馆。澳大利亚博物馆得到的材料中就有这只蝙蝠。它被送到了标本剥制部，皮毛就在那里被填充好，但是由于维护或者制作时的过失，头骨和皮毛被分开了。那张皮被鉴定成了普通的裸背果蝠，因此在馆藏时就被挂上了裸背果蝠的标签。那个头骨则被放在一个装缺少信息的"问题标本"的盒子里。由于时间和资金有限，这个错误一直没有得到更正。

那时候我已经懂了一点特莱福语，我怀疑 Woflayo 是一个人的名字。在沃可泰迪矿业的帮助下，莱斯特·塞里和我很快就循着布氏果蝠的踪迹，踏上了前往阿菲克塔曼的道路。我们手上的王牌就是这个 Woflayo。

　　阿菲克塔曼是个漂亮的小村子，俯瞰着特莱福明以南的一片区域。它坐落在赛皮克河谷的入口处，距离鲁鲁文特姆的直线距离只有三十公里。在 1977 年以前，鲁鲁文特姆是布氏果蝠唯一的栖居点。

　　一到阿菲克塔曼，我们就赶紧打听这儿有没有一个叫沃弗拉尤（Woflayo）的人。我们不费吹灰之力就打听到了线索，并且立刻有村民领着我们去见这一位接近暮年的男子。他住在离村子一公里左右的一小群草房里。

　　沃弗拉尤请我们进了他的房子，给我们端上一杯茶。我们一交谈，就发现他的皮钦语水平相当有限。他是个保守的特莱福人，对传统有强烈的依赖。他并没有屈尊去学习这种新式的混合语言①。

　　在我们说明来意之后，沃弗拉尤就说，我们那天过来就对了，因为再过几天他就要出门去巴塔罗纳（Batalona）了。我最开始很迷惑，沃弗拉尤具体是要去哪儿。巴塔罗纳听起来不像是我听说过的任何一个特莱福地名。又谈了一阵之后，事情就很清楚了，沃弗拉尤要动身踏上一段漫长的旅程。他要去的是巴塞罗那，将在那里带领一支特莱福舞蹈团，参加 1992 年奥运会的庆典！

　　沃弗拉尤对于传统的恪守显然有了回报。在所有的特莱福人中，他作为最熟悉古代舞蹈的人享有盛誉，也因此成了团队领舞的不二之

①皮钦语是一种由不同语言混合而成的混合语。

选。我常常会想，对于用阴茎鞘、藤条腰圈和羽毛头饰装饰自己，和着特莱福式节奏喊号和摇摆的沃弗拉尤，巴塞罗那的"文明"市民们会如何解读呢？

等我们喝完茶，沃弗拉尤带我们去了他草屋后面的一个菜园。在那里，他给我们看了一棵小榕树的树桩。他说，1984 年，他就是在这棵树上打到了那只蝙蝠，并卖给了"史蒂夫老爷"。

我泄气了。

对于一场被几个月以来的兴奋所驱动，跨越了数千公里的旅行而言，这个结局是何等的虎头蛇尾！

沃弗拉尤在自家的后院打到一只蝙蝠，把我们这样的陌生人从另一块大陆吸引到了他的家门口；而几天之后，他将会前往另一个大陆，在数以万计的人面前跳舞。对于沃弗拉尤来说，那个地方就像月球背面一样陌生。

如果不去鲁鲁文特姆找一找蝙蝠的踪迹，我们这一趟活儿就不能算完整。而现在，这件事就加倍重要了，因为我们觉得，在它丧命的那个晚上，沃弗拉尤打到的那只蝙蝠很可能是从鲁鲁文特姆飞来的。如果 1984 年时鲁鲁文特姆还有年幼的蝙蝠，那么现在，这个洞穴里仍然有可能生活着一个未被发现的繁殖群落。

此前，莱斯特和我在从特莱福明到塔布比尔的一次旅行中，曾经飞跃过鲁鲁文特姆，所以我们知道那个地区的地形有多崎岖。那一次，我们一大早乘着塞斯纳飞机，沿塞皮克河谷而下。

那场旅行从一开始就令人毛骨悚然，因为河谷蜿蜒曲折，飞机常常看起来会直奔着一面垂直的崖壁而去，毫无办法逃脱，但又会突然转向，沿着河谷中弯曲的航线继续往前飞。

我们跟随着塞皮克河的一条支流伊兰姆河 (Ilam River) 转向西南。接着飞机开始爬升，飞行在一片广袤平坦，名叫非宁特尔（Finimterr）的石灰岩高地上空，距离地面仅一百米左右。那天早晨，一片薄雾萦绕在高地上空，但是透过它，时不时地可以看见一块块褐色的草地，还有高山灌丛的绿色。

鲁鲁文特姆就在下面的某个地方。

沉浸在探究地势和找寻鲁鲁文特姆的努力中，我完全忽略了飞机的飞行轨迹。突然，塞斯纳飞机开始朝着雾气的边缘俯冲而下。在恐惧彻底笼罩在我心上之前，我们已经穿过了那层薄雾，飞机正沿着一块庞大的岩壁笔直下行，巨大的山洞和被水溅湿的悬崖飞快地掠过我们眼前。

接着，飞机开始拉起。

飞行员转过头对我说："兴登堡崖，你觉得咋样？"

兴登堡崖常常被称为世界第八大奇迹，它是一块巨大的石灰岩悬崖，横亘在新几内亚中南部，绵延数十公里。

我特别想说，这段 1 500 米落差的直降我算是受够了，一辈子也忘不了。

那天，与沃弗拉尤道别之后，莱斯特·塞里和我在塔布比尔机场爬上了一架直升机，掉头前往非宁特尔高地。

我们停靠在一片可供直升机降落的草地上，从这里步行到鲁鲁文特姆的入口大约需要三个小时。接着，我们便踏上了那条又长又难走的小路，越过石灰石的峰顶和岩坑，前往洞穴的洞口。

我们翻过一座座小山峰，穿过茂密、长满苔藓的高山灌丛，小心翼翼地走了几个小时。那是一个封闭的、几乎让人幽闭恐惧症发作的世界，仿佛要将我们吞没。接着，在我们转过最后一个转角之后，这条小路豁然开朗。我们进入了开放的空间。

最终，我们来到了鲁鲁文特姆的洞口边缘。

鲁鲁文特姆是我见过的最为壮观的洞穴。它的入口和人们想象中的大不一样并且十分宏伟。我们发现自己站在一个巨大的、近似圆形的洞穴主干的口上，它的直径大概有四百米，洞壁垂直向下深入数百米。越过洞口看向它的南侧，我发现我们站在入口处的最低点。四周都是悬崖般的落水洞壁，耸立起几百米高，又同样地深入地下。现在是午后不久，一束阳光向下射入幽暗的深渊中。我能够看到落水洞下面的开口通向一个如大教堂般大小的山洞，一条细细的，几乎是云雾般的瀑布流过它的开口。南侧洞壁的高度看起来至少有一千米。

在这处奇景的边缘疲惫地休息时，我们听到一阵奇怪的、叽叽喳喳的声音从洞穴深处远远传来。这种声音听起来像是小鹦鹉的叫声，但是没有哪种珍爱自己生命的鹦鹉会居住在这种阴暗的地方。相反，我们看到一只大号果蝠从下面的洞窟中飞了出来，穿过了那道光束。

这着实令人兴奋。难道我们是再次发现了布氏果蝠吗，还是说只是一个普通的裸背果蝠群体定居在了这个洞穴里呢？我们焦急地等待着天黑，好查个水落石出。

大约在黄昏前的半个小时，蝙蝠们开始在落水洞中的高处盘旋，接着越过我们的头顶飞出洞穴，离巢觅食。这是非常大型的果蝠，等到最后一只离开洞穴时，我们数到了第 137 只。

通过观察它们的飞行轨迹，我们想出了网捕一只的策略。但这不是件容易的活，因为这个地方空间有限，很难架设雾网。

不幸的是，鲁鲁文特姆这里没有扎帐篷的地方，而且我们把大多数装备都留在直升机降落的那片草地了。到了晚上九点，我们不得不踏上漫长的归程，午夜才到达营地。

接下来的三天，我们每天都会走回鲁鲁文特姆，每天傍晚都会尝试用一种新的技术抓蝙蝠。我们的努力丝毫不见成效。这些蝙蝠飞得太高，或者太远，直到凌晨我们才带着划伤疲惫地回到营地，浑身湿透。

一天之后直升机就会来接我们，已经到不择手段的时候了。在研究过多数蝙蝠飞行的路线，以及入口处的地形之后，莱斯特和我得出结论——如果想抓住一只蝙蝠，我们必须在高高的树冠层上架设雾网，架设的位置位于崖壁的正上方。

这项操作很危险，另外雾网的张力必须合适，这一点很关键，否则雾网就没办法成功抓住蝙蝠。

这项危险的工作花费了我们整整一个下午。当我们完成时，蝙蝠已经开始在下面的洞穴中活动了。我们累得够呛，等待着它们开始涌出巢穴。我在后来这样写道：

> 之前的三个小时充满了恐怖。为了架设那张网，我们必须爬上两棵长满青苔的大树。两棵树的树冠位于这个巨大洞穴边缘的正上方，下面的洞穴的垂直高度达到了数百米。要想到冠层，我们需要爬十五米。到达冠层之后，我们首先需要用开山刀为网子砍出一块开阔的地方。接着我们每人都得操作一根七米长的杆子，上面系着雾网，把它放在合适的地方，然后紧紧绑到树上。在此期间，光线渐渐变暗，我用来爬树的藤蔓也随着磨损而变得滑起来。

> 我们干完了，夜幕也降临了。

　　当我们坐下来等待蝙蝠落网时，一群群蚊子就围着我们，爬进我们的耳朵、鼻子和眼睛里。因为怕惊动蝙蝠，我们没法拍打这些蚊子。终于，蝙蝠开始离巢了，我们听到了那种"啪啪啪"的独特振翅声。一只又一只蝙蝠撞在我们头顶高高的网子上，撞击发出的声音听起来令人很振奋，直到我们意识到它们又被弹回去了。网被绷得太紧了，我们必须爬到洞穴上方高高的树冠上，把它松开一些。这件事必须麻利地处理，因为十分钟之后，天空中就不会有蝙蝠了。

　　一想到又要爬树，我的心中就充满了沮丧。但这时我听到头顶传来了一些声音，意识到莱斯特已经爬到一半高的地方了。

　　摸黑爬树似乎更容易一点，因为我看不见下面张着大嘴的洞口，爬到树冠上比较细的枝杈上时，也看不到树的摇晃。几乎是刚一放松网子，立刻就有一只蝙蝠撞上来，并且被缠得结结实实。我用一只臂弯挂住大树，把手电筒卡在一根树枝的分叉上，开始把网子往回拉。可想而知，那只蝙蝠很狂躁，试图撕咬周围的一切。它比我预想的大得多。等我够到它时，我意识到自己必须割断网子，才能把包裹着这只剧烈挣扎的蝙蝠的那一段网子拿下去。

　　割下网子之后，我开始在黑暗中往下爬，因为在手忙脚乱地拉网时，我的手电筒掉了。突然，我感到我的重心发生了偏移，我意识到自己正顺着那根在树上绑得很松的雾网杆子往下爬。我拼命地去抓其他的支撑物，最终抓住了一根藤条。我颤抖着爬下最后几米，期间那只狂暴的蝙蝠一直挣扎着想要逃走。

莱斯特拿着个白布口袋在那儿等着。他小心翼翼地将蝙蝠装进去，然后拿起手电筒向里看。我们惊奇地看着这只蝙蝠愤怒的脸。它没有门牙。我们的手中是一只一度被认为在大约 12 000 年前，即上一次冰期的末期就已经灭绝了的动物。我们愉快地相互拥抱。一起在地形崎岖的巴布亚新几内亚西部进行了八年的野外工作之后，我们终于重新发现了布氏果蝠！

　　莱斯特和我现在觉得，在整个 20 世纪 70 至 80 年代，鲁鲁文特姆可能都有布氏果蝠幸存下来。根据我们现在知道的这个栖居点的种群增长速度推算，在 1977 年时，可能只有仅仅 10 ~ 20 只蝙蝠逃脱屠杀幸存了下来。在巨大的主洞窟中，这个存留下来的小小种群很可能默默无闻地过了十多年，直到数量有了长足的增长，才又由于它们发出的噪声被人注意到。

　　过去的几年间，我们对于这种迷人的蝙蝠已经有了越来越多的了解。它确实是世界上最大的穴居蝙蝠，每年繁殖一次，雌性活到第三年才会开始繁殖。这些蝙蝠的数量正在缓慢地增长（1993 年时大约有 160 只个体）。事实上，其增长速度比根据繁殖速度推算出的速度要慢，因此我们怀疑某些地方仍在捕猎布氏果蝠，很可能是在它们的一个或者几个觅食点。

　　更加令人振奋的是，当地的沃普凯明人，也就是鲁鲁文特姆的主人，已经被禁止在洞穴中打猎了。对于保护这个洞穴及洞中的蝙蝠的禁令，沃普凯明人从来都是持不情愿态度。然而，禁令与已经将他们团团包围的现代世界究竟有着何种联系，对于这个问题，他们还不知道。

沃普凯明人正在慢慢地重新拾起自己传统的"平衡"观念。到1993 年，已经有 6 个年轻人同意接受传统的教化。他们身上涂着红色的黏土，戴着华丽异常的芋头形头饰，看起来非常有气势。

这个洞穴回归到一种传统的保护形式，为布氏果蝠恢复种群提供了最好的机会。如果能成功的话，也许终会有那么一天，大地将再次在数以万计布氏果蝠翅膀的扇动下颤抖。

第 19 章
探访星辰山脉

1965 年，第一批白人探险家登上了星辰山脉的顶峰，此时西方世界早已进入太空时代，仅仅四年之后人类还首次登上了月球。

紧靠在伊里安查亚边界上的星辰山脉，是巴布亚新几内亚最为神秘的地区。星辰山脉各个山峰的名字是 1910 年最早见到它们的荷兰探险家们起的，这些远道而来的探险家之所以给它们选择了恒星和星座的名字，也许是因为那些重重叠叠的山峰看起来就像星空一样遥远和博大。

等到我开始在特莱福明工作时，星辰山脉的生物仍然未被探索过。它们的诱惑力不可抗拒。到了 20 世纪 80 年代末，去那里进行一些生物学调查工作的契机（由沃可泰迪矿的环境部门提供）出现了，莱斯特·塞里和我申请到了这次机会。

塔布比尔的矿业小镇位于山区中央地带的南坡，海拔大约 600 米。它与新几内亚多数的矿业小镇一样，是一个石棉水泥小屋、办公室和新建公路的混合体，这些建筑全都修建在森林中新开辟出的一块空地上。镇子很喧闹，会让人觉得离树林前所未有地遥远。

让塔布比尔与其他矿业社区不同的是该地的偏远及恶劣的天气条件。飞到塔布比尔的过程总是很刺激。这个地区每年有 300 天会下雨，云雾每次笼罩在丘陵上面长达好几个礼拜。前往这里的飞机经常会被迫改变航线备降到基永加（Kiunga，那里有路可以通到塔布比尔），没有更改航线的飞机也常常必须进行好几次尝试，才能找到云层的一块开口，以便确定跑道的位置。地表的空气湿热黏腻，从走出机舱的那一刻起，你就能感觉到身体好像要发霉了。

我在塔布比尔最先注意到的野生动物是这里的蜘蛛。巨大的圆蛛随地可见，它们坚韧的黄色蛛网罩住了几米高的灌丛和树木。你很难不去注意它们，因为蛛网上装饰着美拉尼西亚人扔上去的各种令人脑洞大开的东西。旅馆附近的蛛网上挂着一串诱人的啤酒易拉罐；食堂旁边的一张形状可怖的网上粘着塑料片、刀叉和更多的易拉罐；而镇中心的一张网上则粘着竞选海报，甚至还有几条皮带。有一张海报是为一个名叫"皮乌斯·弗莱德"（Pius Fred）的人竞选北弗吕（North Fly）地区议会席位拉票的。他的大头照一点也不提气，我们心想，但愿吧，要是他赢了，下议院的发言人永远别要求"北弗吕议会的成员充满活力"。

每张网的中央，都趴着一只巨大的闪着银光的蜘蛛，它们的腹部有葡萄那么大，每只足有手掌那么宽。尽管被吓了一跳，我却很快迷上了它们。看着它们在风力增大时修补自己的网，风向变化时添加绷绳，条件适宜时又加入额外的几股丝，我开始将它们视为微风中勤劳的小水手了。

但是，这些水手可全都是雌蜘蛛。如果靠近些看，你就会在雌蜘蛛附近发现另一只小得多的蜘蛛（经常不止一只）。这就是雄蜘蛛，它时刻都处于危险之中。情欲迫使它紧随着可能的配偶，雌蜘蛛的体型至少有它一百倍大。然而对雌蜘蛛来说，雄蜘蛛作为一顿主菜的吸引力远比作为爱侣的吸引力要大，所以雄蜘蛛必须小心谨慎。

不论何时，每当我扰动一张蛛网，出于害怕，雌蜘蛛都会有片刻一动不动。雄蜘蛛无一例外地会选择在这一刻来打它的主意。它们手脚轻快地接近雌蜘蛛，那样子看起来就像淘气的男孩。它们会在雌蜘蛛的生殖孔上操作着它那又黑又大的交配器，直截了当地猛刺进去，并在迅速完成交配后小心翼翼地离开。

在近距离观察时，我在网上还发现了另一些更小的蜘蛛。这属于一个完全不同的物种。它们以做贼为生，偷窃那些陷在网上，因为身型太小而不能引起织网者兴趣的昆虫。圆蛛的视力一定是太差了，看不到这些小小的机会主义者。

对于这些蛛网，沃可山人有一项特殊的用途——他们用这些东西织造渔网。他们会找一根有四个分叉的木棍，将它们在一个蛛网又一个蛛网上转圈、搅动。很快，木棍上就缠满了黏黏的蛛网和裹在里面的蜘蛛。他们把木棍放在河里或者溪流里，再往上一舀。你看，小鱼就会粘在黏黏的蛛丝上。

塔布比尔是我们前往星辰山脉的必经之路，因为沃可泰迪矿的直升机基地就在那里，离布尔特姆很近。这片山脉传统意义上的主人——沃普凯明人就住在布尔特姆。沃普凯明人之所以把住处建在这块地方，就是为了离塔布比尔近一点。这样的结果便是，相比大多数的传统村庄，布尔特姆的外观不甚整齐，这里既有传统风格的房舍，也有现代风格的建筑，两者混杂在一起。另外，中心广场周围还停着一大堆摩托车，失修程度各不相同。

大卫·海恩德曼——在 20 世纪 70 年代与沃普凯明人一起工作过的人类学家，曾给我介绍过一个叫格力尔姆（Griem）的人。因此，第一次到达布尔特姆时，我就开始寻找格力尔姆。有人带我最终找到了他，但结果很让我惊讶。格力尔姆身材矮小，和我年纪相仿，穿着烂大街的西方废弃衣物。格力尔姆告诉我，他现在的名字叫弗莱迪（Freddy），目前在矿上干活，负责开重型卡车，把矿石从矿坑拉到粉碎机那里。当我提出有没有可能去趟星辰山脉时，他的眼睛亮了起来，告诉我说，如果我肯帮忙，也许他可以请一两个礼拜的假陪我去。

在我见过的所有人中，弗莱迪过着最与众不同的一种生活。沃可泰迪矿业开始在沃普凯明地区勘探矿产的时候，他还是个少年。他仍然记得，那天一架直升机试着在他父亲的芋头园里降落。弗莱迪和他的母亲吓坏了，但他的父亲却勇敢地冲进园子里，开始向威胁自己家人的这个"妖魔"放箭。

从这个标志性的事件发生到现在还不足二十年的时间，等到我遇见弗莱迪时，他已经是一个生活美满的男人，有着自己的家庭，对卡车、直升机和飞机比我还熟悉。弗莱迪教我懂得一件事，阿尔文·托夫勒[1]（Alvin Toffler）关于未来冲击的看法并不总是正确的。

弗莱迪和我详细地谈论了沃可泰迪矿对沃普凯明人生活的影响。他告诉我，总体而言，沃可泰迪矿的存在让沃普凯明人的条件有了极大的改善。沃普凯明人普遍持这种观点，他们从开矿带来的发展中得到了许多直接的好处。这并不是说他们完全摆脱了飞速发展带来的负面影响，但比起很多身处类似情况的本地族群，他们对发展的步伐及其对自己的影响要更有控制力一些。

长久以来，这种控制力都是有证据的，例如布尔特姆礼拜堂的男性教化就一直在进行。1987年，我在塔布比尔的超市碰见两个新信徒。

①美国社会思想家，著作包括《未来的冲击》（*Future Shock*）、《第三次浪潮》（*The Third Wave*）、《权力的转移》（*Powershift*）未来三部曲。

这两个年轻人戴着阴茎鞘和复杂精巧的赭石头饰，推着一辆装有大米和鱼罐头的购物车走在过道上。他们与那些正在购物的公司雇员的妻子以及其他顾客混杂在一起，没有造成丝毫的混乱。1993 年，我又在布尔特姆村遇见了更多的年轻信徒。其中一位名叫塔拉皮（Tarapi）的热心年轻人，他曾陪同我们去过鲁鲁文特姆，帮助我们进行布氏果蝠的种群数量调查。塔拉皮的身上显现出他这个年纪的人少有的社会责任感。也许有一天，塔拉皮会成为一位优秀的传统首领。

然而，并不是所有新几内亚人都对沃可泰迪的发展感到高兴。比如，生活在塔布比尔下游地区的部落群体就对此颇为愤怒，因为沃可泰迪河上游的生态系统遭到了破坏。这条河里的生物为他们提供了重要食物来源，而采矿倾倒的残渣正在对上游的生态系统产生不良的影响。直到最近，这些人都没有通过赔偿获得太多好处。

弗莱迪告诉我，在他看来，矿场提供的最实质性的好处是医疗健康服务，现在所有人都可以很便捷地享受到这些服务。要是没有这些医疗救助，许多沃普凯明人（包括他自己，弗莱迪说）恐怕早就死了。

弗莱迪认为，随着与西方的接触，他的生活质量同样也在提高。他过得太好了，现在拥有一辆丰田陆地巡洋舰，并且已经计划海外旅行。1992 年时，他计划到梵蒂冈去见见教皇（布尔特姆现在是个天主教村落），但是当我那年晚些时候重返沃可泰迪时，他告诉我说他又改主意了。他在塔布比尔遇见了一位菲律宾机械师，后者给他讲了马尼拉夜店中等待着旅行者的那些艳遇风情。因此，弗莱迪决定去享受一次更加世俗的假期。

在一次长谈结束前，我问弗莱迪，还能为他做些什么。他坐在那里沉思了一会儿，然后说他想要一个煤油炉。

在 1987 年，初次见到弗莱迪并请求他陪我去星辰山脉的那天，我对沃普凯明文化及它与西方的接触所造成的改变了解得还很粗浅。他建议我们带上他的叔叔塞拉普诺克（Serapnok），因为后者拥有一条好猎犬。我起先对塞拉普诺克相当警惕，他长着一只鹰钩鼻子和一张窄长瘦削的脸，看起来十分阴险歹毒，很像电影《诺斯费拉图》[①]（*Nosferatu-A Symphony of Terror*）里的吸血鬼。基于这一点，以及我们缺乏共同的语言，我颇花了些时间才克服了对他不信任的本能。

弗莱迪告诉我，他知道一个可供直升机投放物资和扎营的好地方。那是一块亚高山草甸，名叫多克福玛（Dokfuma），位于星辰山脉深处，海拔 3 200 米。可是有一个问题，在与直升机飞行员探讨之后，我们得知他的飞机在那个海拔上只能装载 160 公斤重的东西。这意味着我们必须往返飞行好几次才能把所有物资运到那里。更严重的是，由于山脉中天气极为多变，我们必须仔细考虑第一趟运哪些东西，因为无论何人何物到了那里，都可能被困上好一阵子。

在经过一些考虑之后，我们决定第一批运进去的应该包括我自己、一套帐篷睡袋、一些衣服和足够支撑一个礼拜的食物。这样，如果恶劣天气将我独自困在了多克福玛，我就能安然地挺过去。

出发那天早上 6 点，塔布比尔的天气看着不错，让我们能够顺利起飞。这让人松了一口气，因为镇子周围的天气经常特别恶劣。然而接近星辰山脉时，天气变得恶劣起来，山峰上笼罩的一层浓雾使我们无法降落。

我们返回了基地，不得不在塔布比尔机场坐上几小时。与此同时，

①德国表现主义大师弗里德里奇·茂瑙（F.W. Murnau）1922 年拍摄的恐怖电影，是电影史上第一部以吸血鬼为题材的恐怖片。

直升机在低地运东西。自始至终，我都瞧着头顶上越堆越厚的云层。

大约上午 9 点，机会来了，我们可以再试一次。这一次我们发现山里的情况略有好转，但是塔布比尔附近的天气却在迅速恶化。飞行员问我想不想降落，他解释说塔布比尔的恶劣天气很可能会阻止第二趟飞行。我急于开始工作，就让他试着把我降落在下面那片可以依稀辨认出的高山草甸上。这里看起来像是弗莱迪几天前描述的那个叫多克福玛的地方。飞行员记下了这个地点的位置，然后开始下降。

下面是一块碗状的草地，被一些生着少许树木的山峰包围着。冷空气会在这样的地方汇集，阻碍树木生长。这天上午，浓厚的云团笼罩在碗沿状的山丘上，不过，由于中间的云要薄一些，我在空中可以时不时地瞥见草甸的中央。

直升机开始小心翼翼地下降，不久便降到了云雾中的一道空隙里，这时距离地面已经很近了。不一会儿，直升机突然发出的撞击声告诉我，我们落地了。现在，该下飞机卸东西了。

一分钟之后，我背着背包站在草地上，身旁立着一只桶，直升机则退回到了上方云雾的缺口中。

在塔布比尔机场喧嚣的人群中待了几个小时，又在噪音巨大的直升机上经过了一段旅程之后，多克福玛显得不可思议地宁静。这里的空气异常冷冽，我感到呼吸困难，就连手指也冻僵了。

我花了几分钟才摈弃掉远去的直升机声音的干扰，并且不再去想那天或是那个礼拜我是否还能再次听到它。我鼓起劲，开始干活。在把我的装备拖到更高处以防止过潮时，我惊愕地发现自己喘不过气来了。看来我的宿敌高原反应，也将成为这趟行程的一个巨大阻碍。

完成工作以后，我坐在一丛苔藓上，呼吸中夹杂着刺耳的呼哧声。我要试着融入多克福玛。

四周的每一片苔藓和每一丛草，都覆盖在蛛网的薄纱之下。这些蛛网晶莹夺目——太阳还没有将那些像穿起来的珍珠一样装点着它们的水珠烤干。一丛针垫大小的杜鹃开着花，在一片金黄色和银绿色的苔藓中，它那长长的喇叭形红色花朵是唯一的一抹亮色。不远处，一只小蛤蟆在一小块草丛下发出短促而清脆的叫声。

环绕着多克福玛的那些云雾缭绕的鸡毛松（Dacrycarpus）构成了一片开阔林地。塔斯马尼亚泪柏的这些近亲是一种庄严的、生得很稀疏的锥形树木，有 5 ~ 7 米高，长着小小的墨绿色叶子，树皮被地衣覆盖着。它们为这片景色增添了一种忧郁的美感。围绕着霓虹盆地的那种密不透风的高山雨林在这里基本见不到，那种茂密的丛林只分布在很有限的地区。

雾气的薄纱后面传来一种窸窸窣窣、噼里啪啦的奇怪声音，这是一只大鸟在树林中扇动翅膀的声音。能发出这样声音的物种只有天堂鸟和鸽子。

这时，我已经能听到从远处飞回来的直升机那嗡嗡嗡的声音了。天气对我们很仁慈，直升机得以一趟一趟地把莱斯特、弗莱迪、赛拉普诺克和他的狗（被紧紧地捆起来，绑在一个网兜里）送来，还有哈尔·科杰（Hal Cogger）——一位两爬学家[1]，他是我们考察队伍中的最后一位队员。

我很快发现，虽然多克福玛的海拔与霓虹盆地相似，但它是一种不同寻常的亚高山生境。霓虹盆地的地面相对干燥，长满了禾草。而在多克福玛，一团浓密而多刺的苔藓、地衣和草本植物混生在一片沼泽上。即使是坡上的地面也是湿露露的，而且我发现我们的扎营点正在逐渐向坡下移动，下滑的轨迹将一块苔藓与周围割离开来。

---

[1] 研究两栖动物和爬行动物的生物学家。

当云雾从多克福玛散去，太阳温暖地照在我的身上时，我开始看到这个地方更多的美景，忘掉了很多不适。北边坐落着卡佩拉山（Mt Capella）的白色石灰岩顶峰，而西北边则有天蝎峰和心宿二峰，它们是星辰山脉的最高峰。远远地，在西边的伊里安查亚有一个独一无二的反光点，在阳光中如钻石般闪耀。那是朱莉安娜·托彭峰（Juliana Toppen），峰上撒着一层新雪。

一条流向西边的小溪将多克福玛的水排走，并在山谷的尽头形成了一个秀美如画的瀑布。越过这个小落差点，在覆盖着一片稀疏森林的山谷边缘对面，矗立着一座威风凛凛的大山。这座金字塔形的大孤山被沃普凯明人称为邓山（Deng）。我们的地图上找不到它的其他名字。这座山给人一种不祥的感觉，这为山谷这一侧的景色也定了调。

我有时会连续几小时看着邓山，因为多克福玛的天气都是在高高的邓山上形成的。有些天的下午，暖气流会沿着它陡峭的南面向上升。几秒钟之内，大团大团打着旋的云雾会变幻成极为神奇的形状，从清朗的空气中突然出现。随着暖空气越过山顶，它们常常也会同样突然地消失，但在其他时候，它们会继续增大增强，将多克福玛团团包围，有时甚至会连续包围几天的时间，这会让我们的工作无法进行，直升机也无法降落。邓山主宰着我们的生活。有时候，尤其是当它催生出猛烈的暴风雨时，邓山看起来甚至像是要决定我们的生死。

多克福玛的一项特别的乐趣在于它的鸟类，因为它们比我从前见过的鸟都更加丰富、大胆和华丽。山地上的鹅掌柴（Schefflera，吕宋鹅掌柴①的近亲）正在开花，它们的果实和充满花蜜的花朵吸引着成百上千的鸟儿。

每天早晨，一只羽翼丰满的雄性华丽长尾风鸟都会在我们帐篷后

---

①吕宋鹅掌柴即 *Schefflera actinophylla*，五加科鹅掌柴属植物，原产于澳大利亚昆士兰和北领地、新几内亚和爪哇岛，在世界多地有栽培。

面的一棵孤立的鸡毛松上炫耀羽毛。当它背对阳光，静静地站在那里时，看起来特别像一只长着长长的尾巴和喙的乌鸦。但是当它四处移动时，羽毛就会在阳光中反射出红色、蓝色和黄色的闪亮光彩。

一天上午，在高山森林中，一只雄性萨克森极乐鸟（*Pteridophora alberti*）跃上了我头顶上方不到一米处的一根细枝。尽管只有一只八哥那么大，萨克森极乐鸟却是我见过的最令人眼花缭乱的鸟之一。最先吸引我目光的是它黄色的胸部，但它最为引人注目的特征无疑是一对宝蓝色、像珐琅一样的羽毛，每根至少有四十厘米长。这些异乎寻常的结构从它眉部的两侧抽生出来。它们是高度特化的羽毛，看上去像是由一串蓝色的珐琅小旗子绑在一根杆子上构成的。

这样美艳惊人的羽毛，我此前只在巴布亚新几内亚高地人的头饰上见过。这些头饰上总是有一组精美绝伦的羽毛，而萨克森极乐鸟的羽毛正是这组羽毛的核心部分。在活鸟的身上，这些羽毛甚至产生出一种更为壮观的效果。休息时，这些羽毛会贴着鸟儿的后背，就像一对长而弯曲的铅笔卡在一个银行柜员的耳后。由于这对羽毛相比鸟的身体要长得多，它们在飞行时会被拖在身后。

这个华美夺目的生灵这时发出了一种昆虫般的叫声。我以前无数次听到过这种叫声，但从没捕捉到它的身影。现在，我惊奇地看着这只鸟，看它开始在栖枝上蹦跳，随之发出噼啪和咯咯的叫声。接着，它将那对长长的、触角一样的眉羽移动到前面，悬在头的上方。它先是犹豫了一下，那动作就像是在表演超高难度的杂技。羽毛优雅地向前摆动，在阳光中闪闪发亮。鸟儿很快便将羽毛收回了身后，然后又一次开始这个动作。这一次，羽毛转动的弧度更宽，直到鸟儿最终将它们笔直地指向身体前方。这时的它像极了一只长着宝蓝色触角，大得令人难以置信的天牛。

我确定，自己被这场美妙的炫耀吸引得目不转睛，就像任何一只相思成病的雌性极乐鸟一样。接着，一切来得太快太突然，我人生中最魔幻的 20 秒结束了。这只鸟儿轻轻掠过一根根覆满苔藓的树枝，从我的视野中消失了。

在新几内亚，听从自然的召唤常常会带来意想不到的回报①。比如，我就曾将一道金色的弧线撒在一个爬满苔藓的土丘上，直引得藓丛当中蹦出来一只未描述种类的小蟾蜍。这趟行程的一天早晨，我扛着铁锹从营地出来，走了很长一段距离，来到一个小坡的后面，那四周长了一片扭曲多瘤的鸡毛松林。到这儿，我就可以偷偷地与大自然"亲密接触"了。

当我正完全沉浸在周围的美景中时，在距我近在咫尺的地方，我听到了那种与到达的那天早晨一样独特的噼里啪啦的振翅声。现在，两只黑丝绒般的大鸟滑翔进了离我很近的一棵树的枝杈之间。它们开始小心谨慎地慢慢攀着枝杈而上，一路吃着小果子。等到达了树顶，它们又起飞，向下飞了很短的一段距离，落在我旁边的树上。除去独特的振翅声，它们基本上是悄无声息的。

它们飞行时，我可以看见它们翅膀下面的橙色大斑。接着，它们飞到了离我非常近的地方，这使我能够清楚地看到一美元硬币大小的橙色垂肉在它们眼睛后面滑稽地摆动着。出现在我眼前的是一对麦氏极乐鸟（*Macgregoria pulchra*），这种极乐鸟是所有极乐鸟中最罕见的一种，这简直令人难以置信。

麦氏极乐鸟只生活在新几内亚三个最高的山脉的群峰之上。阿尔伯特·爱德华山上有一个小种群（尽管我去的时候没有看到它们），

---

① 这里的"自然"原书中使用了"nature"这个词，"nature"既有"自然"也有"本性、天性"等意思，这一句话中的"听从自然的召唤"是指作者上厕所。

伊里安查亚的白雪山脉（Snow Mountains）有另外一群，而第三个种群就位于星辰山脉。每一个种群都很明显是孑遗种群，由于最近一次冰期之后的栖息地萎缩，它们的分布范围也缩小到了这三个地区。

瞧着这些华美的鸟儿，我为它们能够存活下来感到很惊讶，因为它们的体型这么大，又不怕人，很久以前就应该葬身饭锅才对。毫无疑问，残存栖息地的偏远阻止了它们灭绝的命运。

为了看这些神奇的鸟儿，我蹲的时间比所需的时间长了很多。看起来，这一对儿喜欢待在一起，因为它们在小心地钻过稀薄的叶幕时紧紧跟随着彼此。最终，它们飞出了我的视线。我伸手抓起一把湿苔藓，又抓起一把比较干燥的东西——这可比卫生纸舒服多了，对生态环境也要友好得多！

我这一趟公干的目的是进行哺乳动物方面的研究。但是我失望地发现，多克福玛的哺乳动物不如鸟类显眼和有趣。和霓虹盆地一样，苔林鼠和山地裸尾鼠的小脸是早晨清空陷阱线时最常遇见的面孔。周围明显还有其他兽类物种，却很难用陷阱捕捉到它们。

我们营地附近一条特别的小径让我很着迷。它仍然很新并且很宽阔，明显是一种个头不小的哺乳动物留下的。每天傍晚，我都会在它上面或者附近摆一个陷阱。但是，我从来没有发现这种动物是什么——每天早上我回到那里时，都会发现陷阱被某种未知的，但明显肌肉发达的野兽撞到了一边。我猜测这是某种巨型老鼠。栖息在星辰山脉中的巨鼠仍然十分神秘。

弗莱迪和赛拉普诺克每天早上会牵着狗出去捕猎。到了下午他们就会回来，两手空空的情况多一些，然后我们就会坐在火堆边聊天。

在这期间，我对他们俩有了更多的了解。弗莱迪是那种慷慨大方的人，只要看到自己的朋友开心就会觉得快乐。赛拉普诺克是个乐天派，本性善良，他最大的乐趣是在村里扮小丑。

我在某天下午惊讶地知道，当初凭一己之力几乎将布氏果蝠消灭殆尽的人就是他。据他说，为了到达蝙蝠的群落，他凭借一条几百米长的绳子，从地面下到鲁鲁文特姆里面，带着布尔特姆的第一把猎枪和五盒子弹。

降下去是很讲技巧的。当走到洞口边缘时，他朝妻子喊着说她一定要继续生活下去，找个别的人嫁了，因为他肯定会在半路滑落下去。

等到了洞底，赛拉普诺克拿起猎枪，直接射向蝙蝠群落中最密集的部分。被击中的蝙蝠雨点般落到他头上，他差点被砸晕过去。之后，他便以倾斜的角度向剩下的蝙蝠射击，以避开落下的尸体。枪声一发发地响起，赛拉普诺克把蝙蝠收集起来，起初是几百只，接着是成千上万只。他将它们一网兜一网兜地装起来，分批用绳子拴住然后吊上去。直到再也看不见蝙蝠时，赛拉普诺克就将自己系在绳子上，喊人把他拉了上去。那天晚上，沃普凯明人吃蝙蝠吃到了撑。

然而，赛拉普诺克和弗莱迪在多克福玛这里的狩猎行动并不成功，时间一长，我开始怀疑他们只是走出去足够远，坐下来偷偷点上一支天堂之雾牌香烟，然后下午回来吃饭填饱肚子。但有一天，所有的怀疑都被打消了，他们真的是凯旋归来。弗莱迪走在前面，扛着一大捆褐色的皮毛，而赛拉普诺克跟在后面，只扛着一个网兜，口扎得紧紧的。他们俩抓住了一只树袋鼠。在我检查弗莱迪扛着的那只死去的雌树袋鼠时，赛拉普诺克解开他的网兜，一只小树袋鼠探出了头来。很快，它就成了营地上的宠儿。

那只成年树袋鼠看上去很不寻常，我怀疑它可能是多丽树袋鼠的

一个未被描述过的亚种。事实证明，情况确实如此。我们给它取名为
stellarum，意思是"星辰的"。后来的事情说明，这个名字并不完全合
适，因为随后的调查工作发现，这种树袋鼠分布在新几内亚西部的整
个山区，从伊里安查亚的边境到帕尼艾湖（Paniai Lakes）东侧的山
区都有它们的身影。最近，我给它取了塞氏树袋鼠的俗名，以表达对
lewa bilong mi（我亲密的朋友）莱斯特·塞里为记载他祖国的动物区
系所倾注的毕生心血的认可。

随着在多克福玛的时间的流逝，事实证明了这里没有沙袋鼠，也
没有长吻针鼹或者猪类的迹象——这又一次与霓虹盆地形成了鲜明的
对比。为什么这些物种在一个地方没有分布，在另一个地方却很常
见？关于这个问题，我一直没有找出答案。仿佛是种补偿，多克福玛
有足够多的新几内亚歌唱犬。这些外貌近似澳洲野狗的小动物是两千
年前被人从西边的岛屿带到新几内亚的狗的后代。和澳洲野狗一样，
它们会齐声嗥叫。那种令人难忘的嗥叫声在早晨和晚上常常都能听
到。对我来说，它总能唤起我对于新几内亚群山的记忆。

新几内亚歌唱犬异乎寻常地害羞。尽管我在多克福玛经常听到它
们的声音，却只见过它们一次，那一次也几乎是场意外。一天早晨，
除我之外的所有人都离开了营地去打猎，或者徒步西行。哈尔去寻找
他发现的一种未被描述过的青蛙标本了。我必须留在后方维护陷阱线，
大队人马出发以后的头几个小时里，我一直在帐篷中休息。突然，我
听到了这种狗岳得尔歌①般的齐声嗥叫，比以往都要近得多。它们显
然一直在注视着我们，知道队伍在上午早些时候出发了。虽然是一种
近乎神奇的食肉动物，它们却不会数数。看到团队的多数人离开之后，
它们便认为这个营地被废弃了。我一动不动地躺在帐篷里，看着这些

①一种流行于瑞士和奥地利山民间的民歌。

狗靠近。当离我不过几百米时，它们警觉起来，开始往回走。他们一定是察觉到了我的存在。

终于到离开多克福玛的时候了。

向往着温暖，并且希望脚下不只是烂泥的我，在听到返回的直升机的声音时并没有感到不快。邓山对我们很友善，我们在回家的一路上都享受着晴朗的天气。

THROWIM WAY LEG

AN ADVENTURE

考察北部海岸山系

第 20 章

离死不远

1985 年 7 月，在特莱福明工作了一段时间后，我决定去托里切利山脉（Torricelli Mountains），评估那里是否适合作为动物区系研究的调查点。托里切利山脉构成了巴布亚新几内亚北部海岸山系东部末端的一部分，与伊里安查亚和韦瓦克之间约 200 公里长的北部海岸大致平行。将托里切利山脉与海隔开的只有一片狭窄的海岸平原，而塞皮克河宽广的冲积平原又将这条山脉与更高的中央山系分开。很久以前，塞皮克冲积平原位于海平面以下，而北部海岸山系则是离海岸很远的岛屿。

托里切利山脉是一条低矮的山脉，海拔最高的地方也只有 1 500 米。这条山脉在很大程度上被先前的研究者给忽略了。我对它的兴趣是被几年前发表的一篇论文激起来的。这篇论文描述了一个大型的袋貂新种，这个新种很明显是托里切利山脉所独有的。这条山脉长时间与世隔绝，因此，这种袋貂有可能不是这个地区唯一一种独有的哺乳动物。一整个未被描述的动物区系可能正在等待着耐心的研究者。

前往托里切利山脉最好走的路是通过卢米（Lumi），后者是山脉南坡海拔大约 500 米处的一个小定居点。1985 年，一条从卢米出发的路覆盖了通往法蒂玛（Fatima）传教站的大部分路程，这座传教站位于山脉最高峰的山脚下。到了 1992 年，人们已经可以开卡车进入索默洛峰（Mt Somoro，山脉中的最高峰）高坡上的处女林了。我担心，这条路将预示着索默洛森林的末日。

在巴布亚新几内亚，到达一个新地方总会使人有些不安。你不知道当地人会是什么样子，也不知道他们会如何接纳你。当第一次到达卢米时，走下塞斯纳飞机的我受到了一个瘦小枯干，被大家称为卢米男（Lumi Man）的伙计的迎接。卢米男看上去一本正经，他穿着干净的白衬衫和蓝色短裤，有时候会拿着一个带纸夹的笔记板和一支钢笔。卢米男会用一段又长又详细的讲话来迎接每一个走下飞机的陌生人。这段讲话会让人感到很窘迫，因为卢米男使用的是一种其他人都听不懂的语言。

后来再去卢米，我见过一些白人尴尬而困惑地站在那里好久，绞尽脑汁地想要理解卢米男的话和他这样做的意图。与此同时，其他卢米人都在尽情地看这个笑话。显然，最好的回应就是庄重地握一握卢米男的手，而他则会很高兴地敬一个干脆利索的礼来回报这份荣幸。

我对卢米男的第一反应，一定和我在其他白人身上目睹的反应一样——尴尬至极，站在那里一动不动。然而，对于这份尴尬，以及1985 年发生在卢米的大部分事情，我都记得不太清楚了。但考察中的其他事情，却让我觉得如梦似幻。

在第一趟探索之行中，我决定待在维格泰（Wigotei）村里，从法蒂玛的天主教传教站徒步到这儿大约需要半天的时间。到达目的地时，我突然感觉有点不舒服，这意味着我很有可能染上了疟疾。对于在新几内亚低地工作的哺乳动物学家来说，疟疾就像如影随形的小伙伴，因为我们的工作让我们非常容易感染疟原虫。

新几内亚大多数哺乳动物都是夜行性的，要观察它们，你必须晚上到林子里去，而这正是按蚊①活跃的时间。哺乳动物学家常常一次要在雾网旁边花掉好几个小时，尽力把蝙蝠解下来而不伤害到它们。从始至终，你都会被一团嗡嗡的蚊子包围着。因为应付活蝙蝠占用了双手，所以你无法把那些蚊子挥走。不管你用衣服和驱蚊液把自己保护得有多好，似乎总是有一打蚊子将喙管插入你的血管，吸食你的鲜血。

抗疟药只能提供部分的保护。疟原虫似乎变异得非常快，每种新药开发出来之后不久，疟原虫就对这些药物产生抗性了。

由于这些问题，我在新几内亚学会了面对间日疟（最常见、最不危险的一种疟疾）。事实上在澳大利亚时，疟疾似乎常常给我造成极大的麻烦。在乌鲁姆鲁的一次发病尤其危险。当时我正和一些朋友在酒馆里享用午餐，第一波症状就来了。这次发病突如其来，我的朋友们出了门，要找一辆出租车送我去看医生。我开始感觉到冷，于是决定在冬日微薄的阳光下走一走。

当我在街上走来走去时，一辆巡逻的警车从我身边开过。警察似乎对我产生了兴趣。我的第一个念头是拦下他们，向他们寻求帮助，但他们的神情有些不同寻常，这使我停下了脚步。接着，我意识到自己当时一定是个什么样子：脸色苍白，大汗淋漓，浑身剧烈地发抖，手臂还紧紧地抱在胸前。而我走的这条街，恰恰又是那些有毒瘾的人喜欢流连忘返的场所，可谓臭名昭著。

我仿佛能看见自己进了国王十字派出所，试着解释说我不是个瘾君子，而是突发疟疾。疟疾会导致肝脏和脾脏肿大，这将使它们变得

---

①蚊科有三个属的蚊子会吸血，按蚊属是其中之一。

极其脆弱，容易遭受机械损伤。我的眼前浮现出一个画面，自己被一只警靴踢破了脾脏，年纪轻轻就丢了性命，因为靴子的主人认为我是个耍小聪明的死毒虫。脑海里萦绕着这些想法，我冲进酒馆，躲在了厕所里，等着过一会儿坐上出租车逃离这里。

我必须用一种哲学的眼光来看待这场无法避免的疟疾感染，因为我实在没法用其他的方式来做野外工作。在1985年，考察活动还非常耗费金钱和时间，而且很难组织，因此，如果让我刚到达这个遥远又迷人的地方就撤出来，凭良心说，我是做不到的。

于是我当时告诉自己，干上几天的活儿，我的收益就足以抵偿所有的麻烦了。我吞下两片奎宁（虽然是最古老的抗疟药，但仍然是最有效的），下定决心在维格泰坚持下去。

第二天下午，我出去架雾网。回村的路上，我被一阵迅猛的发热击倒了。那感觉就像有人用斧子在我的颅底砍了一下。我头疼得眼前发黑，没法行走，双眼也没法准确地聚焦。在一些村民的帮助下，我挣扎着回到了我的草屋，又吃了些奎宁，确信自己是遭受了万疟之母的攻击。

在我的记忆中，染上疟疾后待在维格泰村里的时间流逝得非常快。夜晚绝对是一种折磨，因为我完全无法入睡。我发着烧，浑身浸泡在汗水里。秒针在夜间嘀嗒作响地走了几个小时，而我则渴望着能喝上一小口水，再安稳地睡一会儿。我没数羊，数的是铺房顶的露兜树叶子。我连一排叶子都没法数完，因为我懵懂混乱的脑子完全没法数清楚，即使是排列整齐的大叶子也不行。

白天稍好一点。我躺在热得无法忍受的草屋里，渴得喉咙冒烟，急需要水喝。一条人流走过，每个人都把头探到门里，喃喃地说着"tarangu"（皮钦语中表示慰问的一个说法，大致可以翻译成"同情啊"）。

不知出于什么原因，我没能把我对水的渴求传达给他们。谢天谢地，有个妇女会不时地拿着一个装满宝贵的水的竹筒过来，这使我可以喝上水，并顺下去几片奎宁。

我的脑子不够清醒，无法让村里的人把我抬到传教站的诊所去，他们也没有自觉地行动起来。也许他们是在等我这个大块头的白种人自己先消瘦下去，才愿意在崎岖的道路上抬着我走上几个小时。我继续吃奎宁，但严重的是，我对于自己吃过多少片都已经糊涂了。这是很危险的，因为奎宁这种药可不能吃着玩儿。

服用奎宁过量而死是非常恐怖的事。药效不可能逆转，所以死亡也就不可避免。随着时间的推移，我耳中最初响起的轻微耳鸣声开始不断增大，最终变得像教堂的钟声一般。很快，钟声又变成了炮声。这是奎宁常见的不良反应之一，这样的巨响最终提醒了我，很可能我已经吃了太多太多的奎宁。

有时我会在中午时分出现一段神志清醒的时间，持续大约二十分钟。在一次这样的间歇期里，我安排人用担架把我抬到了传教站的诊所。我对那段行程记忆不深，但确实能想起一些亦真亦幻的景象，其中包括一只大得出奇的蜗牛趴在树干上。由于不寻常的朝向①，我还能想起当时看到了一只黑色的爪子，这是一个抬担架的人挂在他脖子上的物件，我对这个爪子产生了兴趣。当我们到达传教站的诊所时，我想办法从他手上把这条"项链"买了下来。

后来证明，这是这次短暂的考察中我获得的最重要的标本。

在传教站的诊所里，担任护士的天主教修女看了我一眼，说道："你的疟疾是我这段时间见过最严重的了。吃点奎宁吧。"

我已经无力和她争辩服用过量这件事了，说实话我几乎已经不在

①指作者躺在担架上，面朝上方。

乎了，于是又一次吞下了这种苦涩的药片。

那天晚上，躺在传教站的诊所的病床上，一种异乎寻常的平静感笼罩了我。干渴和发热的折磨，疼痛造成的浑身僵直，都离我而去了。我很平静，就这样在绝对的宁谧中躺在那里，体会着一种从未有过的放松。

有段时间，我感觉到有个修女走进来，脱掉了我的衣服。她的手和眼睛搜索遍了我的全身。我小的时候是一名天主教徒，小学老师就是修女。我当时没有想过她为什么要这样摸我。正常情况下，我一定会为这样的亲密接触尴尬得说不出话来，但那天晚上我就只是躺在那里，享受着这种平静，就仿佛这一切都发生在别人身上一样。

后面几天的情况我一点也不记得了。我接下来的记忆，就是躺在海滨城镇韦瓦克的波拉姆医院的病床上。病房简陋而肮脏，里面满是垂死之人。一个面相凶恶的大块头男护工，耳朵和鼻子都穿着孔，拿着一支皮下注射器向我走来。我发誓，他是先把注射器在自己脏兮兮的衬衫袖子上擦了一下，才捅进我的胳膊里的，嘴里还说着："我很确定，你患的是最严重的疟疾……"

在采了血样之后，我从床上爬下来，不停地走着，直到看到一张友善的脸。那是医院里的牙医，他把我带回了家。就这样，我在他的家里一直待到好得差不多了，才返回澳大利亚。

我得的是恙虫病。如果六天内得不到治疗，这种病的死亡率将会高得惊人。几年后，当我再次遇到那位第一个对我进行治疗的修女时，她告诉我，她当时唯一的想法就是，如果再得不到治疗，我就只有十二个小时可活了。

她还告诉我，她在我身上搜索之后，找到了一个恙蜱①的咬痕。这种蜱可不傻，它会尽量去咬外生殖器，因为它知道或许能在那里找到一个藏匿着的可以交配的伴侣。

幸运的是，这位修女手上有一批对症的药。在用这些药物对我进行了治疗之后，她将我转移到了韦瓦克。我欠她一条命。

我花了很长时间才恢复过来。在那几个月里，每天晚上我都会从病痛中惊醒。我的短期记忆被摧毁了。我记不住一张新的面孔、一个新的名字，也用不了电话，不能打电话的原因很简单：我的脑袋里记不住一串数字，不等拨完号码就已经将它忘得一干二净了。最后，我想出了一个克服这项困难的办法——把我想拨的号码写在一张纸上，贴在电话上面。然而，其他的麻烦仍然挥之不去，无法记住面孔和名字的问题也导致了无数的尴尬和不便。

终于，我的身体得到了足够的恢复，能够检视我在维格泰采集的那一点点哺乳动物了。在我收集到的所有标本中，最难鉴定的要数那根我从抬我的人手里买来的爪子。我觉得它一定来自一种树袋鼠，然而在细节上它又与我所知道的任何树袋鼠的爪子有所不同。它基部的皮毛是黑色的，而且大小超过我所见过的任何树袋鼠的爪子。

此前，只有一种灰树袋鼠（*Dendrolagus inustus*）在托里切利山脉被报道过，但这并不是灰树袋鼠的爪子。看起来这片山脉中至少还存在着另外一种树袋鼠，但这又是一种什么样的树袋鼠呢？

---

①作者的原文是"tick"，指蜱类动物，他在这里的说法有误，恙虫病是由恙螨科的螨类传播的。

第 21 章

神秘的树袋鼠，救命的全猪宴

　　直到三年后，我才有机会回到托里切利山脉进一步调查这种神秘的动物。要申请前往新几内亚的研究经费很难，而当我和人们说起这只黑油油的大爪子，并且告诉他们我觉得它可能来自一种未被描述过的树袋鼠时，他们都持怀疑态度。他们的这种怀疑说明了一切：要以如此薄弱的证据吸引到经费是绝无可能的。

　　我决定对现有的研究经费来些"弹性利用"。1988 年，我收到一笔拨款，用来调查新几内亚以北俾斯麦群岛的新爱尔兰岛的哺乳动物。顺便跑一趟托里切利只会多花几百美元。关于经费的这种曲线使用，我设法给自己找到了理由，希望资助方永远不知道此事。

　　在法蒂玛传教站，我结识了帕特里克·麦克基弗（Patrick McGeaver）神父。我一定在 1985 年时就见过帕特里克（虽然我不记得了），因为 1988 年，当我们再次见面的时候，他像一个失散多年的亲戚般地迎接了我。

　　帕特里克过着一种颇为斯巴达式的生活。他的房子没有窗户，是用马口铁做的，屋里只有最基本的家具，他本人也毫无西方人认为理所当然的那些举止做派。他每天的主食是煮土豆，当我走进他的厨房，放下我从澳大利亚带来的一点美食时，他的厨师感谢了我，并嘟哝着说神父比他的教区居民们吃得差多了。尽管这种情况让厨师忿忿不平，但对于有着爱尔兰人独门土豆癖的帕特里克来说，这并不让人郁闷。1988 年，我们见面的那天晚上，他请我坐下，和我吃了一顿简单却愉快的煮土豆和鸡蛋。

晚饭之后，帕特里克拿出一个没有标签的瓶子，瓶中装着一种清澈的液体。他眼里闪着光，问我对私酿威士忌熟不熟。这可是真格的东西，毫无疑问是爱尔兰西海岸某个小作坊里酿出来的，而且味道棒极了。酒杯满上后，我们安逸地度过了一个长长的夜晚。

我们谈论了冰球、英式橄榄球、澳式橄榄球和盖尔足球①的现状，以及一大堆其他运动方面的话题。房间里开始飞满了蛾子。外面下着毛毛雨，天气很温暖。对于各种各样的昆虫来说，这都称得上是完美的天气。帕特里克起身去关木制的百叶窗。我请他别关，因为我需要活的昆虫来给我的陷阱做诱饵，而这可以说是一次意外的收获。我们坐在那里彻夜长谈时，蛾子们就像一阵活的暴风雪一样围着我们飞舞。屋子里到处都是它们：有些又大又黑，像是巨型的凤蝶；有些比较小，但颜色五花八门；还有一些，说实话，异常地透明。我从没见过这样一场华丽生灵的聚会。夜谈结束后，我把它们成百上千地舀进我的布袋子里，帕特里克则走出屋子去关掉发电机。

帕特里克神父是个爱尔兰人，盖尔语是他的母语，他是一位新派的罗马天主教传教士。

在帕特里克神父的指引下，这个地区经历了一场浩大的文化复兴。如今，在做弥撒时，帕特里克神父会穿上美拉尼西亚式的华服，使用

①一种每队 15 人的足球运动，主要流行于爱尔兰。

的语言也是奥罗语（Olo，当地的语言）。他的袋貂毛头饰和极乐鸟羽毛的臂箍在他吟唱时不停地抖动着，辉煌夺目。说实话，看着全身华服的帕特里克神父念弥撒，是我在教堂经历的最动人的事情之一。

带着一丝骄傲，帕特里克告诉我，旧传统的复兴已经有了相当大的成果，因此当瓦尼莫（Vanimo）的主教来访时，教区的女子们会奉上一种特别的礼献：在唱赞美诗时一边袒胸露乳地舞蹈，一边列队通过教堂。

但是这场复兴比仪式庆典之类的官样文章来得更加深刻。帕特里克亲切地向老人们询问了他们在皈依基督教以前的习俗，并在适合之处吸纳了传统性质的元素，将其加入到圣礼的庆典当中。正因为这些努力，以前在出生和受教仪式中会念诵的传统词句，如今在洗礼和坚信礼中又会重新响起，而在此之前，这些词句中有很多都已经被村社的人遗忘很久了。帕特里克还买了赭石颜料，用于日常装饰以及庆典活动场地的装点。

威尔贝特（Wilbeitei）村中建起了第一座 haus tambaran（祖灵祠），里面存放着灵魂面具。面具都是新做的，这个地区以前正是因为这种面具而知名。但是，这个祠堂现在有了第二重用途。尽管有大约五米高的巨大的灵魂面具被挂在它四周的墙上，它的中央却停着一辆崭新的村社卡车，这是帕特里克神父制订的一项投资和节约计划的结果。

帕特里克的到来对于村庄传统文化的复兴而言既关键又及时。奥罗人已经被基督教影响了近六十年。在西方化的道路上，他们走得甚至比特莱福人还要远得多。当你发现皮钦语被广泛使用，即使是奥罗人彼此的对话也使用皮钦语，并且只有最老的村社成员才记得传统服饰的样子时，这真的很令人泄气。要是帕特里克神父再晚十年才来到这里，可能只有少得可怜的珍稀事物能让他保护了。

帕特里克神父建议我以威尔贝特村作为基地开展研究。这是一个因这种新式的天主教而恢复了生机的村社。我们到达时，村民们打开村里的仓库，送给了我们一些食物。人们敞开胸怀接纳了我们。我开始了一段极为美妙的研究，这在一定程度上是由于村民们的好心肠。

很快，卡斯帕·塞科（Kaspar Seiko）成了我在威尔贝特最为重要的人脉。卡斯帕是一位传统的村落首领，他年纪不小，因此能记起1934 年发生的那场地震。那是新几内亚发生过的最严重的地震之一。它摧毁了整个托里切利山脉的村庄、菜园和森林。

卡斯帕知道这种长着黑爪子的树袋鼠。他管它叫 Tenkile。而他，卡斯帕·塞科本人，除了是村落首领，还是一个叫作斯威皮尼（Sweipini）的 ples masalai（禁地）的看管人，那里一般被称为 "as ples bilong Tenkile"，意思是 "Tenkile 世界的中心，它的发源之地"。斯威皮尼位于托里切利山脉的主峰，在一块生长着布满苔藓的矮树林、萦绕着永恒云雾的地方。

当我解释了我来这里的原因和希望见到一只这种树袋鼠更加完整的标本的愿望时，卡斯帕答应试着帮我搞一只。他决定在他位于斯威皮尼附近的猎场中寻找 Tenkile，但这个地方是圣地，因此不论是我还是其他任何人，都不能陪他一同前往。

卡斯帕解释说，斯威皮尼的中心有一个小湖泊，奥罗人相信这个湖泊是巨型鳗鱼的家园。除了卡斯帕，其他任何人接近都会吓到生活在湖里的青蛙。一旦看到陌生的面孔，这些青蛙就会大声地叫起来，并最终惊醒那些大鳗鱼，而巨型鳗鱼会引起天气骤变，毁掉庄稼，从而造成大范围的饥荒。如果这种事情发生，将会有成百上千的人饿死。

　　卡斯帕几天后回来了，扛着一小捆毛绒绒的东西。那是一只小小的 Tenkile 幼崽。这只小生灵是被卡斯帕的狗咬死的。尽管为它的死感到伤心，我还是因为第一次看到一只完整的 Tenkile 而兴高采烈，惊叹不已。它全身都是黑色的，这种情况当时在树袋鼠中还闻所未闻。毫无疑问，这是一种不为外面的世界所知的动物。这是一个重大的发现，因为这样大的动物直到 20 世纪都还未被描述过，是一件十分稀罕的事。

　　于是在 1989 年，由于有了这项更为实质性的发现，我搞到了经费，可以在托里切利山脉开始一段更长时间的野外工作。我的第一步就是开展一次广泛的调查，以此来发现 Tenkile 是否存在于山脉中的其他地方。我先是询问猎人们关于树袋鼠的问题，并且搜集了他们作为打猎战利品保存起来的任何一块下颌、头骨和皮毛。通过这些工作，我希望能了解这种树袋鼠的分布范围和丰富度，以及关于它在生物学方面的一些信息。

　　在威尔贝特和其他村庄逗留的那段日子里，我常常会听到村民们描述他们从前狩猎的故事以及追踪、捕杀 Tenkile 时的那种兴奋心情，这让我也变得生气勃勃。人们告诉我，雄性比雌性大得多，是非常强悍的对手。它们还具有一种刺激性的气味。据猎手们说，如果成功打到了 Tenkile，要想保守住秘密是不可能的，因为在此后的一个礼拜里，人们都能闻到你手上的 Tenkile 味儿。

　　事情很清楚了，Tenkile 是一种非常独特的动物。对下颌和头骨碎片的测量显示，它的确是一种大型的树袋鼠。测量结果还显示，它与分布在新几内亚中央山脉的多丽树袋鼠（*Dendrolagus dorianus*）有着亲缘关系。Tenkile 与多丽树袋鼠的区别在于它的皮毛是黑色而不是褐色的，两者在头骨和齿系方面的特征上也有所不同，此外，与多丽树袋鼠相比，Tenkile 还有一种更浓重的气味，但不是那种令人极不舒服的气味。

紧跟着这项先期调查，我开始寻找一只活的个体。终于在1990 年时，一位猎人捕获到了一只成年的雄性 Tenkile。那是令人珍视的一刻。

我检视着这个稀有的生灵，发现猎人们告诉我它有一股浓烈气味的事情并非夸大。即使是一个礼拜以后，我回到了悉尼，那种味道依然从我身上挥之不去——一种松针味、麝香味以及我只能形容为"树袋鼠味"的气味的混合体。

在托里切利山脉的群山中，这种美丽而独特的树袋鼠正濒临灭绝，这一点是很让人泄气的。我向老一代的猎人们询问这种树袋鼠的相关情况，有时也会陪着他们去他们年轻时捕到过 Tenkile 的地方。许多这样的地方现在都紧邻着菜园，离村庄非常近。在一些地方，Tenkile已经有五十年不见踪影了。它现在的分布区域只有两个：斯威皮尼的圣地和一条叫作蒙哥坡尔（Mungople）的遥远山脊，后者是离法蒂玛地区的定居点最为遥远的一片乡野。

关于 Tenkile 的讨论引发了更多的谈话，谈话的主题是栖息在奥罗人的村庄周围的其他动物。从卡斯帕·塞科和其他一些年纪较大的猎人嘴里，我听到了一种被他们称为 Weimanke 的动物的故事。据他们说，Weimanke 某种程度上很像 Tenkile，但它的脸是苍白色的，就像白人的脸一样。卡斯帕告诉我，尽管他本人从没抓住过 Weimanke，但他父亲有一次从斯威皮尼往村里带回过一只，那时卡斯帕还是个孩子。我很疑惑，如果它真的不仅仅是个传说的话，Weimanke 会是种什么样的动物呢。无论如何，我需要集中力量去追捕那更加看得见摸得着的 Tenkile。我把 Weimanke 抛到脑后去了。

然而，就在我们对北海岸山系进行长时间调查的时候，这种像是从神话中走出来、有着白人般脸庞的动物的神秘面纱终于被揭开了。

当时，我们给聘用的项目研究人员分配了调查工作。莱斯特·塞里和帕维尔·杰曼（来自澳大利亚博物馆）负责山系的东部远端和西部地区，而我则负责梅纳瓦（Menawa）和索默洛中部的高海拔地区。

莱斯特和帕维尔从东边开始。他们乘飞机抵达了斯比朗加（Sibilanga）。调查目标是萨袍山（Mt Sapau），这座孤零零的山峰是高大的托里切利山脉东侧的尽头。然而，就在他们准备登山时，莱斯特染上疟疾，无法行走了。他让帕维尔继续前行，与猎人们一起到峰顶去。

一个礼拜以后，帕维尔带着一种非常奇特的树袋鼠回来了。抓住它的猎人们管它叫 Weiman。它体色发红，有一张淡粉色的脸。我立刻就明白了，我听过的那些关于 Weimanke 的事情都是真的。这太让人惊讶了，托里切利山脉中居然还有一种科学上未知的树袋鼠！

在威尔贝特，当我打开保存这只动物皮毛的桶子时，卡斯帕的眼中噙满了泪水。上次看到 Weimanke 已经至少是六十年前的事了。"要是能看着 Weimanke 重新回到斯威皮尼该有多好啊！"他说。然而这样的希望似乎很渺茫，因为即使在它最后栖居的堡垒萨袍山上，Weimanke 也几近灭绝了。

我准备自己去调查梅纳瓦地区，但要进入这个地区出奇地难。最高峰梅纳瓦山的附近鲜有村庄，也没有跑道。在我的地图上有一个被标注为法斯（Fas）的小村庄，我怀疑居住在这个村庄的是这座山传统意义上的主人。从某种意义上说，人类定居点与山峰间遥远的距离令人振奋，因为树袋鼠倾向于生活在没有人类居住的地方。最近的跑道看来是在一个叫乌泰（Utai）的地方。我需要租一架小飞机。我向飞行员说明了我的目的地是法斯村，而乌泰看起来是距离那里最近的跑道了。

让我高兴的是，飞行员告诉我法斯刚刚开通了一条新的跑道。我们可以直接飞到那儿，这省了我一段路。

仅仅五十分钟之后，我就从飞机上走下来，进入了法斯村的中心。在那架双獭（Twin Otter）飞机滑行回跑道上，准备起飞时，村子的头人就已经来迎接我了。

他大踏步地走来，与我握了手。我做了自我介绍，说明我想爬上梅纳瓦山。"到那儿要走多久？"我问他。头人笑了，却又沮丧地摇着头。"梅纳瓦山，"他用字正腔圆的皮钦语说道，"从法斯出发大概要走五天的时间。"带着一种挫败感，我拿出地图，指向了法斯的位置，我想那里离那座山大约有半天的路程。"啊，"他说，"那儿是 3 法斯[①]。这儿是 2 法斯。"

我抬起头，看着飞机越过头顶升上天空，飞向了瓦尼莫（Vanimo）。

我们的情况受制于法斯新跑道的状况，堪称回天无望。新跑道与蚁狮[②]的陷阱有着异曲同工的效果：你拉着一仓货物时很容易和货物一起滑落其中，而再想摆脱出来却不可思议地难。问题在于这条跑道坑坑洼洼的，还很短。任何飞机都能拉着一大堆货物降落到这个地方，但只有双獭才有足够的力气携带着货物从这条短短的跑道上飞起来。我知道正在飞走的这架双獭是三当省（Sandaun Province）唯一一架可供使用的双獭，而它已经被提前预订好几个礼拜了。

更糟糕的是，当地用来指挥飞机降落的双向无线电坏了。要想传

①原文中未作说明，当地人应该是以"法斯"作为衡量距离的单位，并以此指代不同的村庄。
②蚁蛉科昆虫的幼虫，在地面上挖掘陷阱，用以捕食蚂蚁。

出一条信息，得有人越过山脉去另一个村子，或者使用学校的无线电，寄希望于联络到的人（不管他是谁）能把我们的要求传达给航空公司。

这个情况对于与我同行的那个摄制组来说尤为烦恼。这个摄制组受雇于加里·斯蒂尔（Gary Steer），一位澳大利亚纪录片制片人。对他们而言，时间就是金钱，可他们却被实实在在地困住了。2 法斯没有足够的挑夫，无法搬运他们 200 公斤重的摄影装备。

我们注定要在 2 法斯度过两个礼拜，等着一架飞机把我们运往乌泰，虽然这段飞行只需要二十分钟的时间。

我们的草屋里蟑螂肆虐，这让我们滞留于此的痛苦变得更甚一层。即使是在白天，蟑螂依然密密麻麻。如果一个笔记本被打开放在桌子上，哪怕只有片刻的时间，你回来时都会发现它盖满了黑色的小液滴——蟑螂的粪便，从茅草屋顶上淅淅沥沥地不停滴落下来。我们早饭吃的红薯也遭遇着同样的命运。

到了晚上，蟑螂造成的小小不便就会发展成巨大的难题。我们依靠一盏破旧的防风灯来照亮，时不时地，它还会噼啪爆响，然后熄灭。一天晚上，我们刚开始吃晚饭，灯就熄了。我放下盘子去查看原因。但那盏灯似乎有着其他想法，无论我如何努力，它始终无法闪出生命的火花。满心不快的我闷闷不乐地准备借着手电筒的光亮吃晚饭。然而，这顿饭我也可以省了，因为当我把手电筒的光柱照向桌子上时，我看到的不是一份饭食，而是一只高高地堆满了蟑螂的盘子，蟑螂已经多到从盘子里"溢出来"了。它们疯狂地爬开，逃离了光线，也带走了我的食欲。参与这场饕餮盛宴的蟑螂至少有四种。

不过，我们的时间并没有完全被浪费。我与村民们进行了很多场标枪比赛，还与本地的学校教师汤姆（Tom）共度了几个愉快的夜晚，我之前在雅普西埃见过他。我对像汤姆这样的教师所做的工作印象极

深。如果被派遣到这样偏远的村庄，那他们就在很大程度上被剥夺了
"生活"的权利，然而他们为他们的国家和村社所做的贡献却是无价的。
离开时，我将几乎所有的铅笔、圆珠笔和纸张都留给了汤姆——尽管
那个学年已经过了大半，他仍没有从主管办公室那里领取到补给。

对于科学事业来说，这场停留也没有浪费时间，因为通过询问村
民，我了解到了关于稀有的卷尾斑袋貂（*Spilocuscus rufoniger*）的一
点知识。我还在村子附近的一处土坡下面发现了一个未被描述过的菊
头蝠亚种。

就在我准备出发，徒步穿越群山，到西萨诺泻湖（Sissano
Lagoon）去放生它时，那架双獭来了。带着一份数量不多但却有趣的、
来自这个迄今未知的地区的哺乳动物收藏，我离开了 2 法斯。

我们大约在中午时抵达了乌泰。从乌泰走到 3 法斯只要四个小时
（要到达山脚下，还需要再走半天的路程），我决定当天先前往 3 法斯。
我把大部分行李和摄制组都留在了后面，让他们随后赶上来。

一些从 3 法斯来的人此时正在造访乌泰，我请他们帮助我前往他
们的村庄。然而，我惊讶地发现他们并不情愿帮助我。有个人甚至把
话说得非常不客气，建议我为了自己的安全，不要去 3 法斯。

这种状况完全出人意料，将我的计划搞得一团糟。我大老远地从
悉尼跑到乌泰，还不情愿地从 2 法斯绕了个弯才到达这里，就是为了
前往梅纳瓦山。逝去的两个礼拜让我绝不愿放弃这个计划，进一步说，
梅纳瓦山是整个北海岸山系中最高的山，不调查它一下就回头，会让
整个项目的正当性遭到质疑。

当我决定独自走到 3 法斯时，已经是傍晚了。

那是一段沿着河床而上，又长又湿漉漉的路程，我在天黑前到达
了村子。目之所及，这里看起来非常传统，因为没有发现学校或者急

救站等基础设施。有几个人走到村中的广场来见我，他们看上去既惊讶又困惑。我说明了自己的身份和来意后，被领到了村子边上的一个草屋里。

我独自一人，借着手电筒的灯光从背包里挑拣装备。没人给我拿食物和水，甚至没人提出要给我点把火。这完全不符合美拉尼西亚的基本礼节，因此我起了戒心。我此前从没在新几内亚受到过这样的怠慢。

那天晚上，村子的广场中点起了一堆巨大的篝火。男人们开始聚集在篝火周围，热烈地讨论着。我尽力去听他们在说些什么，但他们说的基本上都是自己的语言。然而随着讨论越发激烈，有几个皮钦语的短语随着 tok ples①一起蹦了出来。

"要是咱们宰了他，政府肯定是站在咱们这边啊……他是个'野生动物'，我们应该杀了他。"

接着是另一个声音："《圣经》上说杀人是不对的。我们如果杀了他，会惹上很多麻烦的。"

争论持续了很久，直到深夜。讨论的这些问题让我非常震惊，无法入眠，直到凌晨时分，我才镇静下来，短暂地打了个盹儿。

曙光初现之前，我就溜出了草屋，开始沿河往下游走。村子里没有人醒来。

前一天，我在逆流而上前往3法斯时曾途经一个村子，距离3法斯大约两小时的路程。当我那天早晨再次来到这里时，人们已经开始了清晨的劳作。村子的广场中有一头漂亮的半大猪，我问猪的主人是否愿意把它卖给我。我们谈妥了价钱，然后我又请求猪的主人帮我把猪抬到3法斯去。

①指下文中的"野生动物"。

我们在上午九十点钟时到达了 3 法斯，那里仍然沉浸在一派宁静中。我把猪崽撵进村子的广场，开始用皮钦语讲话。

我先是说我觉得 3 法斯的人们很生气，对我多有不满，虽然我不明白这份牢骚是出于什么，但我把这头猪作为一只"对话之猪"带来了 3 法斯，这样大家可以坐下来把它吃了，接着再谈一谈他们的问题究竟是什么。

几分钟之后，一个上了年纪的男人向我走来，告诉我村里的人愿意接受我的礼物。慢慢地，一群人聚拢过来，坐下来与我交谈。旁边的妇孺们在准备一个 mumu（灶炕），好在里面烧这头猪，她们还取来了一些西米和蔬菜。

其中一个年轻人比其他人更健谈些。他的名字叫西蒙（Simon）。随着我们俩谈话的深入，村民们愤怒的原因知道了——怒火始于他们觉得遭到了此前来到这里的野生动物研究者对他们的恶劣态度。

西蒙告诉我，大约在 1974 年，他们村迎来了第一个"野生动物"——一位美国鸟类学家。村民们当时与外界几乎没有接触。这位研究者说明自己想爬上梅纳瓦山。当地人对此表达了担心，因为梅纳瓦山是他们的圣地，里面住着 masalai（魂灵）。他们答应把他的行李抬到峰顶下的一个山嘴那儿，但拒绝再前进一步。这位鸟类学家独自一人继续前行，到达顶峰时，他扣响了猎枪。正巧在此时，几个比较大胆的村民跟随着他的足迹也来到了山顶。

Ples masalai（禁地）被征服了。然而，对魂灵领地的僭越让许多村民觉得心有不安。

那位鸟类学家离开村子时付给了每个村民一些硬币，村民们现在将其形容为"一文不值"。而在当时，村民们都兴高采烈，以为得到了一大笔财富。做着发财梦的他们去了乌泰的货栈，却发现这些硬币连购买一袋大米或者一个鱼罐头都不够。

第二个"野生动物"是在 20 世纪 80 年代造访乌泰的。他（也是个美国人）想在山上进行一次野生动物的普查。据村民们说，他实打实地采集了数以千计的鸟类、哺乳动物、爬行动物和昆虫，数量已经多到足以影响村民们的食物供给了。除此之外，据那些与他一起工作过的人说，他还欺压他的雇工，付给人们的钱也很少，远抵不上从他们的土地上带走的大量动物。这个"野生动物"还带着一种傲慢而多疑的态度。他指责当地人懒惰，认为他们的标本采得还不够多。

这让村民们勃然大怒。

最终，3 法斯的人们受够了，他们酝酿出了一个谋杀计划。根据计划，西蒙会在这位研究者待在山上的最后一个早晨跟踪他。那天，这个"野生动物"会沿着此前布下的陷阱线走动，慢慢地捡起并收好他的陷阱。当他深入密林后，西蒙就会趁他弯腰去捡陷阱，毫无防备的时候，用一口砍刀劈进他的头颅。

然而，这个计划失败了。那天这位研究者派了其他人去收回陷阱，因为他要忙着打包，无暇亲自做这些事情。

在与这些被他们称为"野生动物部落"的人有过这些不愉快的遭遇之后，3 法斯的人们决心报复。他们决定杀掉下一个造访 3 法斯的人。那个人就是我。

正义可以通过杀掉一个无辜者来伸张，这种想法在白人看来可能显得很异端，但对于 3 法斯的人们来说却意义重大。在美拉尼西亚，部落是首要的社会实体，对侵犯行为的报复可以加之于侵犯者部落的任何成员身上。

这种行为被广泛称为"回报"，它之所以管用是因为这种方式可以在竞争的族群间保持人口数量的平衡。如果一个人突然因为自然原因死亡，人们就会举行一个仪式，来判定他的死是否源于某个人施下的巫术。无一例外地，施巫术的人总是被发现来自一个敌对的，通常还是毗邻的族群。这种报复性的杀戮使族群间的人口得以保持平衡。最重要的是，这种行为的作用不是为个人伸张正义，而是维持竞争部落间的一种平衡。

在第一天晚上听到自己被划分成了"野生动物部落"的成员时，我就应该警醒到一个事实：我正背负着一个社群的责任。不幸的是，我并没有意识到这一点，直到听了西蒙长篇大论的解释，我才理解了这个问题的本质。毫无疑问，我如果不是多多少少按照美拉尼西亚式的办法解决了这个问题，那么"正义"就会降临在我的头上。

我们的全猪宴以一份正式的纸面协议告终。我明确地说明了自己需要的是什么（基本上就是有关树袋鼠的知识，还有在这个地区发现的每个物种的一份样品），相应地，我写下了一份村民们可以接受的劳务、食物和标本的报酬标准。当未来"我们部落"的人再次来访的时候，村民们可以使用这一标准。

队伍中的其他人很快也到了3法斯，我把过去24小时里发生的事情告诉了他们，他们觉得这简直难以置信。

我在3法斯度过了两个礼拜，并在那里了解到，一个多多少少与Tenkile有些相似，却又截然不同的树袋鼠种群生活在梅纳瓦山上。这是我在美拉尼西亚搜罗到的最来之不易的一条信息，因为我不仅为此差点付出了生命的代价，而且也从未在野外吃过这么差的伙食。

3法斯的人们吃的是西米。他们不种菜园，就连香蕉在那儿也是种闻所未闻的奢侈品。和他们一样，我必须靠吃西米维生。做好的食物是一团灰色的胶状物，无论是在颜色、质地还是味道（我感觉的）上都很像鼻涕。我对它很反胃，几乎一口也咽不下去。当我结束在3

法斯的日子时，我的体重已经严重降低，甚至开始担心起自己的健康来。少得可怜的食物供给吃完之后，我仅有的花样儿就是时有时无的几近变质的猪肉。有一次，我吃下了一块亮橙色的食火鸡脂肪，那是别人当作礼物送给我的。虽然脂肪上已经生蛆了，但也没有阻止我把它吃下去。

当我离开 3 法斯时，有一些村民提出要帮我把行李扛到乌泰去，西蒙也在人群当中。就在即将到达乌泰之际，我们停下来在一个草屋中休息。草屋里住着几个女人，包括一个年轻的母亲和她刚出生不久的孩子。我问她孩子的父亲是谁，答案让我吃惊不已——竟然是西蒙！在那段时间里，西蒙一直都在刻意地躲着那个女人和孩子。我问他的一个朋友，西蒙以前见没见过他的孩子。显然他是没有的。

在这件事情上，我从来没有完全搞清楚过。或许西蒙遵从的是我在别处从未见过的一种文化习俗，又或许他与妻子之间发生了什么不愉快。不管情况如何，它增强了我的一种感觉：乌泰人的文化与我遇到过的其他族群非常不同。

 第 22 章

Tenkile 的踪迹

尽管有一种亲缘关系较近的树袋鼠生活在梅纳瓦山上，但事实似乎告诉我，Tenkile 只会出没在托里切利山脉中的威尔贝特附近。

接下来的几年中，我多次造访威尔贝特地区，集中在那里开展我的研究活动和保育计划。

当我们开始这些工作之前，灾难降临了。斯威皮尼那神圣的 ples masalai（禁地）是 Tenkile 最后的堡垒之一。然而 1990 年，一些村民请求帕特里克神父将人们认为守护着这片圣地的灵之鳗鱼驱除掉。在斯威皮尼的一个数百人参与的仪式中，帕特里克神父照做了。由于那些强大的灵魂被成功地驱赶走了，猎人们得以自由出入这个地方，结果在短短几个月的时间内，很多 Tenkile 被捕杀了。

当我和卡斯帕在 1991 年来到斯威皮尼时，我们沮丧地发现，几乎所有 Tenkile 的踪迹（比如树上的新鲜爪印、叫声、走过的小径还有咀嚼过的植被）都不见了。Tenkile 失去了它最后的安全港湾。

我仍然竭力想去理解，是什么驱使了威尔贝特的人们请求帕特里克神父进行这次驱魔仪式。也许，这是新兴的、令人愉快的天主教传播遍了整个地区的结果？又或许他们是在以某种方式帮助我，使一个 Tenkile 仍然丰富的地方更易于通行？如果是后者的话，那么我表达出的任何对于研究 Tenkile 的兴趣，都是造成这场灾难的无心之过了。

在巴布亚新几内亚这样的国家开展保育项目真是困难重重。西方人关于自然保护的观念在当地人看来往往完全是荒谬的。许多村民相信森林里的动物一直在那儿，也永远都会存在。面对动物种群丰富度的显著下降甚至是灭绝，他们就会指向群山那边的一个地方说："那里还多的是呢。"他们很难认识到，"那边"永远都会有一个村庄，住着一群人，在被问到同样的问题时，也会指向他们所在的方向，说出同样的话。

问题远不止于此。因为美拉尼西亚人的世界观融合了人类与动物、所见与未见以及活人与逝者，其意识形态与白人的观点迥然不同。在新几内亚人的眼里，白人所谓的"超自然"因素不过是一个生命连续体中不可见的那些部分，而实际上它们再"自然"不过了。这样的观点常常会决定物种的命运，这一点是我在 2 法斯的那段时间里想清楚的。

2 法斯的男人们戴着斑卷尾袋貂（*Spilocuscus rufoniger*）的皮毛做成的头饰，我第一次遇见这种袋貂是在许多年前去波比亚里山考察的时候。这是一种极为稀有的袋貂，消亡速度异常之快。不过，这种袋貂消亡得如此迅速，绝不是因为那微不足道的捕猎压力。斑卷尾袋貂曾经在巴布亚新几内亚有广泛的分布，但到了 20 世纪 80 年代，它们已经在大多数地方灭绝了，所有近期的记录都来自像波比亚里山这样极为偏远的地方。

当我向 2 法斯的人们问起斑卷尾袋貂的事情时，答案是一成不变的："Planti i stap."（它们在这儿多得是。）然而，在询问了用斑卷尾袋貂的皮毛做成的各个头饰的历史后，我开始怀疑这种说法。这些头饰中有很多都很老了，有一些是从祖父辈传下来的。我想，如果这个物种十分常见，那为什么这些头饰事实上都成了传家宝呢？

当我花了一个下午的时间与一群年纪较大的人在一起聊天讲故事之后，答案终于揭晓了。村民们那天回答了我提出的很多问题。其中一位告诉我，尽管这种袋貂很常见，但它同样也很难抓到。一个人如果想抓到一只斑卷尾袋貂，就必须拥有非常强大的魔法。要施展这种魔法，他必须在男人们的礼拜堂度过六个月。他必须只吃特定的食物，从始至终禁绝性交，然后到大灌木林去——从这里走到那儿要两天的时间。如果幸运的话，他就会在那儿找到一只斑卷尾袋貂。

当我问到上一次有人成功捕获斑卷尾袋貂是什么时候时，他们告诉我说，已经有很多年没人捕到过了。在老人们的眼里，村里的年轻人是一群不成器的东西，他们缺乏那种德行，无法熬过一次成功的狩猎所必需的艰难的准备工作。

但这还不是故事的全部。1987 年，我去了新几内亚东部海外的伍德拉克岛（Woodlark Island），研究那里独有的斑纹独特的伍德拉克袋貂。在这趟行程中，我碰巧遇到了一队和我有着相似目的的牛津大学学生。这里很少有白人造访，因此两大帮旨在研究同一种袋貂的人的到来引起了好一阵骚动。在调查的两三个礼拜里，我们都很努力地工作。最终，我们采集到了几只这种袋貂的标本，以便让博物馆核实我们做出的鉴定，除此之外，对这种袋貂我们也没有再做多想。

可就在最近，我收到了那个牛津大学考察队领队的一封信。他听一个去过岛上的人说，这种袋貂比以前少多了，而当地人坚信不疑地认为，我们的考察对伍德拉克袋貂的种群造成了严重的破坏，这是这种袋貂数量锐减的原因。伍德拉克是一座巨大的岛屿（方圆约 800 平方公里），要说我们小小的采集会对袋貂的种群数量产生任何影响，那简直是令人难以置信的，因为这是一种极为常见的动物。然而，我们的考察显然产生了巨大的社会影响，这也许让人们对这种动物的丰富度产生了盲目的乐观吧。

在经历过这样的事情，又看过了其他心怀好意的研究者在美拉尼西亚开展保育项目的努力之后，我认为能够策划一个成功的保育项目的人可以说是凤毛麟角了。要做这样一件事情，你必须取得当地人的信任，还要拥有对他们世界观真正深入的理解。我的希望是，巴布亚新几内亚的环保部能对这个问题想出因地制宜的、创新性的解决办法，因为他们对于美拉尼西亚人的生活方式和思考方式有着切身的理解，同时也拥有必要的科学知识框架，知道自然保护方面的难题究竟在什么地方。

我们在托里切利山脉遇到的问题，时常因为摄制组的存在而变得复杂。加里·斯蒂尔对拍一部关于我们研究 Tenkile 的片子很感兴趣。加里是一位出色的野外伙伴，但是他所需的大量装备有时会将我们的小营地变成一座爆满的大都会。

加里的需求与我们自己的需求也大不相同。我们喜欢远远地追踪动物，因为在知道它们大致在哪儿的情况下，如果只为一睹它们的尊容就持续不断地惊扰它们可就太糟糕了。而与我们正好相反的是，摄制组需要拍摄树袋鼠的影像。

我们还发现，影片的拍摄在当地人中引发了有关财务的新问题。在帮助我了解 Tenkile 上，村民们很乐意以平均标准收取工钱。但是，他们对影片的拍摄活动则有着不同的理解——他们觉得拍摄的影片将会给加里带来一笔收入。作为地主，他们也想公平合理地分一杯羹。尽管我没有直接参与这件事情，但它带来的问题（比如对加里的动机，甚至有时对我的动机的不信任，以及水涨船高的要价）却导致了社会紧张，这种情况是我们不希望发生的。

相较之下，我们与村民在其他方面则相处得很好。从一开始，我们就与村民建立起了良好的人际关系。卡斯帕·塞科和两个当地最棒的猎手是我们的主要帮手。正是他们，带着他们的狗，与我们并肩进行着寻找 Tenkile 的工作。他们还成了我们最亲密的朋友。每当我们与他们一起钻进灌木丛时，我们那一排挑夫就会爆发出一阵高声尖叫的欢乐合唱："咿，咿，咿。"这种欢呼会持续不停，只有重担在肩带来的疲惫感才能唤回最终的宁静。这种声音让我想起了新几内亚歌唱犬那悠扬的叫声。

我们与其他村民的关系也根深蒂固，开花结果了。一位六十岁出头，名叫安东（Anton）的男人成了我们的厨师。我们每次来考察，从到达村里的那一刻起，一直到最终的告别，都是安东为我们做饭。他之所以能做我们的厨师，是因为他曾为艾塔普（Aitape）的牧师们做过饭。他做的第一顿饭时，我印象挺深，因为鱼罐头、新鲜蔬菜和大米的搭配至少能够让人下咽。然而，当同样的饭菜在早餐上再次被端上来时，我产生了疑惑，这些疑惑在午饭时变成了事实——安东只会做一种饭。

不管如何鼓励，包括送给他各种各样的草药、香料和其他原料，安东始终没有偏离他的专长。也许牧师们将饮食的单调乏味作为一种苦修的方式，而安东则以为这是白人的一种传统习俗。

我抓狂于安东的厨艺，甚至给他雇了一位名叫彼得（Peter）的助手。哎呀，看来他们上的是同一所烹饪学校。然而，我并没有办法炒安东的鱿鱼。对于村民们来说，他是一位职业厨师，把他炒掉而改雇别人会严重打击他的自尊心。这种事你对他下不了手，因为安东是一个很亲切友好的人。不管发生了什么，我都一直坚守着这个决定。有一天，摄制组的一位成员惊恐地找到我，说她刚刚看见安东在厨房里，试着用她的叉子挑开他阴部上一个又红又大的疖子。我告诉她可以用我偷偷藏起来的滴露（公用的滴露通常消耗得很快，被用于处理满村人的划伤和擦伤了）把餐具洗一洗。这样的回应显得绵软无力，似乎只徒增了她的愤怒。

我聘请了维亚尔·库拉（Viare Kula），一个拥有巴布亚新几内亚大学学位的巴布亚新几内亚人来进行无线电跟踪工作。为了准备此事，他之前在澳大利亚培训了八个月。与罗杰·马丁（Roger Martin）一起用无线电追踪班氏树袋鼠（*Dendrolagus bennettianus*），维亚尔是一个称职、努力的研究者，我们在这个研究项目中取得的成绩，很大程度上要归功于他。

用无线电追踪 Tenkile，维亚尔、卡斯帕和猎人们首先要去捕捉一些 Tenkile，给它们戴上无线电项圈。与此同时，我则在澳大利亚忙碌着，没法和他们在一起。让我感到惊讶的是，维亚尔他们在几个礼拜内就完成了这项工作。Tenkile 非常稀有，我本以为这要花费他们很长的时间。一连串的好天气（在我们进行研究的这段时间里很不寻常）使猎狗们能高效地工作，维亚尔在三个个体身上佩戴了项圈。一想到有三只装了项圈的 Tenkile 在斯威皮尼附近的森林中游荡，我觉得此次研究项目成功的概率极高。

我回到了托里切利山脉。我们的营地架设在斯威皮尼的小道沿路上唯一一块相对平坦的地面上。这也是最后一个可以取水的地点，不过必须爬下一段近乎垂直的、落差达到 150 米的路才能打到水，然后再把桶拖回营地。营地坐落在海拔大约1 200米的地方，在营地的后面，这条小道向上陡然攀升了350米。

我们的一天通常从到水边盥洗刷牙，然后爬回营地开始。由于追踪的是山脊顶端另一边的动物，我们必须每天早晨爬到峰顶，然后再上上下下地走上几百米才能开始工作。当天接下来的时间里，我们会跨越山脉中陡峭的山脊，努力地寻找信号。一路上我们都要背着接收器、天线和一些给养，这很快就成了一种艰苦的日常工作，因为我们平均每天要爬升1 000～1 500米的垂直距离。

斯威皮尼几乎每天都会下雨或起雾。这使得植被一直都很潮湿，不仅如此，当地的地形也极为崎岖。这两方面的因素常常会影响，甚至完全阻断无线电信号。当我们试图接近一只动物，做出更准确的定位时，我们会发现它通常在我们看见它很久以前就一头扎到坡下面去了。这种飞也似的逃窜之所以会成为习惯，无疑是因为和我们打交道的这种动物正在遭受大量捕杀。只有那些最机警的动物才会活下来，因为那些听到了人类接近的声音却还待在原地不动的（不管是出于好奇还是懒惰），最后的下场都是进了炖肉锅。

这些问题对我们所追踪的动物造成了不可接受的高度惊扰。它们看起来一天要移动多达两公里的距离。这种运动量对于树袋鼠来说是极不寻常的。我们觉得让动物们紧张到这个程度是非常不道德的。更严重的是，在这种条件下，我们在它们的活动范围内采集到的任何数据都将变得毫无意义。

我们在一定距离外使用两个接收器（或者做出两个定位）。这个系统的优点是能够远距离锁定一只动物的位置，以此把惊扰减到最小。然而，我们发现这个方法在托里切利山脉不管用，因为崎岖的地形和潮湿的植被会极大程度地阻断无线电信号，让它时断时续，以至于我们几乎得不到一个可靠的读数。

在无线电追踪这三只 Tenkile 的整段时间里，我们只看到过一次带有项圈的动物。我观察了它整整一小时，这只 Tenkile 无动于衷地坐在那里，偶尔抖动一下耳朵。

雪上加霜的是，除了这些技术问题，营地生活的后勤补给也很困难。比如，要晾干某样东西几乎是不可能的。好几个礼拜，维亚尔和我都是湿着上床，湿着起床。一个多月以后，吃力的工作和糟糕的伙食开始影响到我们的免疫系统。我开始受到耳朵感染的困扰，这让我很难听见声音，也无法入眠。

更严重的是，我们还成了热带溃疡以及疼得要命的大脓肿的受害者，这使我们面临的困难更大了。这些脓肿是由一种通常存在于鼻腔内的细菌造成的。在与一个刚挖过鼻孔的人握手后又去挠痒痒，你往往就会被感染上。我开始害怕起进村时与所有人握手的必要礼节了。

这些脓肿常常向身体的上部蔓延。起初可能是在你的膝盖上长了一个，当它痊愈后，你的大腿上又可能会出现一个。之后，你的阴部又会形成一个脓肿——在这个位置上，这些鸡蛋大小，充满脓水的横痃①将引发剧烈的疼痛，使人动弹不得。它们在爆开后会留下一道沟状的窟窿。看着一米米浸着消毒剂的绷带消失在身体上的一个大窟窿里，实在令人肝胆俱裂。

然而，这一切都得到了回报。记得有天早晨我爬到山脊的顶端时，一团轻薄的雾气正萦绕在低低的森林冠层间。树木上覆盖着大片大片的苔藓，它们扭曲多瘤的树干离地不足七米②。在那些最高的树木中，有一种棕榈只生长在山脊顶上，它那优美的羽状叶片在由小叶片构成

---

① 由性病等原因引起的腹股沟淋巴结肿大、发炎。初期形如杏核，可以逐渐增到鹅卵的大小。
② 在热带森林中，七米的树算比较矮的。

的茂密冠层上方拔群而出。在这个季节，这种棕榈上正挂着累累硕果，一大堆鲜红色的浆果一簇簇地挂在那里，仿佛在漫射的阳光中闪烁。

忽然，我看到有东西在动。一只长喙长尾的大黑鸟身形一闪，绕过了一棵棕榈的树干。一秒钟之后，我听到它响亮的"布拉克，布拉克"的鸣叫声。接着，它又出现在了我的视线中。它仔细挑选了一颗熟透的红果子，用长而弯曲的喙将它啄下来，整个吞了下去。这就是近乎神话般的（至少对我来说）雄性黑色镰嘴极乐鸟（*Epimachus fastuosus*）。它羽毛的晕彩中爆发出深蓝和红色的闪光。我被迷住了，久久地看着它，直到它飞出山谷。在这个棕榈结果的季节里，它的叫声时常可以在或远或近的地方听到。

营地附近发生的事也为我们悲剧连连的日子带来了变化。有时候，一只闪着蓝色金属光泽的大蝴蝶会停在我的皮肤上找汗水喝。当我把袜子摊在外面晾干时，袜子有时会被团团云雾般的小型黄蝴蝶包围，它们不知是在寻找些什么。傍晚下过雨之后，大量的青蛙就会出现。有些很小，长着鲜红色或者黄色的大腿。它们会在夜里爬到帐篷的衬网上，捕捉被灯光吸引来的昆虫，而我则会在潮湿的睡袋中望着它们灯光下的阴影，直到睡着。

一天晚上，我在帐篷附近打探照灯时听到了一声响亮的尖叫。我抬起脚，发现了一只怒火冲天、充满了气的"青蛙球"。这是一只被我无意间踩进了泥里的青蛙。它是黑色的，覆盖着长长的指状乳突，看起来很像一个多刺的黑色高尔夫球。随后，我又以完全相同的方式发现了另一只这样的怪异生物。它们仍然没有被鉴定过。

另一天傍晚，在索莫洛的主峰顶上，我又发现了一种奇怪的青蛙。整只青蛙看起来就像只有一个脑袋似的，长着细长的、有横纹的腿。这是 *Lechriodus*，或者叫倾蟾属的一个种类。它看上去似乎能吞下一只和自己一样大的生物。

青蛙和鸟并不是我们仅有的访客。一天早晨，莱斯特·塞里（他在前期的考察中和我们一起工作）醒来时，在自己的睡袋里发现了一只状似阳物的巨型黑色蠕虫。黄段子在营地中回荡了几个礼拜。有人大胆猜测，它很可能是在寻找配偶的过程中被吸引到这儿来的！我们最终将这只蠕虫的标本送往了澳大利亚博物馆，那里的蠕虫专家们为此甚为感激，而我的要求是，如果它是一个未被描述过的种类，那么它应该以莱斯特身上的某个部位来命名。可惜的是，我到现在也没听说他们有什么研究结果。

夜里，我们常受到花面环尾袋貂（*Pseudochirulus forbesi*）和达氏环尾袋貂（*Pseudochirops albertisii*）的光顾。卡斯帕说我们的营地处在一条"rot bilong kapul"（袋貂之路）上，这些动物会在这里从一条山谷进入另一条山谷。一天早晨，一只三纹袋鼬（*Myoictis melas*）溜达进了营地，这是维亚尔第一次看见这个物种。这种老鼠大小的有袋类食肉动物的标志是背上三道纵向的黑色条纹，但它最显眼的特征是火红的臀部和头部。它是新几内亚少有的日间活动的哺乳动物之一。

接下来就是景色了。

在一个晴朗的早晨，从斯威皮尼山脊的顶点上，我们能够看到新几内亚北海岸上的西萨诺潟湖。光是这样的景色就让我们产生了留在山上的动力，即使无线电追踪树袋鼠的工作进展并不像预期的那样。说实话，探测信号方面的困难，还有戴了项圈的树袋鼠逃走时那飞快的速度，显得越来越难以克服了。

经过商量，我们最终决定休息两个月，重新思考一下策略。我回到了澳大利亚，维亚尔回到了莫尔兹比港。在澳大利亚和莫尔兹比港，我和维亚尔分别与一些有经验的无线电追踪者进行了交流，他们曾经遇到过类似的问题。很不幸，我们的咨询并没有得到一些可能带来成功的新思路。然而，我们还是决定回到山里，做最后一次努力。我们希望这些动物在这段间歇期中已经平静了下来，足以允许追踪工作的进行，而不会被过分地惊扰到。如果这次失败了，我们就会终止这个项目。

在抵达旧营地的两天之内，我们再次定位到了两只戴着无线电项圈的 Tenkile 的信号。我们没有靠得太近，以此希望它们能安心地留在原地。当我们不断小心翼翼地靠近时，信号源仍继续从一个区域传来，这让我们欣喜若狂。大约一个礼拜之后，当信号仍然从同一个地方传来时，我们觉得可以靠近去看一眼了。

那天早上，维亚尔发现了其中一只戴着无线电项圈的动物的遗骸，想想我们当时该有多沮丧吧。一两天之后，我们找到了第二只动物的骨头。最后一只，从传输位置的移动来判断，应该还活着，但它对我们的出现的反应仍和以前一样强烈。

究竟是什么杀死了我们宝贵的 Tenkile 呢？在考虑了所有可能性之后，我们得出了结论：死掉的那两只动物很可能在被捉来戴项圈时被狗咬伤了。维亚尔在它们身上没有见到咬痕，甚至在释放它们前，还给它们注射了抗生素作为预防手段。但或许它们又长又密的皮毛遮住了一处伤口，并且抗生素不足以抵抗咬伤可能带来的深度肌肉感染。

这场灾难让我倍加难过，因为我们在维亚尔第一次来这里的几个月前就往威尔贝特寄了口套，以便让猎狗们习惯戴着它们捕猎。口套压根没寄到，但维亚尔直到抵达卢米开始搜寻动物时才意识到这一点。也许是某个腐败的邮政员工截留了口套，决定了我们的保育计划的命运，甚至可能是决定了一个物种的命运。

想要寻找 Tenkile，猎狗必不可少。然而，在缺少口套的情况下，我们并没有考虑到大量使用猎狗的危险性。我们本以为，当 Tenkile 看到狗的时候，它们会像其他树袋鼠一样待在树上。但现在，我们开始怀疑猎狗经常在地面上遇到 Tenkile 了，这可能使它们在回到安全的树顶之前就被咬到。我们因此获得的一点信息，就是 Tenkile 比其他树袋鼠更偏地栖性。

杀死珍稀动物带来的失落感真是一言难尽。那种感觉，在我回到澳大利亚之后的好几个月里，就好像 Tenkile 栖息地那下个不停的阴冷细雨一样跟随着我，深深渗入我的骨髓。

在终止了 Tenkile 计划之后，加里和我安排卡斯帕来悉尼做客。我当时还处在脑型疟疾的康复期，所以很不幸地，不管我有多愿意，仍然没法带他四处转转。我们安排这次访问，是对他给予我们大量帮助的一种答谢。作为一个从没去过比韦瓦克更远的地方的人来说，这是一段非同寻常的经历，但他镇定地接受了很多我认为会震惊到他的事物。

回家时，卡斯帕得到了英雄般的迎接。村里派了一辆卡车到卢米的机场去接他，车门上画着一只躲藏在灌木中的 Tenkile。看到他受到了村民极大的尊敬，我非常高兴，因为他是一个拥有大量传统学问的人。尽管拥有这样的智慧，卡斯帕这样的人有时仍被其他与外界接触较多的美拉尼西亚人视为"丛林原住民"。

然而，卡斯帕获得的快乐却很短暂，因为就在他回去几个礼拜后，他的妻子死了。威尔贝特的每个人都对此心知肚明，使坏的是某个满心嫉妒的恶毒巫师。

THROWIM WAY LEG
AN ADVENTURE

查亚普拉内外

第 23 章

和平与监狱

新几内亚岛分为大小相近的两个部分，东部地区包括巴布亚新几内亚的主陆地，而西部则构成了伊里安查亚，后者以前是荷兰的殖民地，现在是印度尼西亚共和国的一个省。

从 1969 年伊里安查亚被并入印度尼西亚起，研究者们就很难，甚至不可能在那里从事研究工作了。1984 年，我第一次尝试去伊里安查亚。当时，我给 LIPI（印度尼西亚政府负责科学事务的组织）写了封信，申请在那里开展一个野生动物研究项目。但是，我的信从未得到过回复。我现在知道，无论是出于何种意图和目的，那个时候想获取这种工作许可都是不可能的。而没有一个开展研究的正式许可，我就无法申请到经费，因此也就无法进行我的研究计划。

到了 20 世纪 80 年代后期，随着形势有所好转，已经有可能在这个省进行我们的动物区系调查工作了。这样一种可能极为令人振奋，因为伊里安查亚那时是（实际上，直到今天也是）动物学探索地图上一个巨大的空白点。

甚至在今天，伊里安查亚也不是那种可以让人清闲游逛的地方。所有的来访者（无论他们是研究者、游客，还是来自省外的印度尼西亚人）都需要一份警方的旅行文件才能进入。这份文件叫作 surat jalan，会列出持有人可能前往的地点，并在持有人途经或造访的每个村社镇店接受检查和批准。

乔夫·霍普再次在我的生命中扮演了一个重要的角色，他又为我提供了一次研究机会。他曾为我打开了巴布亚新几内亚的大门，而1990年，他又将通往伊里安查亚的钥匙递给了我。

乔夫曾经受森德拉瓦西大学之邀去过伊里安查亚（了不起的是，这个只有一百多万居民的省竟然拥有两座大学），他打算在那里建立一个研究高山生态学的部门。森德拉瓦西大学的邀请极为有用，因为这使他可以去许多在其他情况下无法前往的地区。

乔夫和我长期以来都知道，在中央山脉群山高处的一个传教站附近曾出土过一些化石。根据报道，这些化石发现于一个洞穴中。有传言说，那个洞穴中满是已经灭绝的大型有袋类动物的骨骼。

1989年，乔夫和他的爱人布伦·威瑟斯通探访过这个地点，认为它会是一个重要的化石产地。为了到达那里，他们进行了一场精疲力竭的徒步之旅，穿越伊里安查亚中部崎岖的群山，往返超过250公里。他们因此获得了关于这个地点的第一手资料，为我提供了当时所需的与LIPI和伊里安查亚两方面进行接触的机会，这有可能会使印度尼西亚方面允许我在那里开展野外工作。

调查化石点与进行野生动物研究有着很大的不同。野生动物受印度尼西亚保护，你需要各种机构出具的一大堆许可才能进行这类工作。化石则没有被涵盖在这些法规里。因此，我可以名正言顺地申请经费去伊里安查亚研究化石，不必为需要搞到一份研究野生动物的签证而操心。

1990年初，我收到了在这个洞穴开展一次考察活动所需的经费，乔夫、布伦和我便整装待发了。这是我人生中最伟大的一次冒险的开始。印度尼西亚看起来有着不可思议的异国情调，我又一次经历了即将进入一种新文化时的那种激动和挫折，因为这种文化的习俗和语言对我来说是完全陌生的。对于这次考察，我心中充满了热切的期盼，也感到这将是一次巨大的冒险，自从初次前往巴布亚新几内亚之后，我还从未这样心潮澎湃过。

飞抵省府查亚普拉时，我就被它与莫尔兹比港在环境上的高度相似性震惊了。两座城市都建在以草原为主的雨影①（Rain Shadow）地区。在查亚普拉周围，海洋地壳的岩石风化形成了非常贫瘠的土壤，使这里无法形成森林，却促进了草原的形成。除此之外，莫尔兹比港和查亚普拉都坐落在美丽海港的边缘，背倚群山。

除了自然环境的相似之处，我发现查亚普拉更加美丽，莫尔兹比港简直无可比拟。飞机在森塔尼（Sentani）那条由美国人建造的大型跑道上刚一降落，你就能看到绿色的独眼巨人山脉天方夜谭般地从海岸平原上陡然而起。这座山脉高达两千米，又在北方几公里远的地方以惊人的落差没入海中。山脉与城区之间坐落着森塔尼湖。这是一个复合淡水湖，像悉尼湾一样有着很多湾、湖滩和狭长小湾。它被一片低矮且起伏不平的平原包围着，每到中午时分，这里就会热得令人难以忍受。然而在湖边或是海边，傍晚时常常会吹起和煦凉爽的微风。

依偎在森塔尼湖的湖湾中，坐落在湖中的岛屿之上的是无数的小型定居点。这些定居点都是传统的茅草屋，通常都隐匿在周围的椰子树、木槿、面包树和各种各样的其他植物中。通往水边的长满青草的陡坡上到处都点缀着整洁的菜园。湖里的水仍然比较干净（虽然正受

---

①指坐落在山脉背风坡，降雨较少的区域。

到不断增长的污染的威胁），而且是巨大的森塔尼淡水锯鳐（能长到好几米长）和小小的珠宝般的森塔尼绿锦鱼这类奇异生灵的家园，这两者都是这片水体所独有的。

查亚普拉坐落在湖泊靠近大海一侧的地方。那里有一连串漂亮的白沙滩、小山丘和岛屿向远方绵延。不幸的是，城市本身建立在一条如今污染得可怕的小河周围，小河的样子和气味都很像雅加达那条最脏的阳渠。一大片脚下支着桩子、摇摇欲坠的铁皮房拥挤在这条小河旁边，主要街道的两旁则修建了比较现代化的建筑（包括一家很舒适的大型酒店）。

当地有一处名叫多克利马（Dok Lima，英语里的意思就是"五码头"）的郊区，这个名字是在 1944 年被麦克阿瑟（MacArthur）占领时取的。我们在那里找了一座荷兰殖民地时期的老房子作为住处，房子干净而简单。这座房子面朝着至为湛蓝的大海，还有爬满兰花的巨大榕树的树荫，傍晚时分，在阳台上还能吹到清凉的微风。

从路边摊买来了新鲜出炉、香辣扑鼻的沙嗲烤肉，边看美景边享用着，我觉得自己身在天堂。后来我了解到，那个卖沙嗲的据传是印度尼西亚军方雇来的，他收钱负责盯着外国人。啊，伊里安查亚看来真的是苦乐交加啊。

随着我开始探索查亚普拉，我越发觉得自己是被传送到了某个极乐天堂。我们在那儿度过的一整个礼拜中，天气都很暖和。虽然这里只能提供最基本的交通和住宿，但是既干净又便宜，几乎到处都能吃到香喷喷的亚洲菜，而且价格低得令人难以置信。

我在位于海湾另一边的一家馆子里吃到了最棒的鱼，馆子就在城市的正中心。殷勤周到的老板是个弗洛雷斯人，他坚持让顾客们从餐馆门口放着的冰桶里挑选鲜鱼。石斑鱼、马铃薯鳕鱼以及十多种颜色鲜亮的珊瑚礁鱼躺在鲹鱼、鲭鱼和比目鱼的旁边。你挑出来的鱼立马就被架在炭火上烤熟，并被刷上一种美味的黑色甜酱汁。就着冰啤酒（直到今天还是用荷兰传统工艺酿造的）吃下去，这一餐配得上任何大城市中最佳餐馆的等级。但是，没有哪个大城市能给予你洪堡湾中绚烂的磷光，或是晴朗的热带天空中的习习微风与点点繁星。

我此前曾在莫尔兹比港待过很长一段时间，和莫尔兹比港相比，来到查亚普拉后，我所受到的最强烈的震撼便是查亚普拉是个安全的城市。在这里，高高的围篱上没有刀片刺网，也听不到恶犬在围篱后面的狂吠。商店门前没有武装警卫，更没有加厚的院墙保护着院内的社会精英。有几次，我们发现自己在凌晨 3 点时仍可以安全无虞地走在大街上。对于任何习惯了在莫尔兹比港生活的人来说，这都是一种遥不可及的奢侈。

初次到访中，语言成为一道巨大的障碍，当我透过玫瑰红色的玻璃瞧着这个"新世界"时，这份安全背后的代价也没有躲过我的眼睛。在从机场开车前往城区的路上，我们看到了路旁一座冷酷森严的监狱，几座新挖的坟墓在一排旧土包的尽头十分显眼。

我们花在探索查亚普拉生态环境上的那几天非常刺激，每个人都沉浸在兴奋中。有一天，我们雇了一辆面包车，来到独眼巨人山脉的山脚下，麦克阿瑟将军的指挥部旧址就在这里，尽管房子现在已经片瓦无存，这次游览还是给我留下了深刻的印象。

这个地点能让我们一览森塔尼平原的全貌。从这个角度看去，森塔尼机场仍在使用的唯一一条跑道，只是战时修建的机场群中小小的一隅。看起来，大约有五条极长的降落跑道是被用来供美国人使用的，现在使用的机场跑道虽然很长，却连这些跑道中任意一条的一半都不到。

我站在那里，想象着五十年前一定是这样一种景象：几百架巨大的银色轰炸机满载着数百吨要命的家什，一行一行地排在停机坪上。我想象着麦克阿瑟站在阳台上，一只手拿着无线电步话机，另一只手举起来，下达起飞的命令，要向那些在科雷希多①羞辱了他的人复仇。陶醉于想象的画面中，狂妄自大感开始渗入我的骨髓。

我们沿着森塔尼湖的岸边往回开，路过了一大片修得很好的殖民地风格的房屋。每一座房屋都坐落在水边，被种有巴豆、鸡蛋花和木槿的花园围绕着。有人告诉我，这都是妓院。

一路上我一直在想，查亚普拉的变化会来得有多快？那些已经饱受污染和过度捕捞威胁的森塔尼湖大锯鳐，还有那些宁静并且风景如画的美拉尼西亚乡村，仅仅半个世纪以前，它们还是这里唯一的存在呢。

①菲律宾岛屿，二战期间面对日军的进攻，麦克阿瑟从这里乘鱼雷快艇撤往澳大利亚。

🦚 第 24 章 🦚

远古遗骸的宝库

几天之后，我们被告知 surat jalan 批下来了，可以去查亚普拉的警察总局领取。我们被批准进山啦！

但是，我们仍然没有跳出官方给我们戴的一圈圈紧箍咒。只有在瓦梅纳（Wamena）取得另一份旅行通行证，我们才能继续前往奎亚瓦基（Kwiyawagi）的小定居点。从那里出发前往我们的目的地——那个化石岩洞，步行只需要半天的时间。

森塔尼机场是个混乱不堪的地方。没人排队，也无法在柜台得到有关哪趟航班飞向哪里或者何时起飞的线索。某种我们显然理解不了的神秘信号一发出，就会有一大群人冲向柜台——得到的回应却只是工作人员的一记白眼。

终于，我们的身高（可能还有我们的肤色和手足无措的样子）引来了救星。一位彬彬有礼的官员拿走了我们的机票和行李，又把登机牌交给了我们。我们的 surat jalan 被盖了章，随身行李也接受了检查，以确保我们不会带着酒上高原。之所以进行这样的检查，是因为官方担心伊里安查亚人会染上嗜酒的习惯，这类保护举措甚至已经发展到要给查亚普拉的啤酒瓶编号的程度了。

就其位置和基础设施而言，瓦梅纳相当于伊里安查亚的芒特哈根。

除了坦巴贾普拉（Tembagapura）这个矿业城市以外，它是伊里安查亚的高原上唯一实质性的定居点。这里仍然完全依靠飞机来维持与外界的联系，而这样相对封闭的状态也意味着它比查亚普拉保留了更多的美拉尼西亚特色。

但这很快就会改变了，因为印度尼西亚政府正在修建一条从查亚普拉通往瓦梅纳的公路。在瓦梅纳，这条公路会转向西边，穿过整个中央高原，以吉尔文克（Geelvinck）湾中的纳比雷市（Nabire）作为终点。伊里安查亚的中心将被这条公路暴露在外部世界的面前。在查亚普拉和瓦梅纳之间广袤的森林、冲积平原和耸峙的山峦中修路，这项任务是十分艰巨的。不仅如此，虽然这条道路的修建在技术上具有可行性，但仍存在着一个问题，那就是在板块很不稳定的伊里安查亚，要保持这条公路的通畅会花费怎样的代价。

我从空中第一眼看到的瓦梅纳，是一条宽阔的、长满青草的山谷，其中点缀着传统的达尼人（Dani）村落，村子周围环绕着异常整洁而宽大的红薯园和菜园。接着就是城市本身：一群群杂乱无章、锈迹斑斑的铁皮建筑聚在一起，街道呈网格状排列。清真寺顶上的银色光塔赋予了它一副独特的爪哇风貌，即使从空中看来也是如此。

在瓦梅纳的街道上，你会看到一锅三教九流的大杂烩。高傲的达尼男子仍然倔强地坚持佩戴他们的传统饰物 koteka（阴茎鞘），阴茎鞘的基部系在突出来的睾丸上。他们趾高气扬地走在街上，胡须伸向前方，两手背在后面相互握着。看起来紧张不安的穆斯林妇女会从一旁快步走过，她们浑身上下都被严实地包裹住，只露出脸上的一双眼睛。至于穿着纯色紧身军装的军人，则自信满满、昂首阔步地走在马路中央。

尽管对瓦梅纳充满变数的社会融合饶有兴趣，我却急于离开这座城市去探访伊里安查亚真正属于美拉尼西亚人的地区。为了拿到前往奎亚瓦基的旅行许可，我们在派出所里等了整整一天。当终于拿到盖满了印章的必要文件时，我们感到如释重负。航班（我们必须提前几个月就预定好）将在一两天后起飞。

从梅纳瓦飞往奎亚瓦基的旅程令人难忘。随着飞机向西飞行并缓缓地爬升，群山从山谷中拔地而起，它们的高坡上覆盖着墨绿色的山毛榉林，而山顶则从植被中脱颖而出——山顶是尖尖的石灰岩山峰，就像教堂的尖顶。下面的巴连河奔流在黄色的草原上，流过数以百计的居民点和菜园。圆形房屋和石灰岩地貌让这片景色看起来极具"伊里安"风情。仅凭这些，我就绝不可能把它误认作是巴布亚新几内亚的某个地方。

很快，飞机飞入了一条狭窄的山谷，河水在这里变成了泛着泡沫的急流。山谷的尽头是一座陡然而立的石灰岩崖壁。我们始终沿着这条河飞行，但后来才发现，它竟然是从那座石灰岩崖壁底部的一条裂缝中流出来的，那场面十分令人震撼。

飞机挣扎着爬升到了足够的高度，这才勉强地越过了裂缝上方那3 000米高的山顶。我们掠过了树冠和崎岖的灰色石灰岩质喀斯特地貌的山尖，它们看上去就在我们下方几米远的地方。

锥形的石灰岩山尖和黑漆漆的树木很快就在又一个陡峭的悬崖处突然跌出了视线。悬崖的前面坐落着一条起伏不平的壮美山谷，向东西两面延展开去。这条与世隔绝的大山谷是一片风调雨顺的肥沃土地，山谷中点缀着一个个小村落。两条大河劈开大地，流淌其中。虽然这两条河位于海拔近3 000米的地方，但它们流淌得很缓慢，蜿蜒而混浊，这些特征使它们显得更像是处在海平面的高度，而不像是位于这样一个高海拔地区。

这两条就是东巴连河和西巴连河。在离刚刚那座崖壁底部仅几公里远的地方，这两条河交汇到了一起。回头望去，我看到了走南闯北的一生中遇到的最为奇特的自然景观——巴连地下川，在悬崖下方地面上有一个巨大洞穴，东巴连河和西巴连河的合流在这里突然消失了。看着如此巨大的水量从地表消失，仿佛漏进了浴缸的排水孔，真是太棒了。水在猛烈地旋转着，河水所承载的一切在灌入地下洞穴的同时溅起了巨大的水花。河水又从山脉的另一边——我们此前飞过的那个巨大的泉眼奔流而出，重新回到地面。

有证据表明，这个地下洞穴有时会被塞住，使得这条地下河变得更加引人注目。洞口周围有一圈大过一圈的同心圆，这些隆起标志着古代湖泊的岸线。只要像树木、砾石和泥土这样的碎物暂时堵住了洞口，这里就会形成湖泊。水会积成塘，直到填塞物被冲破。接着，湖泊就会被巨大的吸水漩涡抽干，那一定是世界上最伟大的奇观之一。

石灰岩的山体将这条山谷与外部世界完全隔绝开了。在连绵群山的包围下，这条山谷处于完全封闭的状态，进入的唯一方式是徒步翻过其中一座山峰。我后来发现，这种地形近乎奇迹般地保护了这个地区，使它免受外部世界侵扰。这里的居民精心守护着他们的独立和安全。

这个被石灰岩山峰封闭着的世界因为风调雨顺和景色优美而显得非比寻常。山谷中升起的暖空气阻止了云雾的形成，因此头顶上经常是晴朗的蓝天。白天温暖舒适，气温在 20 摄氏度左右，但是晚上很凉，五六月份的时候还经常下霜。

东巴连河和西巴连河慢慢地绕着大弯子，蜿蜒地穿过这条山谷。

它们流过一片乡野，在这里，一个个菜园与一片片草地间都点缀着像棕榈一样高大的山地露兜树。这些引人注目的树木有着皮带状的辐射式叶片构成的树冠，它们在山谷的地面上耸立着，高度可达三十米。这些露兜树由支柱根支撑着，这让它们看起来相当怪异。它们是当地人清除森林时留下的幸存者，有很多显然已经很古老了。这种树能结出一簇簇足球大小的果实，在山里人所知的各种粮食中，这些果实最受他们的珍视。熏过之后，它们能够保存好几个礼拜甚至是几个月。当露兜树结果的季节到来时，达尼人会生出一种一根筋的执念，要把这些油亮饱满的坚果狼吞虎咽地吃个够。这种执念被一些来自外面世界的访客称为"露兜树狂热"。

这片区域的背后是一片满是森林的山丘，在山丘的南面，矗立着威廉五世亲王山脉这道令人望而生畏的屏障。威廉五世亲王山脉是这片山脉的最高点，它那灰白色的石灰岩山峰仿若积雪盖顶，虽然这里通常没有雪。

塞斯纳飞机开始下降，进入这条梦幻般的山谷，飞向西巴连河旁一处高地上的跑道。跑道与河之间有一小片铁皮房顶的小窝棚，中间夹杂着原始的茅草屋，这就是奎亚瓦基的居民点。

这个居民点，实际上还有整个山谷，都生活着拉尼（Lani）人，一个与巴连山谷的达尼人关系很近的大型部落集群。

飞机刚降落，我们就立刻被一小群拉尼年轻人给包围了，卸行李的时候又有更多人围了过来。几乎所有人都穿着传统服饰，戴着短而宽的阴茎鞘和发网。

这个时候，我已经对新几内亚人的阴茎鞘在形状和大小上的多样性产生了兴趣。许多上了年纪的拉尼男子的阴茎鞘出奇地长，在某些太过极端的情况下，这些阴茎鞘甚至可能戳到穿戴者的眼睛。另一方面,年轻人则偏爱短而宽的阴茎鞘,我认为这种阴茎鞘是"运动型"的。

这种不同的偏好是有原因的:它们各自担负着不同的功能。年轻人甚至把他们戴的阴茎鞘当作烟草袋来用。他们会将阴茎鞘末端塞着的皮毛或者布料取下来,从里面拿出烟草、火柴,或者其他小玩意儿。宽一点,阴茎鞘就有一定的容量。短一点,阴茎鞘就不会在他们冲过树林追捕袋貂时卡在什么地方。顺便提一下,如果被卡住了可是会相当痛苦的,想想把阴茎鞘基部和睾丸绑在一起的那根绳子吧!

当然,上年纪的人就有不同的需求了。他们的打猎生涯已经结束了,政务和外交才是他们操心的事情。在这时,真正的长阴茎鞘才体现出了它的价值。当长者们准备说话时,这种长长的阴茎鞘会在人们的面前颇为庄严地摆动,牢牢地吸引住人的注意力。

后来,我给一些拉尼男女看了弥彦明人戴着小而下垂的阴茎鞘的照片。女人们立刻开始了一阵阵歇斯底里的狂笑,每当这些照片在屋子里传阅的时候,这种狂笑都会一次次地爆发出来。男人们尽管看上去有一点尴尬,却也常常会加入进来,放声大笑。

在第一天众多戴着"运动型"阴茎鞘来迎接我们的年轻人当中,站着一位上了岁数,穿着短裤和衬衫的拉尼男子。西方服饰让他与众不同。他自我介绍说他叫玛纳斯(Manas),是村社里的牧师。

玛纳斯把我们领到了一座出人意料的西式房屋里,这里水管、水槽和烟囱一应俱全,就坐落在离跑道几百米远的地方。让人惊喜的是,房间里有一个铸铁的炉子、一个淋浴间,甚至还有冲水马桶!这些让人意想不到的物品都是进口货,而房子本身,则是由道格·海华德(Doug Hayward)牧师修建的。

尽管这间屋子有着奢华的配置,但它并不是海华德牧师的主要基地,因为海华德牧师只会在他寻访这个地区的时候短暂地住一段时间。

海华德在几年前离开了伊里安查亚，现在奎亚瓦基的村委会将他的住所租给来访者，赚点儿小钱。

玛纳斯似乎是一个负责人，他公平而游刃有余地掌管着村社的财务。他的一大创举就是开展了一个种大蒜的项目，将这种分量较轻、价格较高的产品用于输出。村社里的人发现雇一架飞机，把大蒜空运到查亚普拉去卖很划算。到了那儿，村民便可以在街上把蒜一头一头地卖掉。这个项目，再加上海华德房子的房租，就是我来这里时村社里主要的收入来源。

待在传教站那栋房子的那段时间，是我在美拉尼西亚经历过的最愉快的一段时光。在那里的时候，有个名叫乔特·穆利普（Jot Murip）的男人照顾我们，他很讨人喜欢，还爱搞恶作剧。每天下午，穿着传统草裙的拉尼妇女都会用 noken（网兜）背着蔬菜来卖给我们，noken 中满是欧洲土豆、胡萝卜、卷心菜、豆子、大蒜和洋葱。每天早晨，她们又会拎着满得快要溢出来的一篮篮活螯虾过来，每一只螯虾都单独用草包裹着，是刚从西巴连河里捞上来的。蒜香鲜螯虾，搭配土豆和胡萝卜，很快就成了大家最爱的美食。

白天，只有少数拉尼人会造访我们的屋子，但到了晚上，这里常会被访客挤爆。有时实在是太挤了，我们几乎到了没法动弹的程度。每扇门窗都挤满了鼻子和眼睛，甚至连墙缝都没有人会嫌弃，还被后来者作为观察屋内的有利地形。

在这些情况下，我常常会被趴在我的椅子下面嚼螯虾头的小孩绊倒，或者在煤油灯那昏暗的灯光中，把咖啡洒在身边一只没注意到的黑黝黝的胳膊上。我甚至偶尔会不小心坐在某个刚霸占了我的椅子的人身上。幸运的是，我的卧室是个不可侵犯的避难所。正因为这一点，我不像在贝它卫普时那样，觉得自己快被人群逼疯了。

在花了几天了解这里的人，并探寻了山谷的周边环境之后，乔夫、布伦和我向玛纳斯解释说，我们想去海华德牧师发现化石的那个洞穴。玛纳斯答应给我们找些向导来。翌日清晨，我们做好了出发的准备。

这个洞穴被当地人称为克兰古尔（Kelangurr），位于奎亚瓦基西北方，徒步前往大约要走半天的时间。路起初很好走，但很快就不行了。我们先是穿过了一片茂密的树林，又走过了一座横跨在西巴连河上的钢索桥，之后便是一条细细的小路，横穿过一大片红薯园。

拉尼人的菜园绝对是我在美拉尼西亚遇见过的最大的农业产业。在奎亚瓦基，整面山坡都被一片巨大的菜园占据了。它们那近似长方形的区域由篱笆隔开，又被浅浅的排水沟细分成更小的长方形。每个小方块都是一位妇女的财产。当我们吃力地走在这些小径上时，远处妇女的身影看起来只有蚂蚁大小，每个人都弯着腰，手里拿着挖掘棒，额前挂着网兜，在专心地劳作着。

每走几公里，我们就会路过一个拉尼人的小村落。这些村里的草屋是圆形的"蜂窝"式，建得格外好，也很暖和。地板陷在地面的水平线之下，中间安着火炉——这个空间住着女人、小孩和猪。屋里有一个平台，这个较高的地方是供男人们睡觉的"床"（由于天主教传教的影响，男人们单独使用一个屋子的习俗已经被废弃了）。

我们路过这些村落时，人们会出来迎接我们。有一次，一位穿着脏套衫，戴着长长的阴茎鞘的名副其实的玛士撒拉①来到我们面前，要求与我们合影。等我在 1994 年回到奎亚瓦基时，这位老人已经去世了。我把照片送给了他的家人，他们很欣喜地收了下来，好用来追思他。

尽管拉尼人的草屋从外面看起来很普通，但它们却是用分开的双

① 《圣经·旧约》中提到的长寿族长，活了 969 岁。

层木栅建成的，中间夹着一层隔热用的干苔藓。房顶盖着厚厚的茅草，由于没有烟囱，烟雾只能透过茅草逸散出去。我常常一大清早起来就发现山谷已经笼罩在一片雾气当中了，而在山谷的另一边，缕缕青烟正从山脚下的草屋顶上飘散出来。

然而，这种布局并非安全无虞。在我们走过最后一片菜园，接近一个小村庄时，安全隐患变成了现实。这个村庄位于一座小山前面，小山上还残留着一些树木。当时，我们看到一座房子的茅草屋顶冒着远超正常量的浓烟。几秒钟之内，滚滚黑烟就升腾了起来，接着很快就是翻卷的火苗。一时间，四面八方都有人冲了过来，几个男人迅速爬上了屋顶，拼命地抓起茅草扔到地上。几分钟之后，火就被扑灭了。毫无疑问，一个新的房顶会在天黑前建好，屋子的主人将再一次温暖舒适地蜷在他们翻新过的家里。

离开菜园之后，我们沿着这条小路穿过了满是沼泽的森林，其间有好几个小时是在与齐膝深的淤泥搏斗。罗汉松（*Podocarpus*）正在结果，每一株下面都挂着一坨坨像李子一样的黑紫色果实。这些神奇松树的果实有两个部分：它的种子是椭圆形的，大约有弹球那么大；种子上面是肉质的核果，大小和颜色看起来像一颗大麝香葡萄[1]，这是由高度膨大的果柄本身形成的。鸟儿们正在忙着啄食这些核果，很多核果要么是种子掉了，要么是被啄破了，弄得到处都是紫色的果汁。

我们终于在一片林间空地上得见天日。一条布满沼泽的小溪从中间蜿蜒流过，一间当作某种中途驿站使用的草房立在当中。除了里面没有"中层"[2]以外，草屋的建筑形式颇具代表性。这里离洞穴只有

---

①一大类葡萄的统称，有超过 200 个品种。
②指供男人睡觉的平台。

二十分钟的路程了。

克兰古尔洞窟并不容易进入。它的入口是一条高而狭窄的裂缝，位于一块纯石灰质的岩面上，距离地面大约七米高。现在已经到了探访这座洞穴的最后一步。由于这高高在上的入口，一开始我觉得我们的努力将会失败，但一个拉尼年轻人砍倒了一棵小树，把它倚在了岩壁上。爬上它，我们很快就来到了入口。

洞口处形成了一个小"前厅"，我们在那里休息了一下才又继续前行。再往前走，洞穴窄成了一道弯弯曲曲的裂缝，宽度仅够一个拉尼男孩通过，但是对我来说恐怕就太窄了。当我坐在"前厅"里思索着下一步的行动时，我注意到成千上万的小骨头散露在洞穴的岩壁和地面上。它们似乎是由于石灰岩表面的风化而显露出来的，这其中有老鼠、袋狸和一种个头矮小的环尾袋貂的残骸。很多小骨头是黑色的，并且严重矿化，显然都很古老了。

当我正思考这些残骸是如何在洞穴的这个地方积累并形成化石的时候，我看见了一块大得多的骨头躺在内洞口附近的一条缝隙里。它看上去像是一块人类的肩胛骨，我老大不情愿地下去够它，生怕它是洞穴曾被用作埋骨室的一个证据。除了我个人反感在这种地方工作之外，对这种用途的洞穴的任何探索都可能导致当地人的误解，毕竟几乎任何人都会对陌生人在他们祖先的墓地里闲逛并捡走骨头很敏感。

但是当我捡起这块骨头时，那种沮丧的想法立刻就从我的脑海中消失了。骨头很重并且已经矿化了，形状与人类的肩胛骨不同。我意识到，它是一块远古的化石，化石上的迹象表明，这毫无疑问是一只有袋类动物的骨骼化石。我整个人都沉浸在了兴奋当中。

我手里的是一只灭绝已久的巨型有袋类动物的骨骼！这块骨头是我穿越回冰河时代的新几内亚的车票啊！

然而，一想到要千方百计地挤过去才能完全进入这个洞穴，我的兴奋劲儿就消失了。不过我还是抓住时机，开始强行把自己挤进这条让人感到幽闭和恐惧的裂缝。路径剖面大致呈 Z 字形，顶上最宽，但是底部窄得吓人。我先把脑袋探进去，然后成功地扭曲着身体，进入了这个 Z 形裂缝，这时，我感觉自己没抓住墙壁，滑到了开口中最窄的部分。

我整个人被卡住了。

重力将我挤在了裂缝，挣扎又使我越来越紧地被卡在里面。我的脸紧紧地贴在一块又冷又湿又黏滑的岩面上，头扭到了一个别扭的角度。凸凹不平的岩石表面好像咬住了我的膝盖、脚踝和后背，而我的左臂则在裂缝的最低处无助地自由飘荡着——那里出人意料地变宽了，让我什么也抓不到。

我被困在了一个洞穴的中间，这里在伊里安查亚的群山中，海拔3 000 米，离最近的跑道要走半天的时间。救援就算能到，也会来得很慢。乔夫和布伦也帮不上我什么。

我把爬上心头的恐慌压了下去。

我尽量把肺里的空气呼出去，用头和膝盖固定住自己的位置，试着把身体向上挪动。接着，我让肺部尽量吸满空气，希望能把自己卡在一个高一点的位置。这样努力了几次之后，我上升了几厘米，把膝盖解放了出来。现在我有了一些活动的空间，便继续向上和向前推进。很快，我的脑袋就探进了一个大的洞室。

我带着放松和好奇，吃力地爬进了这里。

克兰古尔的内洞室是一个美丽的地方。洞顶垂挂着钟乳石，而地面则被石笋、大块大块掉落下来的钟乳石以及石灰岩上冲刷出来的小水沟覆盖着。这里就像一个古生物版本的阿拉丁宝洞，闪闪发光的钙质石头之间，到处都是大块的骨头。我的脚边有一块下颌骨，再远一点的地方有一个头骨，再远些还有腿骨和肋骨。

再一次兴奋起来的我这时意识到，我们这是跌跌撞撞地闯进了一个远古遗骸的宝库。

随着我们继续深入洞穴，我失望地发现骨头变少了。我们推测，主要的埋藏地一定是在现有的洞穴之外。可能有一场史前时代的巨大山崩将主洞室埋没了，剩下的克兰古尔洞窟仅仅是残存的部分。这也就解释了为什么它的入口在高高的崖壁之上，以及为什么大多数骨头都出现在洞口附近。掉下来的和折断了的钟乳石讲述了另一个故事。整个洞室至少经历过三次地震，地震让钙质的"长矛"雨点般地纷纷落到了地上。也许其中一次地震的威力很大，摧毁了那个主洞室。

一段时间以后，在博物馆检视这些骨骼时，我发现那些比较大的骨头属于两种有袋类动物。大多数来自于我最先找到了肩胛骨的那种生物。作为袋熊和考拉的一种远亲，这种灭绝了的有袋类动物大约有熊猫般大小。它的外貌可能也很像熊猫，因为它有着小而短的口鼻部，非常短的尾巴，并且栖息在高山的森林里面，就像今天的熊猫一样。

从牙齿来看，它很明显是一种植食性动物，在分类学上所属的属和种都是科学上完全未知的。这实在是个非同凡响的发现。这种动物可能是曾经在新几内亚高山森林中活动的最大的动物，而它的遗骸在那天以前已经在山洞里静静地躺了成千上万年，没有人打扰，也没有被发现。几年后，我有幸将这个新属新种命名为 *Maokopia ronaldi*。名字的前半部分指的是它的栖息地毛考普山脉（Maokop Range），这是达尼人对伊里安的群山的叫法。后半部分是对一位朋友，也是科学家同行罗纳德·斯特拉罕（Ronald Strahan）的致敬。

从洞穴里的残骸中分离出的第二大的动物，是一种灭绝的沙袋鼠，大概有灰袋鼠那么大。它同样属于一个未被描述的物种，不过它所在的属 Protemnodon，在 150 多年前就已经被描述过了，当时描述的依据是在澳大利亚发现的一些遗骸。我把这个种类命名为 Protemnodon hopei，用的是乔夫·霍普的名字，我欠他的情太多了。尽管它的残骸不像 Maokopia 的那么常见，却也足够判断出它也是一种植食性动物，并且与现生的澳大利亚大型袋鼠不同，它只能慢慢地蹦跳。

在洞穴里时，我因为忙着收集这些化石，差点儿没注意到一个用新捡来的树叶做成的、压进了黏土地面的整洁的巢穴，这个巢穴就位于洞口的内侧。巢穴里还有残存的温度，因此我得出结论，不管使用这个巢穴的是什么动物，它一定刚离开不久。我在沟沟缝缝中搜寻着巢穴主人的蛛丝马迹，突然就看到一个黑色的大毛团趴在远处的一个平台上。这只动物从鼻尖到尾尖有大半米长。随着手电筒的光线捕捉到它，它发出了一声犬吠般的响亮嗥叫，叫声回荡在山洞里。

"Keneta。"一个拉尼人在我耳边轻声说道。

被拉尼人称为 Keneta 的这种动物的英文名字叫作 Black-tailed Giant-rat（黑尾大裸尾鼠，Uromys anak）。我此前只见过这种动物一次。在索尔河流域时的一天，一位特莱福猎人走进营地，手上紧紧地缠着绷带。他打开网兜，恼怒地将一只巨大的黑老鼠的尸体丢在地上。显然，在检视他抓到的动物之前，我得先处理他的伤口。当我开始解开他的绷带时，我意识到里面的几层正在滴血。血的来源是他右手大拇指上一个可怕的伤口——末端指节直接被咬穿了，指甲也被刺穿了好几次，已经碎裂了。他的伤情非常严重，大拇指的末端看起来血肉模糊，在我往上面滴杀菌药的时候一直在颤动。

"Quotal。"他说。他告诉我当时他在一个树洞里摸袋貂，结果却摸到了 Quotal，这是特莱福人对这种动物的称呼。特莱福人最怕的就是被这种动物咬到。它们的门牙像剃刀一样锋利，长度可达两厘米。这个猎人的手指被咬了很多下，严重受伤，而咬他的还只是一只未成年的老鼠。

现在，不管它的名声多么恐怖，我都想在这个洞穴里近距离看一看这种不同寻常的动物。我让我的拉尼同伴们帮我堵住它可能的逃跑路线，而我则尝试接近这只老鼠拍一些照片。然而，拉尼的年轻人们却踌躇不定，在这只老鼠不慌不忙地朝他们爬去时迅速躲到了一边。不管怎么样，他们都为身处这个洞穴而紧张，并且似乎很不情愿去拦这只老鼠。我一直跟着老鼠到了一个新的地点，并判断出这是一只成年的雄性老鼠。拍完照片后，我离开心态稍有恢复的拉尼同伴们，去探索洞穴里更深、更隐秘的区域。我能从布伦的手电筒光柱里看到一个拉尼年轻人的轮廓，他正朝一个黑乎乎的东西挥舞着一块掉下来的钟乳石，那东西的噪叫声打破了洞穴的寂静。在任何人看来，这都像是我小时候读过的某本《十万个为什么》[①]（*How and Why*）中描绘的石器时代的场景。

洞穴的尽头是一个比较大的洞室，虽然挂着令人印象深刻的钟乳石，但里面既没有化石也没有动物。陶醉于它的美丽，却又失望于这个结果，我意识到现在是想法挤过那条窄缝，回到营地的时候了。这一次事情进行得比较顺利，我很快就回到了洞穴外。一缕阳光照在我手中的骨骼上，这些骨骼在一片黑暗中待了至少 40 000 年。

乔夫、布伦和我在这个地区又花了几天，查看西巴连河岸边暴露出来的化石埋藏点。不幸的是，当时河水的水位很高，多数埋藏点都

---

①考虑到中国的情况，这里译作《十万个为什么》。

在水下。不过，我们还是成功地捡回了几块骨头，这些骨头主要是在桥附近的鹅卵石滩捡到的。

只有一次我是在河里捡到骨头的。两个年轻人给我看了他们在水位低的时候找到骨头的地方。那是在河转弯的一个地方，一条高而突兀的河岸下。我蹚进了齐大腿深的、浑浊而冰冷的河里，开始用脚趾在泥土里摸索任何感觉像是骨头的东西。如果触到了某个形状有趣的东西，我就会试着用手去够它。在几乎要结冰的水中搜寻了大约十五分钟后，我已经接近了忍耐的极限，这时，我的脚趾间感觉到了一个细细长长的物体。我伸手去够它，捞上来的是一种已经灭绝的沙袋鼠的小腿骨。它太脆了，一捞出水面就断成了两截。几秒种后我找到了第二块骨头，这是同一只动物的大腿骨。这个地点显然很有前途，我打算第二天再和乔夫来探一探。然而，河水连夜涨了起来，这使我们不可能重返这里继续搜寻其他骨头了。

河边的采集点很有意思，因为沉积物表明它们是在 40 000 多年以前，冰川接近山谷时形成的，山谷当时很可能覆盖在冰川边缘的冻土苔原下面。有趣的是，我们在河里只发现了两种有袋类动物的骨头，而它们正是我们在山洞中发现的那两种（*Maokopia* 和 *Protemnodon*）。

到这时，我们已经在海拔 2 900 米的山谷谷底中走了相当长的一段路，这为我们继续爬山做好了准备。

威廉五世亲王山脉在召唤着我们。

我们之所以爬上这座山脉，是为了探查一个名叫比灵吉克（Billingeek）的岩屋。数不清多少代的奎亚瓦基人，都把比灵吉克作为一个打猎时的栖身之处，而通过探访那里，我们希望了解关于高海拔动物区系的一些事情。

开头一段路的景色十分壮观。我们顺着 Jalan Raya（"通天大道"，实际上只是一条步行的小径）向西走了几个小时。这条小径沿着伊里安查亚的群山之脊横贯东西，是一条贸易通道。它的某些部分修得很好，和印加人的道路有些相似，并且明显足以让一辆小汽车通行。然而在其他的地方，它要么是沦落成了一条急下陡坡的泥泞小道，要么只是一行湿滑的原木，横穿过一片沼泽。

在大步走过小径中路况良好的一段时，我思索着它在奎亚瓦基人的生活中扮演的角色。Jalan Raya 是世界上最伟大的徒步贸易线路之一。几千年间，极乐鸟羽饰之类的产品很可能就是从这里运出伊里安查亚，去往像斯里兰卡和中国这样遥远的地方的。

奎亚瓦基就坐落在这条小径上最荒凉部分的中心地区——大致位于连接伊拉加（Ilaga）和瓦梅纳这两个主要人口中心的道路半程的地方。也许奎亚瓦基的人们永远都对疲惫不堪的旅行者敞开着大门，经营着某种中古时代的旅馆生意。如果真是这样，那对他们来说，把海华德牧师的房子出租给访客可就不是什么新鲜主意了。

上午九十点钟，我们碰到了一队拉尼旅行者。两个成年男子和两个年轻人从伊拉加来，带着盐和鸟类羽毛到瓦梅纳的市场上去卖。他们穿着传统的华丽盛装，扛着货物，皮肤上的汗水在晶莹闪光。他们戴着长长的阴茎鞘和华丽的食火鸡羽毛头饰，华丽程度我前所未见。

他们背着的盐被做成了长方形形状，每一块都精心地包裹在完美无瑕的露兜树叶子里，单单是看包装就像一份艺术品。盐估计是从山中某处的卤水中获得的。至于鸟类羽毛，则多数取自鹦鹉和极乐鸟，被包裹在一捆捆干叶子中，然后放在竹筒里。

　　如果印度尼西亚的道路网计划取得成功，这些人下一次前往瓦梅纳的旅程，很可能就是穿着脏兮兮的西方洋垃圾，坐在拥挤的面包车里了。想到这一点就很让人伤心。他们的盐无疑也将是用塑料包装，在爪哇生产的盐了。

　　在遇见这队拉尼旅行者时，Jalan Raya 正好穿过一小片长在沙地上的山间杜鹃荒地[①]。小兰花、杜鹃花、矮罗汉松、芹叶松、野悬钩子和本土的越桔等植物松散地生长在整片景观上，彼此之间被一块块裸露的细白沙分隔开。有一种亮橙色和黄色的兰花尤其常见，它的花聚成一团一团，远看像是一团团小小的火焰。旅人们把花掐下来，一团团地插进他们穿了孔的鼻中隔里，或是编到他们的头饰上。

　　我们摘了越桔和悬钩子，边走边嚼，吃得很香。这种植被类型在伊里安查亚多数的高海拔乡野都很典型，之所以会出现在这个海拔较低的地区，似乎是靠旅行者们经常在路边点起的火来维持生存的。

　　走了大约一个小时，植被类型就骤然发生了变化。我们走进了一片高大的、像大教堂一般的由南青冈和南方松构成的森林。Jalan Raya 在这里是一条路基抬升的宽阔步道，被维护得很好，径直从这些庄严高贵的大树之间穿过。这带来的效果是一种肃穆的美感。自从我见过了加利福尼亚的红杉林，还有维多利亚的桉树林后，再也没有见到过这样壮观的大树与人类的道路如此和谐共存的画面了。

　　构成森林主体的那些南极冠青冈明显是树龄均衡的成熟林。它们

---

①原书中使用的是"heathland"一词。英文单词"heath"，原意为石南，也指植被以杜鹃花科植物为主的一种荒地类型，英文文章和书本中提到的"heath"在中文里常被译为"石南荒地"。石南属 Erica 为杜鹃花科（Ericaceae）的模式属，该属分布在欧洲、非洲和地中海地区。世界其他地区（包括中国）并没有石南属的分布，但在该类型地貌上生长着其他属的杜鹃花科植物，尤以杜鹃花属 Rhododendron 为多。在本书的地理背景和中文的语言环境下，将其简单译作"石南荒地"并不恰当，因此这里译作"杜鹃荒地"。

一定是几个世纪前，紧随着一场灾难（可能是一场摧毁了所有植被的山崩）而重新形成的。现在，它们已经长成了参天巨树，直径至少有一米，高度达五十米。奇怪的是，这里几乎没有下层林木，只有一层蕨类植物的"地毯"和少量的灌丛。在美拉尼西亚，你很少会遇见这样的森林。

从林子里钻出来，我们转向南方，开始从侧翼攀爬威廉五世亲王山脉。小路穿过一片盘根错节的茂密高山苔藓林之后陡然上行，直到日近中午，我们终于将树林甩在身后，出现在了真正的高山杜鹃荒地上。让我懊恼的是，高原反应开始影响我了。我的头很疼，全身虚弱，所以当发现路在这里变平坦的时候，我感到非常高兴。穿过一片坑坑洼洼却又很漂亮的类苔原环境，又走了几个小时之后，我们到达了比灵吉克。

这个岩屋是一个在岩壁下形成的长长的凹口，处在一个形似火山口的凹陷旁边。这里可能曾经是个冰川湖（冰川形成的地方），但是冰很久以前就融化了，留下了一片小湖泊与小隆丘的迷你景观。

岩屋的顶部由一层坚硬的石灰岩构成。这层石灰岩形成了一个一两米厚的顶棚，上表面生长着一片种类繁多的开花植物，包括鹅掌藤、杜鹃花以及很多其他的种类。花团锦簇的枝条遮挡住了入口的上方，多少为岩屋内部挡住了一些风雨。即使外面酷寒刺骨，和比灵吉克也仍然是暖烘烘的。

当我在远处的一个凹口为了搭帐篷而铺平地面时，一层燃灰和过去的动物骨头从构成岩屋地面的沉积物中露了出来。我小心翼翼地用瑞士军刀抠出了几块木炭，把它们和我采集的几块骨头一起装进了塑料袋，以便送回澳大利亚做放射性碳年代测定。

我发现采集到的这些骨头几乎都属于长吻针鼹、树袋鼠和小沙袋鼠。我为此十分兴奋，因为无论是现生的小沙袋鼠还是树袋鼠，都从未在伊里安查亚的这个部分记录到过。我有可能会发现它们仍然生存在这个偏远的地区。

待在比灵吉克的感觉就像生活在一个魔法世界里。每天早晨，当猎人们牵着狗出去之后，鸟儿们就会来吃岩屋入口上方挂着的花朵和浆果。由于里面很黑，所以鸟儿看不见我们，而我则欣喜异常地在仅仅几英尺之外，一连几个小时地看着它们进食和争吵。

到目前为止，最常见的访客是冠啄果鸟（Paramythia montium）。这些鸟儿大约有八哥那么大，胆子很大。它们的羽毛大部分是蓝色的，但是有着黑色的羽冠、黄色的臀部和白色的眼部条纹。差不多同样常见的是几种吸蜜鸟，包括一种拥有白色短髭须的可爱黑鸟——短须寻蜜鸟（Melidectes nouhuysi）。长着鲜艳的绿色眼睛的嗜蜜鸟（Ptiloprora sp.）也非常多，一种在眼睛周围长着一块块浅蓝色裸皮的灰绿色大吸蜜鸟也一样，这种鸟是博氏寻蜜鸟（Melidectes belfordi）。鸫、鹊鸫，还有其他各种各样的鸟类也生活在洞穴附近，有时会飞到这里来。有一天，我非常幸运地看到了美丽的彩虎斑鹦鹉（Psittacella picta），而另一次则看到了我的老朋友麦氏极乐鸟，它站在一棵鸡毛松上，离岩屋只有几百米。

猎人们捕获的动物让我颇感兴趣，因为它们与我在沉积物中找到的骨头所代表的那些动物不一样。他们最常抓到的动物是铜色环尾袋貂。在比灵吉克附近，这种通常树栖的大型袋貂生活在高山灌丛里，往往把巢筑在地上。神奇的是，虽然我们抓到了十几只铜色环尾袋貂，但洞穴中的燃灰底上却连一块这种动物的骨头都没有。

日子一天天过去，我们的猎手没有发现任何沙袋鼠的迹象。在用半吊子的印尼话与拉尼人们进行了大量令人沮丧的讨论之后，我了解到他们只在较低海拔的森林里遇到过沙袋鼠。看起来，他们熟悉的那个种类是体型很小的小林袋鼠（*Dorcopsulus vanheurni*）。

很明显，我寻找的栖息在高山草地上的小沙袋鼠（*Thylogale* 属）已经在这个地区消失很久了。几个月后，我收到乔夫发来的消息，他告诉我，对那些木炭的放射性碳年代分析有了结果。那些木炭和骨头都有三千年的历史，我们寻找活的小沙袋鼠的希望最终破灭了。

树袋鼠和针鼹方面的消息差不多同样糟糕。猎人们说，已经有超过一代人没有在比灵吉克附近捕到过树袋鼠了，而这个地区上一次捕到针鼹也是在十多年以前了。会是什么造成了比灵吉克附近哺乳动物区系的剧变呢？显然，体型较大、行动较慢的种类受害最深。小沙袋鼠（这里曾分布有两种）在史前就消失了，针鼹和树袋鼠则是在较近些的时候遭受地区性灭绝的。那么，怎么解释环尾袋貂的数量在近期令人惊奇的增长呢？

当我在很多个月后将证据拼凑齐全时，事情就很清晰了，小沙袋鼠很可能是在大约 2 000 年前（狗被引进的时候）从伊里安查亚消失的。带狗捕猎高山小沙袋鼠是一个残忍而高效的方法。树袋鼠和针鼹显然是在很久之后，当人们去比灵吉克打猎的频率增加时，步小沙袋鼠的后尘而灭绝的。它们的灭绝就发生在过去的四十年间，也许是由当地与欧洲人接触后带来的改变造成的。

至于袋貂分布范围变广的原因，可能是这些灭绝事件造就了"空白生态位"。在这个初看起来如此原始的生态环境中发现这些灭绝事件的证据，我感到伤心不已。由于巨型有袋类动物 *Maokopia* 和 *Protemnodon* 在远早于此的时期就灭绝了，这意味着伊里安的高山地带已经失去了几乎所有的大型哺乳动物。

在比灵吉克的一天下午，猎人们背着一个我给他们用来装活动物的麻布袋子回来了。它看上去装得很满，我满心期待地询问着，想知道他们找到了些什么。他们把袋子在我面前放下，明显是希望我往里面看一眼。我往里一看，不禁毛骨悚然，袋子里装满了骨头：上百块白森森的人骨。

想到他们可能是为了得到这点好处而盗了一个祖先的墓地，我被吓得目瞪口呆。我说我无法容忍这样的事情，并尽可能清楚地告诉他们我只对动物骨骼感兴趣，而不是人骨。一个人告诉我别担心，因为袋子里的确有一块动物的骨头。他当着我的面儿把袋子倒过来，人骨如瀑布般倾泻到地面上。在这一堆骨头里翻拣了几分钟之后，他找出了一块孤零零的树袋鼠下颌骨。

尽管这块下颌骨在当时看来无关紧要，后来却证明是我未来在伊里安查亚研究的关键。

然而在当时，我最直接关心的，是把这些人类遗骨归还到他们原本安息的地方。我把这个解释给拉尼人听，但他们似乎完全不感兴趣。他们告诉我，这些骨头原本在一个岩缝里，岩缝距离这里有几个小时的路程，把它们背回去太费劲了！看着我的营地瞬间变成了一个墓地，这让我焦虑不已。不管我如何抗议，这些骨头就这样被随意地踢来踢去，最终散落在整个岩屋里。

在比灵吉克的最后一天上午，我们决定登上威廉五世亲王山脉的主峰。我的高原反应已经平复了，虽然那天上午雾气缭绕，但我仍然对前景十分乐观。我们动身穿越高山苔原，这里的植被随着我们接近4 000米高的山脉主峰而越发稀少。在一个地方，我们的小路穿过了一块巨大的石灰岩平面，它被冰川运动刮得几乎完全光滑了。在和冰川一起运动的过程中，一些巨石又在原本光滑的岩面漂砾上划出了深深的沟壑。有些沟壑看上去很新，就好像它们是昨天，而不是 15 000 年前被划出来的一样。实际上，在少数几个地方，划出沟壑的石头还躺在沟壑的尽头，就在 15 000 年前冰川将它留下的地方。当我凝视着这坚冰曾经存在的证据时，苦寒的风在吹打着我，我确信，冰川仍在附近某处徘徊。

一些真真正正的巨型砾石被冰川留在了山谷的两边，非常显眼。其中一块摇摇欲坠地立在地面上方一个高高的平台上。我们沿着缓缓升向山脉顶端的山谷向前走，直到在前方的雾气中看见了另一块若隐若现的巨石，直径至少有十米。它的后面是一片空白的空间，因为它就位于山脉主峰的尖顶上。我们终于到达了最高点。

只要抓住一些灌木，我们就可以爬上这个脚下无根的巨石了。我在上面看到了令人叹为观止的景象——在下方几百米处的地方，山脉南侧的坡度近乎垂直。透过盘旋的迷雾，我能分辨出下面远远的南坡上高山森林中的树木。它们的下面是一片陡峭的山脊和谷地。由于云雾的存在，再远处的一切就都看不清了，但我知道，再往南不远就是马林德（Marind）人和阿斯马特（Asmat）人居住的低地；再往远处，垂直方向低于我们四公里的地方，就是大海。

我举起相机，把这景象捕捉在了赛璐珞胶片上，却失望地发现照片一片模糊。这架昂贵的高科技新相机有自动对焦功能，但在我此前用它拍摄一些微小的高山花卉时，对焦距离卡在了一米左右。

于是我只好单纯地坐在这儿，陶醉在这片景色里，想着那留下了这块巨石的冰河时代，还有很久以前，当冰雪统治着地球时，人们可以进行怎样美妙的丛林远足。当时，南北极锁住了极大量的水，使得海平面剧烈下降，露出了大陆架。一个人可以从塔斯马尼亚的冰川走到我所坐的这个位置。巨尼西亚①（Meganesia）这个庞大的陆地群那时还是一整块陆地，只居住着澳洲土著和美拉尼西亚人。

直到将眼光从这片壮丽的美景上移开时，我才发现了一些迹象，说明我并不是第一个坐在这里冥想的人。因为在巨石顶上的一小块空地上，我看到了曾经生过火的痕迹。在这个痕迹的旁边，我脚下的一块岩石突起上，还精心地摆放着四个倭环尾袋貂（*Pseudochirulus mayeri*）的头骨。它们是在一顿悠闲的，并且可能是一人独食的餐饭后被清理干净并摆成一排的。我想知道，那个猎人在阳光中享用大餐的时候，脑子里都在想些什么。他是在几天前、几个月前还是几年前来到的这里？他离开这个地方的时候，是不是也像我一样觉得灵魂焕然一新了呢？

离开比灵吉克的那个早晨终于到了，我觉得自己非常舍不得这片壮美而又苦寒的群山。沿着小路，朝着遍地菜园的山谷走下去时，我发誓自己还会回来。

①指澳大利亚大陆、塔斯马尼亚岛、新几内亚、斯兰岛以及其他一些临近岛屿，但不包括新西兰。

第 25 章

园丁鸟的杰作

当我重返毛考普山脉考察时，已经是四年之后了。

1990—1994 年，我的多数时间都被两个研究项目占据了。第一个项目是关于澳大拉西亚①生态历史的研究，我将研究的结果写成了一本书，书名叫《吞食未来的人》（The Future Eaters）。第二个项目在时间和资源方面的需求要大得多，是对太平洋西南部和摩鹿加群岛的一个哺乳动物区系的调查。为了完成这第二个任务，我需要组建一支研究队伍并为他们安排经费，队伍将会调查这个巨型群岛的每一个主要岛群，我自己则要找时间到多数的岛群上去考察。

开展这项工作需要大量的经费，这些经费筹自威妮弗蕾德·维奥莱特·斯科特（Winifred Violet Scott）遗赠的财产。斯科特女士将她的财富遗赠给了一家资助濒危物种研究的信托基金。在她去世后，她的这些捐赠为濒危物种保护做出了巨大的贡献。好几个物种能被从灭绝的边缘挽救回来，多半都是她遗赠的功劳。

我们一共有五名研究者，都拥有相当丰富的热带地区野外研究经验。我给每个人分派了太平洋西南部的一个地区，我自己则去考察新喀里多尼亚、摩鹿加的中北部，还有伊里安查亚和巴布亚新几内亚的

①指大洋洲地区。

近海岛屿。除此之外，我还去了其他几个考察点，目的是增加对每个岛群自然风貌的了解以及评估其他研究者遇到的困难。

因为这两个项目，我有四年没能重返毛考普的群山。然而，当我真的回去时，我已经鸟枪换炮了，因为在摩鹿加的岛屿上工作使我的印尼语变得流利多了。

在考察岛屿期间，我到伊里安查亚去过一次。那是在 1992 年，我的考察路线横穿沃格尔考普（Vogelkop，又叫鸟头半岛）的马诺夸里城（Manokwari）。这次考察的目的是调查吉尔文克湾的岛屿。有两人与我同行：一位是波伊迪（Boeadi），他是一位来自茂物博物馆的印尼资深研究者；另一位是亚历珊德拉·绍洛伊（Alexandra Szalay），她是我的五人研究团队的成员。

我们这个队伍尤其适合在伊里安查亚工作。波伊迪是印度尼西亚最有名望、最资深的生物学家之一。后殖民地时期的大部分时间里，他都在茂物的动物博物馆工作，研究内容涉及苏门答腊犀牛、老虎和蝙蝠等多种动物，培养了一代又一代林业和野生动物方面的工作者。

波伊迪还是一位出色的野营厨师，片刻间他就能把粪堆上强悍的大公鸡变成美味的 ayam goreng①。同样，他也是一个脸皮特厚的讲价高手，不会拒绝从老奶奶身上讲下几卢比的价来。在这样的买卖中，他很少吃亏（一个例外是在哈马黑拉岛上，一只双爪瘫痪不能动弹的公鸡不知怎么骗过了他的火眼金睛，这事儿他记了好久）。与他相反，我经常把长了虫的榴莲和臭鸡蛋全买下来了，波伊迪对此很是恼火，

---

①印度尼西亚名吃，椰油炸鸡。

他最终禁止我去逛市场和巴扎，并且总是将我和街头小贩隔开。

亚历珊德拉是一位人类学家，在美拉尼西亚见多识广。她对当地文化有着独到的见解，这种见解在解读我搜集到的关于哺乳动物的信息时有着不可估量的价值。她似乎总能在正确的时间提出关键的问题。与波伊迪和我相反的是，阿莱克丝①还有着钢兽夹般牢固的记忆力，不管波伊迪和我常常在哪儿乱放装备，她都会重新恢复秩序。

从我们在马诺夸里居住的肮脏的旅馆房间里，能看到威严的阿尔法克山脉从城市后面的不远处拔地而起。不管怎样，我们都必须在那里待上几天等飞机，因此，我们很快就决定花点时间去一趟阿尔法克山脉。

阿尔法克山脉在新几内亚的动物学记录中占据着特殊的地位。1872 年 9 月 6 日，正是在这里，意大利探险家和动物学家路易吉·玛利亚·达尔波蒂斯第一个钻进了新几内亚群山环抱的中心地带，遇见并采集到了当地独特的山地动物。在那本精彩绝伦的新几内亚游记《我的作为，我之所见》(*What I Did and What I Saw*) 中，他记载了自己逗留在那里的三个礼拜里，靠吃大米和极乐鸟过活。每开一枪似乎都能打到科学上未曾发现的物种。达尔波蒂斯从马诺夸里走到了一个叫哈塔姆（Hatam）的村子，在那里，除了捕到一些鸟类和昆虫外，他还采集到了一份数量不算多却十分重要的哺乳动物收藏。差不多所有的高海拔物种都是此前未知的。自从那次以后，关于阿尔法克的哺乳动物的知识就很少再有人添砖加瓦了，而达尔波蒂斯采集的一些物种此后也再没有被记录过。不夸张地说，在哺乳动物这个层面，阿尔法克山脉几乎到今天都一直是个真正的 terra incognita②。

①阿莱克丝（Alex）是亚历珊德拉的昵称。
②拉丁语，未知之地。

在伊里安查亚工作的一大困难就是你不可能弄到准确的地图，这是因为印度尼西亚政府的安全意识非常强，你没办法搞到近期内绘制的寥寥几版地图。这使人不得不依靠过时的信息来源（通常是 1941 年日本入侵伊里安查亚前的信息），而这有可能带来灾难。

　　我们决定效仿达尔波蒂斯的先例，从海岸平原走到山中一个位置便利的村庄。我相中的适于工作的村子叫作兴格（Hing），而我手上这张印制于 20 世纪 30 年代荷兰殖民地时期的地图显示，如果步行，兴格离海岸至多一天的路程。它的位置看起来比哈塔姆更方便，并且从科学的角度来看，在另一个地点采样，而不是回到达尔波蒂斯的老猎场，是更为可取的。

　　我在马诺夸里放出话，说想雇一些年轻人给我们抬装备，并且在我们去兴格的远行中充当向导。几天之后，我的阳台上集合起了一队看起来五花八门的人马，他们申请这份工作依靠的主要资质是声称自己出生在兴格，因此熟悉这个村子以及通往那儿的道路。我们主要的帮手是一个叫阿古斯（Agus）的年轻人，但后来发现，他来自新几内亚南海岸一个叫法克法克（Fak Fak）的城市。当时我还不知道，在这次长途跋涉当中，我要把他出生地的名字念叨上多少遍[①]！

　　一天早上，我们很早就出发了，带着只够一天的食物，因为我们的挑夫们说当天下午晚些时候就能到达兴格。路不陡，但是这条小径一直都在攀升，我们沿着它穿过了那片覆盖着部分低坡的壮观山林。

　　我们在一片森林的树冠下休息，并借机吃了午饭。四周的树木种类繁多，地面上到处落着我以前从没见过的各种果子，尤其显眼的是一种大树浅银蓝色的椭圆形双生果。种子大约五厘米长，并且由于一个总是比另一个长一点儿，因此很像一对睾丸。这个例子表明，这是

---

① "Fak" 音近 "fuck"，后者是英语中的脏话。

一片不同寻常的森林，里面长满了正在结果的本地特有树种。我很是高兴，因为特有植物（一个地区所独有的）常常供养着特有的哺乳动物。它们正在结果这件事，说明哺乳动物的活动应该正在顶峰。

到了下午晚些时候，我们将低地甩在身后，进入了一片南洋杉林。这说明我们上升了大约 1 000 米的海拔，因为在新几内亚，南洋杉不会出现在海拔更低的地方。

我们最终没能在下午晚些时候到达村子，为此不得不找一个合适的地方扎营。我们赶在天将黄昏之前进入了一小块空地。空地下方是马诺夸里，它躺在那弓形的海湾里，灯光在热带夕阳的红光中闪烁。夜深之后，一弯新月明亮地倒映在水面上，将整个景象都镀成了银色。

我们的背夫们既没带御寒的衣物，也没带遮蔽物，却对要在如此简陋的条件下过夜没有丝毫不安。他们很快就用林子里的木材搭起了一间小屋，不久又点起了一堆熊熊烈火。他们围坐成一圈，开心地嘲笑着我们随身带的那么一点点食物。阿莱克丝、波伊迪和我支起了我们那颇为无趣的帐篷，在分食了剩下的可怜巴巴的给养后就筋疲力尽地沉沉睡去了。

翌日清晨，草被露水打得湿漉漉的，我费了些力气才伸展开僵硬的四肢，开始捡柴火。一杯冒着热气的 kopi bubuk[①] 让大家精神了起来，我们很快就打好包裹出发了，希望能在一小时之内到达兴格。

等到下午三点左右，事情变得很明显了，附近没有村庄，我的顾虑变成了深深的担忧。我们继续整天爬山，这时已经进入了一片南极冠青冈的森林。这种树通常生长在海拔大约 2 000 米的地区。这对阿尔法克山脉的一个村庄来说有点太高了，而且我们现在穿过的这片森林正处于无人管理的状态，只有在远离人烟的地方才可能遇到这样的

①一种粗劣却有芳香味的印度尼西亚咖啡。

森林。我们的背夫们仍然坚持说，兴格最多只有几个小时的路程了。

考虑到这场远行正在对波伊迪（他后来说这场考察是一段把他弄得半死的旅程）产生的不良影响，我们那天早早就停止了行进。我们利用白天的最后几个小时在林中布下了老鼠夹和雾网，希望能抓住些东西，喂饱已经饿到极点的背夫们和我们自己。

当我们探索附近的森林时，波伊迪有了发现。在我们这场艰难的跋涉中，有几项发现让人觉得这种付出是值得的，这个发现便是其中之一。波伊迪在设陷阱的时候发现了一个类似迷你小屋的东西，他起先以为这是人类建造的。它有着精致的结构，形状和达尼草屋的房顶很相似，但它那茅草覆盖的圆屋顶四面都伸到了地面上。"小屋"大约有一米高，细枝搭成的顶棚是围绕着一根中柱修建的。建筑上有一个像门一样的低矮入口，入口前有一片精心修建的草坪，草坪上摆放着各种颜色鲜艳的果实和花朵。最引人注目的是，就在门里面，在一片整洁的苔藓上面，躺着一只圆珠笔。

我们意识到，这个不同寻常的建筑是褐色园丁鸟（*Amblyornis inornatus*）的杰作。在山里人的眼中，这种鸟是 burung tahu，也就是"全知鸟"。雄鸟（有超过十八个类型）会建造各种各样叫作凉亭的建筑，它们就在里面向雌鸟求爱。褐色园丁鸟的凉亭是目前为止最复杂的，而这一座便是其中的优秀范例。那支笔，作为这里唯一的人造物品，显然是这只鸟的宝贵财产。它一定是某个旅行者同道（可能是从世界自然基金会来的研究者，因为他们几年前曾帮助这个地区进行过保护区建设）遗落在这里的。

那天傍晚，当我坐在帐篷里思考我们的困境时，外面传来了一种莫名其妙的噪音。声音最初很微弱并且明显很遥远，任何人听来都像是 B 级科幻片里的飞碟发出的。让人警觉的是，这种奇怪的声音变得越来越大。是一架印度尼西亚军方的喷气机正向这个方向飞来吗？但很快，这种噪音变得非常急促，使得我冲出帐篷，抬头望向树冠层，希望能看见一只银色的碟子飘浮在树的上方。

声音突然变小，接着就消失了。直到这时，我才发现这个捣蛋鬼：一只巨大的蝉从我帐篷附近的一根枝条上飞下来，撞到了雾网上。这是一只"六点钟蝉"，叫这个名字是因为它每天都会在早上六点和晚上六点左右发出这种不同寻常的叫声，但持续时间只有几分钟。我以前就听过这种蝉的叫声，但是从没有哪只拥有像这只这样的音质。看起来，在阿尔法克的高海拔森林中，你可以根据它们来对表了。

那天晚上，我没吃饭就躺下了，却也很满足。夜空晴朗，空气苦寒，没过多久我就迷迷糊糊地进入了梦乡。

凌晨很早的时候，一阵低低的嗡鸣声吵醒了我。起初，这种穿透睡帐的声音仿佛是六点钟蝉发出的，但接着声音变大起来，并逐渐自发地组合成了曲调。是我们的背夫们在以四声部的和声唱歌。这种余音绕梁的美妙旋律持续了几个小时，在彻夜间起起落落。我一定又慢慢睡着了，因为当我再次醒来时已经是破晓时分，我感到又冷又饿。

这天早晨，背夫们告诉我他们唱歌既是为了给自己保暖，也是为了不再去想食物。尽管歌的曲调明显是美拉尼西亚式的，歌词里却出人意料地有传教士带来的元素。他们一遍一遍地唱着"不要喝酒，不要抽烟，也不要相信……"

谢天谢地，一夜间收获颇丰，那些夹子夹住了大约十只苔林鼠。我给它们做了测量，剥了皮，然后把它们交给背夫们架在火上烤。在每人吃了大约半只老鼠之后，我们觉得多少有点力气了，便再次出发。这一次，我得到了保证，距离兴格**真的**，**绝对**，只有一两个小时的路程了。

中午时分，我们到达了一片罗汉松林，这种松林只生长在阿尔法克山脉最高的几座山峰上。这里的海拔接近 3 000 米。我们停下来，然后惊恐地发现波伊迪不见了。我们立刻沿路回去找他。

他转错了一个弯，当我们发现他时，他已经在林子里迷失了方向，孤独地转了好一阵子。他看起来筋疲力尽，明显不能再往前走了。

我为自己不断得到错误的信息而大发雷霆，因此我让背夫们在冷雾弥漫的森林中坐下来，严厉地质问几个向导，他们当中**有没有哪怕一个人去过兴格**？！终于，有个人鼓起勇气说，他小时候见过那个地方，并且确定距离我们所在的位置至少还有一两天的路程！

其他人为他的背叛而恼怒地瞪着他，但那个法克法克人阿古斯看来是被真相真正地震撼到了。他们有自己的小算盘：宁可随便走到一个地方，拿五天的工钱，也不能告诉我他们对兴格一无所知，从而失去这份差事。

我恶心坏了，下令撤退。波伊迪显然病得太厉害，不能继续考察了，所以我建议他与一部分背夫直接下山回到马诺夸里。阿莱克丝和我及另一部分背夫决定走一条沿邻近的山脊而下的小路，我在路的最下面曾见到过一片被人扰动过的森林，像是一片旧菜园。我们在那里也许能找到一个村子，获得给养并开始工作。

阿尔法克是新几内亚最崎岖的山脉之一，因此当发现这条小路以近乎 1 500 米的落差垂直而下时，我们并不感到惊讶。这座悬崖是由易碎裂的砂岩构成的，提供不了多少可靠的支持力。

我们开始小心翼翼地下坡，但没走几步，阿莱克丝就向坡下栽去。看上去必死无疑了。在最后的生死一线间，她抓住了一丛灌木，停止了下落。我们浑身发抖，下坡时更加谨慎起来。

爬下这样的山坡比爬上它要更加痛苦和困难。你的膝盖会疼，会抖，然后会浑身瘫软。没有地方可以坐下来休息，每一步都在努力抵抗着致命的地球引力。而背上的背包又平添了一份无可估量的困难。

在大约四个小时苦痛不堪的下山之后，我们来到了一个比较平缓的山坡，发现自己确实身处在一片旧菜园里。我们沿着一条穿过低矮灌丛的小路前行，很快就来到了一个似乎是被废弃了的村庄。我们一屁股坐在了村址边缘富有弹力的草上。

当我筋疲力尽地坐在一个草屋边上时，一名妇女和她的女儿从菜园归来，走进了村子的广场。她们似乎没想到会有访客，因此一看到我们就显得很害怕。多亏我们的背夫动作快，才没有让她们尖叫着跑进树林里。

很快就有村民聚集了过来，我们向他们解释了这场不请自来的到访的原委。除了一个人以外，其他人都是妇孺。看起来，那些身体健全的男子全都去参加低地上的一个重要集会了。唯一留下的男性居民是位老人，他的瘸腿永久性地蜷在身体下面，只能靠手四处行走。他自我介绍说他叫本杰明（Benjamin），并邀请我们睡在一间空草屋里。

我们举手表决，最终决定在这个名叫耶乌特（Je'ute）的村子待上一两天，以便从这场远行中恢复体力。唉，空草屋里到处都是跳蚤，我们在那儿过的几晚甚至还不如在林子里过的舒服，难以入眠。我们做饭—吃饭—挠痒痒—休息，其间我和本杰明谈了有关阿尔法克的哺乳动物的事情。他告诉我说，自己在瘸之前是一个声名显赫的猎手，知道如何寻找山里生活的每一种动物。我把我的《新几内亚兽类志》摊放在面前，和他就着里面的照片讨论了几个小时。当我用手指着一只洛氏鼠时，本杰明会以阿尔法克语中极为标志性的歌唱般的优美变调说出 Choy-woi-be-a 这个词，而我则会努力地尝试学会念这个名字。当我的表现令他满意时，他就会告诉我他知道的关于这种动物的全部知识，接着我们会继续讲下一种。一天之内，我就有了一份说得过去的哈塔姆哺乳动物名单，以及大量关于它们自然历史的当地知识。

几天以后，我们离开耶乌特，前往默克瓦姆（Mokwam）。这是一个比较大的村子，里面有跑道和货栈，以及成群的猎人。现在，我们可以安心地开展一个礼拜的高产的工作了。讽刺的是，原来默克瓦姆离路易吉·玛利亚·达尔波蒂斯 120 年前工作过的哈塔姆只有六公里，而兴格则位于山脉遥远的另一边。人们认为，兴格的居民在大约二战的时候就已经迁走了。

在默克瓦姆，我们和 kepala desa（头人）一家待在一起。他们待人很亲切，把自己朴素的房子中的一些空间提供给了我们。我们在那里搭上了帐篷，以便保持一点隐私。不幸的是，这个地方被一个健康的大足鼠种群侵染了，它们不知怎么从原本的家园大老远跑到了这个偏远的地方[①]。大足鼠是一种粗壮而吵闹的动物，对正在睡觉的人类毫无尊重。它们很快就把我帐篷的两边变成了鼠科动物的"滑雪坡"和"度假天堂"。

如果说我们被头人家的这些非人类住户搞得很狼狈的话，那么恐怕里面的人类住户就被我们弄得更郁闷了。在我们向当地的猎人们要标本之后，动物（无论是死的还是活的）就日夜不停、络绎不绝地被送了过来，这让头人的妻子深恶痛绝。和这个地区的其他妇女一样，她对有袋类动物的幼崽尤其嫌恶。她可以心平气和地低头盯着那些可怕的大足鼠，但如果给她看一只刚从母亲的育儿袋里掏出来的小袋貂，她就会一手捂住嘴巴往后退，另一只手做出要将这只小小的有袋类动物推开的动作。在了解到她有这种恐惧之后，我对这些动物的处理就

①大足鼠的英文俗名直译为"喜马拉雅鼠"，印度尼西亚并非其天然分布地区，它们是被人为引入的。

小心了起来，因为我知道，当猎人们给我带来第一只小袋貂的时候，我们就处在被赶出这间屋子的边缘了。

尽管有这些困难，阿尔法克山脉的工作还是回报颇丰。我们记录到了大约五种此前从未在这座山脉中记录过的哺乳动物，并且解决了一个长期以来的分类学谜团。这是关于达氏环尾袋貂（由路易吉·玛利亚本人于 1872 年，在哈塔姆首次采集到）的。这个种类的袋貂似乎有两种不同的体型，它们在 20 世纪早年间被赋予了不同的学名[1]，但二者在 20 世纪 40 年代时又被合并了[2]。在检视了猎人们留下的一大堆当作战利品的下颌骨（我们收集到的）和一对完整的标本之后，我们发现这的确是两个物种。我们把新的那种命名为隐遁环尾袋貂[3]（*Pseudochirops coronatus*），以此来纪念它在如此长的时间里都没有被西方科学所发现这件事。

在阿尔法克，还有一种巨型老鼠此前从未被记录过。这种老鼠的样子有点像德维斯滑尾鼠（*Mallomys aroaensis*），但我对这个种类的确切身份仍不确定。另外，还有一种西白耳粗尾鼠（*Hyomys dammermani*），这种老鼠用来煮肉汤非常好喝。此外，还有相貌奇特的长指袋貂（*Dactylopsila palpator*），这种皮毛黑白相间的袋貂闻起来就像一只臭鼬，它的每只爪子的第四根手指延长成了一根细长的大探针，被用来将昆虫从藏身之地钩出来。

我们的这场即兴之旅最终还是为这个地区的动物学做出了贡献。当我们在马诺夸里与波伊迪（他这时已经痊愈了）见面时，他也为结果高兴不已。

---

[1] 也就是认为这两种体型不同的袋貂是不同的物种。

[2] 也就是这时又认为两者属于同一个物种。

[3] *Pseudochirops coronatus* 这个学名在 1897 年就已诞生，作者为这个物种取的仅是英文俗名 "Reclusive Ringtail"，此处译作"隐遁环尾袋貂"。

THROWIM WAY LEG
AN ADVENTURE

雪　山

✤ 第 26 章 ✤

黑白相间的树袋鼠

1993 年年末的一天，在太平洋诸岛的动物区系调查工作接近尾声的时候，我接到了一个电话。打电话的是一家矿业公司的雇员，他就职于 PT 自由港①印尼分公司。自由港是世界上最大的矿业公司之一，总部位于新奥尔良，经营着世界上利润最高的金铜矿，矿区就位于伊里安查亚。

在电话另一头，那个遥远的、断断续续的声音告诉我，他是从一个叫坦巴贾普拉（Tembagapura）的城镇打来的电话，而坦巴贾普拉就是自由港金铜矿的所在地，位于伊里安查亚的心脏地带。这个人还解释说，他发现了一种名叫大尾袋貂（*Dactylopsila megalura*）的非常稀有的袋貂。这种不同寻常的袋貂与长指袋貂很相似，不过它那根银黑相间、毛发浓密的尾巴非常巨大，比身体其他所有部分加起来还大。这个人读过我写的那本关于新几内亚哺乳动物的书，他想知道我是否有时间去坦巴贾普拉核实一下他的鉴定结果，并且与当地村社的人们谈一谈野生动物的事情。

坦巴贾普拉是伊里安查亚被探索最少的地方之一，至少在哺乳动

---

① 除了第一次使用了"PT 自由港"的称呼外，后文中作者很多地方都直接用"自由港"来称这家公司。

物方面是这样的。我一直想去那里，却几乎没敢想过自己能去那里，因为坦巴贾普拉不是那种未经邀请就能去的地方。

坦巴贾普拉位于奎亚瓦基以西仅 120 公里的地方，毗邻着毛考普山脉的至高点卡斯滕士山（Mt. Carstensz）。卡斯滕士山顶上是一片冰川，这个冰河时代的遗迹是地球上屈指可数的几个赤道冰川之一，并且由于全球变暖，正在迅速萎缩。说实话，以目前的融化速度，它很可能在我死前就会消失。

还有另一个因素使我想去坦巴贾普拉，那就是我从比灵吉克的人类遗骸中捡到的那块树袋鼠下颌骨，因为它仍然没能得到鉴定。我在奎亚瓦基还买到过一块树袋鼠的皮毛，它最初是被装饰在羽毛头饰上的，这块皮毛也保持着同样的神秘。皮毛是黑色的，胸前有一抹白毛，相比我见过的所有树袋鼠皮毛来说都很独特。

最重要的是，在离开奎亚瓦基之后，我收到过一只在坦巴贾普拉附近抓到的树袋鼠幼崽的照片。照片上是一只非常幼小的动物，有着黑白相间的醒目花纹。现在看来，这又是一种未描述过的树袋鼠，在新几内亚的群山中等待着被发现。也许，这次去坦巴贾普拉能够为我提供收集更多证据的机会。

1994 年年中，我说服了自由港的管理层，得以在这趟行程中加上一次动物区系的调查。我还搞到了许可，让波伊迪和阿莱克丝与我同行，我们都希望能够顺利地继续我们的工作。阿莱克丝和我飞到了石冢市（Cairns），接着包租了一架飞机，直接飞往伊里安查亚南部低地上的蒂米卡（Timika）。到达蒂米卡时，我们受到了自由港主人们的迎接，然后轻快地钻进一辆陆地巡洋舰，开了两个小时来到坦巴贾普拉。波伊迪将在几天之后加入我们。

连接蒂米卡和坦巴贾普拉的公路是世界工程史上的一大奇迹，因为它横穿的是地球上最复杂的一些地形,长度约为 100 公里。1910 年,英国探险家 A. F. R. 沃拉斯顿（A. F. R. Wollaston）花了十八个月的时间尝试走完了这条路。他在水位淹到脖子的营帐中过夜,疲惫不堪的一个个礼拜里,他们在绵延不绝的沼泽与丛林中蹒跚前行,脚气病、疟疾和溺水夺去了他的许多同伴的性命。在这之后,他到达了力所能及的范围内海拔最高的地方。然而,那里的海拔也只有 1 400 米。而现在,公路上的旅行者在三十分钟内就可以到达沃拉斯顿当时被迫返回的地点了。

修建这条了不起的公路花了好几年,耗资数百万美元,还搭上了很多条人命。它的设计极富创新性,横穿低地沼泽的路段的一部分建在旧轮胎上,这样它就可以漂浮在无垠的沼泽上了。公路穿过异常奇特、很原始的沼泽森林,大量的鸟、昆虫、兰花和蕨类植物让人觉得这里拥有着旺盛的繁殖力。鲜橙色的真菌装点着倒下的树桩,还有植物的支柱根从沼泽中伸出来。覆盖着每一根枝条的纤弱苔藓,是腐朽的最佳注解。

穿过这片惊艳绝伦的森林之后,路面开始向上抬升,接着在高于海平面约 600 米的一片森林密布的平坦台地上继续前行。对于一名生物学家来说,这是个令人着迷的地方,因为与低地比起来,这里与高海拔林地有着更高的相似性。我上一次看到这里的一些物种是大约五年前,在海拔 3 000 米以上的奎亚瓦基,那片森林生长在营养贫瘠、排水不佳的泥炭土上,经受着极高的降雨量——每年 11 米,近乎永恒缠绕着云雾。

越过台地,群山陡然拔起,从这里开始,公路蜿蜒着爬上了一条看起来陡得不可思议的刀锋般的山脊。人们用骑坐式割草机大小的迷你推土机铲掉了山脊的顶部,使得较大型的推土机可以随后跟上。山脊被越来越多地推掉，直到顶部的平坦空间宽到足以行驶车辆的地步。这是我见过的最陡的公路。在某个地方，我想停下来拍张照，却发现自己无法保持平衡。

沿路上行，温度不断下降，雾气也围了上来。在这里，树的叶子较小并且树形比较矮，也已经没有了低地的犀鸟和美冠鹦鹉，但又有新的声音传入了我的耳中，包括栖息在山地的极乐鸟那听起来如同机械般的鸣叫声。

不久，道路进入了一条一公里长的、穿过一座大山中心的隧道。水从隧道顶部落下来，形成了一个小瀑布。隧道的出口在一座峭壁的旁边，道路在直立千仞的崖壁边继续前行，一直爬升到了海拔 3 000 米的地方。在这里，你经常会遇见冻雨和浓雾。在这个地方，碰见一辆巨大的运送矿石的卡车在面前仅几米处从雾气中钻出来，是一种令人惊恐的体验。

接下来，道路开始下行，进入庇护着坦巴贾普拉城区的那条小山谷。坦巴贾普拉是 20 世纪 70 年代时为了给自由港的员工居住而修建的。随着时间的推移，它的规模已经扩展得很大了，现在甚至有了郊外住宅区隐秘谷（Hidden Valley），就坐落在上面的山里。坦巴贾普拉比人们眼中一般的矿业城镇要漂亮，很大程度上是由于它无与伦比的地理位置及紧凑且出色的规划。

依美拉尼西亚人的标准，坦巴贾普拉的生活十分奢侈。这里有超过 10 000 的人口，拥有美国小型乡镇中心具备的大多数设施。镇里有银行、超市和特种商品商店、运动设施、一家有餐厅和酒吧的俱乐部，还有为工人和访客提供的一流住宿。比起我在伊里安查亚别处工作时的遭遇，这是一个截然不同的环境。

让我感到惊愕的是，这个地区传统意义上的主人阿蒙梅人，在我到访时大多都被有力的安保措施拒于城区之外了。就连丛林也被拦在了城区外——雨林被清除掉了，有人在原来的位置种了辐射松。这些松树无疑是花大价钱引进的，但在我六个月后再来时大多数都已经死了。

与当地人接触时的种种困难让我们举步维艰，因为我需要在他们打猎时与他们一起工作。幸运的是，这个问题在我遇到约翰·卡茨（John Cutts）的时候被解决了。

在自由港就采矿租地问题努力与原土地所有者建立紧密关系的过程中，约翰起着十分重要的作用。约翰出生在美国，但四岁时便被一对传教士夫妇收养了，这对夫妇那时在这里（当时还叫荷属新几内亚）的莫尼（Moni）人中间传教。约翰被他的莫尼邻居们和养父母共同抚养长大，因此通晓莫尼人的语言和传统。在很多方面，他身上莫尼人的成分与美国人的成分一样多。莫尼人的领地就在矿址的西边，他们中有很多人生活在坦巴贾普拉周围的村子里，因此这层联系对于公司来说大有用处。

约翰当时是坦巴贾普拉的联络官，我正是通过他才认识了一些当地人。其中，最重要的是韦德利斯·宗果敖（Vedelis Zonggonau），一个三十多岁、受过良好教育的莫尼人。

我拿出《新几内亚哺乳动物》的户外版，翻到多丽树袋鼠那一页。

"Nadomea。"宗果敖告诉了我们莫尼人是如何称呼这种树袋鼠的。

"Naki。"阿蒙梅猎人们说道。

接着我给他们看了别人寄给我的照片，就是那只黑白相间的幼崽。

"Dingiso。"宗果敖说。

"Nemenaki。"阿蒙梅人齐声说道。

讨论了一阵之后，我们制定了一个探索城区上面的高山森林，搜寻这些树袋鼠的计划。

我们决定在海拔 2 500 ～ 3 000 米的区域中沿着森林里的道路开展工作。这个区域生长着茁壮的山毛榉林，看起来像是树袋鼠的首选栖息地。我们把扎营点选在一条岔路上，这里覆盖着杜鹃花科的植物，因此能给我们透点阳光。这是一层重要的考虑，因为坦巴贾普拉周围的森林是地球上最潮湿的地区之一，如果没有机会晾干自己，这里的生活会让人无法忍受。

这里风光秀美，并且猎人们向我们保证，以前伊里安抵抗运动的人就用这里做过营地。营地的东面俯瞰整个辛加（Singa）山谷，一大片原始森林尽收眼底。下面的树冠层中或浓或淡的绿色表明这里有着巨大的植物多样性，森林中整天都会传出各种各样的鸟鸣声。

我们扎营的这一小片杜鹃花丛覆盖着大量的苔藓，兰花和杜鹃花构成了大部分的地被。一种尤为华美的兰花开着硕硕累累的白花。它那凋落的花瓣散落在苔藓地上，看起来好似一片新雪。

在杜鹃丛中扎营的最初几天里，我们为一种难以捉摸的奇异叫声困惑不已，我觉得那就像是一个微醉的老姑娘，在家庭聚会上被一位人缘颇佳的叔叔掐了屁股时发出的声音。"哦——"它这样叫着，中间夹杂着不规则的间歇。在我们遇到的第一个晴天里，这位神秘的鸣叫者被发现了。当时，阿莱克丝看到一只粉黑相间的小蛙从泥炭苔藓上爬过。它还没我小拇指的指甲大，并且（毋庸赘言）是科学上完全未知的一种蛙。

我们每天都派猎人们牵狗出去寻找树袋鼠，并且很快就得到了第一件标本。我失望地发现它不是我想要得到的那种黑白相间的树袋鼠，而是我此前基于 1987 年在星辰山脉采集到的标本而描述的一个多丽树袋鼠的亚种。然而，发现这个物种生活在其已知的分布范围以西如此远的地方，还是让我颇为惊奇。接下来的一个礼拜里，我们又找到了几只多丽树袋鼠，但那种黑白相间的动物仍然不知所踪。

我颇受打击，决定在更高的海拔上再试一次。我们沿着那条从坦巴贾普拉一路攀升到矿址的道路前进，再转弯进入灌丛，来到了一个陡坡直升到海拔 3 700 米的地方。这里聚集着一簇簇茂密而低矮的灌木，全都生长在岩石之间。对于在这个地区找到树袋鼠的可能性，我持强烈怀疑的态度，因为这里甚至没有任何大小合适的树来供它们攀爬。然而，我们的猎手们却坚称可以在这里抓到它们。我听从了他们的计划，在这个荒凉的地方立下营地。

三天的捕猎之后，我们仍然没能找到任何树袋鼠的蛛丝马迹，我最大的疑虑似乎成真了。

一天清晨，一只狗从雾气中现身，并接近了我们的营地。它后面还跟着另一只狗，然后又来了两男两女。我向其中个子较高的那个男人介绍了自己。对方回应说，他的名字叫尤纳斯·蒂纳尔（Yonas Tinal），是从伊拉加（Ilaga）来的拉尼人。那两条狗是他的猎犬，两个女人是他的妻子，而另一个男人是他的朋友。他告诉我，自己是来这片高山森林捕猎树袋鼠的。

尽管我的疑虑正在变得越来越深，他看起来还是对成功充满信心。他告诉我说，他的狗名叫丁戈（Dingo），是一条价值四百万卢比的猎犬：它极为擅长寻找猎物，尤纳斯认为它每颗犬齿的价值都可以高达一百万卢比（约合七百澳元）。丁戈的伙伴画瓢儿（Photocopy）则是一只本领较小的畜生，并且如其名字所言，相较于外表，它在能力上不太像一只猎犬。

尤纳斯和我一见如故。他是一个块头很大，心胸开阔又慷慨无私的男人，有一种令人愉悦的幽默感。他长着一个典型的拉尼式大鼻子，鼻中隔上的穿孔打得很好。他有几次提出要给我的鼻中隔也穿上孔，并且声称山里面是给鼻中隔穿孔的理想地点，因为那里的冷空气会让这项体验的痛苦相对少一点。

尤纳斯喜欢澳大利亚人。他曾为一个在矿场附近从事道路建设的澳大利亚工程师工作过。他与那名工程师成了密友，并且仍然时不时会给对方写信。尤纳斯给这条声名远播的猎犬命名为丁戈，就是为了向他的澳大利亚朋友致敬。

尤纳斯解释说，他有四个妻子，但其中一位与另外三个人打架，他不情愿地把她送回了她的父母那里。然而，一夫多妻制显然很适合尤纳斯，因为他正计划扩大自己的小家庭。他对纳比雷的警官之女的爱慕成就了一段罗曼史，而尤纳斯现在正在为下聘礼而攒钱呢。

在我认识的较为传统的年轻新几内亚人中，尤纳斯颇为独特，因为他会通过身体接触坦率地表露出对妻子们的喜爱之情。人们常常看到他依偎在她们之间，拉着一个的手，朝着另一个微笑。在他的陪伴下，妻子们看上去也很开心和满足。

在我向尤纳斯说明了我想得到一只黑白相间的树袋鼠标本的愿望后，他继续向山里更高的地方进发，承诺会在几天之内带一只回来。

我很愿意跟着尤纳斯去他的营地，但我们的网和陷阱都已经架好了，并且我们的猎人们也正在这个较低海拔地区的灌丛中进行搜索。如果要重新安排队伍，我们至少得花一天的时间，而尤纳斯等不了。

我们的猎人什么也没找到，我越发地感到失去了希望。

但最终，一天早晨，我看到丁戈从森林中钻了出来。面带微笑的尤纳斯跟在后面，伸着两根手指。随着他打开 noken（网兜），我从这个手势中猜测他抓到了两只树袋鼠。

当 noken 中装的东西映入眼帘时，我整个人几乎同时被喜悦和失望占据了。尤纳斯确实抓到了两只树袋鼠，但它们已经被吃掉了。他带回来的只有几块皮子和骨头！

不过，这些残骸足以使人确认，这种黑白相间的树袋鼠是一种非常奇妙，且迄今为止不为人知的动物。这些皮毛不完整，已经被撕扯碎了，但仍可以清楚地辨识出它们来自一种大型动物（我们后来发现，雌性体型比雄性小，但体重也有 9 ～ 10 公斤）。从皮毛上看，这种动物的后背的确是黑色的，腹部呈白色，尾巴生有黑白相间的花纹，但通常有着白色的尾尖。它的面部非常独特，因为有一带白毛包围在口鼻的基部，额头的中央则点着一颗白星。这些特征在幼崽的照片上并不显著，而任何其他的有袋类动物身上都看不到类似的花纹。

这种奇异生物的与众不同，在骨骼上也能很清楚地看出来。头骨显示出了与多丽树袋鼠的一些相似性，但是形状更加优美；牙齿和头骨上的孔的细节方面也有些差别；四肢的骨骼也与我以前检视过的其他树袋鼠天差地别。其他树袋鼠的主要肢骨都粗壮非凡，之所以这样，是因为许多种类都要从雨林的冠层上往下跳，落差可达二十米。而这个新物种的肢骨却很纤弱，按比例来看与地栖的袋鼠比较相似。显然，这种动物无法从很高的地方跳下来。

我最终发现了这个新物种最独特的地方：在多数时间里，它都是在地面上，在高山地带矮小的灌木丛中活动的。

与此同时，我们徒劳无功的猎人们已经出发，再次带着他们的狗到更高的地带去了。而我们，则以更悠闲的脚步跟在他们后面前进，采集着蛙类，查看着植物，寻找着小型动物的踪迹。

在这段征程中，尤纳斯和我组成了一支半吊子的队伍，专门在倒下的木头下搜寻蛙类和无脊椎动物。我们工作起来很像是矬子（Jack Sprat）和他老婆①，因为尤纳斯对于所有两栖动物都有一种不合常理的恐惧，而我看到毛茸茸的大蜘蛛则会缩手缩脚。因此每当有青蛙从原木下面暴露出来时，就会由我跳过去扑向它；而当发现样子极为恐怖的蜘蛛时，则会由尤纳斯弯腰把它们捡起来。在抓蜘蛛时，尤纳斯总是一副漫不经心的样子，一点儿也不犹豫。

一直以来，我都没有意识到尤纳斯对蛙类的厌恶程度有多深，直到有一次我们在坦巴贾普拉的落脚处一起看一段录像时，我才发现他对蛙类是何其厌恶。几天前，我把尤纳斯和其他帮手们工作时的样子拍了下来，他们兴奋地围在电视旁，像谈论电影明星一样谈论着他们自己。这时，画面突然切到了一只蟾蜍的特写，尤纳斯笔直地跳到空中，落到了一个沙发上。他竟然试图从沙发上爬出我们位于三楼的窗户！冷静下来后，他向我解释说，看到这样一只放大的青蛙就够可怕了，再去听它那放大了的鸣叫声，简直是不可想象的。

让人遗憾的是，给我们带回期盼已久的标本的不是尤纳斯，而是另一个拉尼人欧博特（Obert）。

那天，尤纳斯和我正干得起劲儿，我们的猎人们从雾气中钻了出来，领头的是欧博特，他一脸得意洋洋的样子，肩上扛着一只树袋鼠。他告诉我们，这才刚死不久嘞。

当欧博特把那只直挺挺地搭在他肩上的动物扛过来时，我觉得它更像一只熊或者考拉，而不是袋鼠。它看起来是那么的文静可爱。

①矬子夫妇是一首英语儿歌中的人物，歌词大意如下："矬子不吃肥，老婆不吃瘦。两口儿一配合，瞧！舔光盘里肉！"

后来，当我遇到一只活的个体时，我才了解它的脾气的确很温和。拉尼人常常告诉我，猎人们找到它后，会在旁边放一些它喜欢吃的树叶，而它则会靠近过来，猎人们就能直接在它头上拴个绳套把它牵走了。

生活在高高的毛考普山上的猎人对这种奇特的动物很熟悉。居住在山脉西麓的莫尼人称其为 Dingiso，最终我们将这个词用作了这种树袋鼠的英文俗名。此前，在给新几内亚其他哺乳动物命名时，生物学家常常使用繁冗的二段式英文名，比如 Goodfellow's Tree-kangaroo（古氏树袋鼠），我们对此已经完全厌倦了，因此这一次用了这种新方式来命名。我们想取一个当地的名字，就像原汁原味的 koala（考拉）和 wombat（袋熊）一样，并且相信它迟早会被西方人的耳朵所熟悉。

我们还将 Dendrolagus mbaiso 用作这种动物的学名。Mbaiso 在莫尼语中意为"禁止触碰的动物"，我们用这个名字是为了向莫尼人传统的自然保护措施致敬。这个物种能存活到如今，这些保护活动起了至关重要的作用。

Dingiso 在莫尼人的领地中仍然很常见。许多部落将它们当作祖先一样来崇敬，拒绝捕猎它们。据莫尼人说，当在森林里遇见它们时，它们会飞快地举起前臂并发出吹口哨般的叫声，莫尼人将这视为一种象征，认为 Dingiso 觉得自己与莫尼人有共同的祖先。莫尼人还说，即使是他们的狗也能看出这种动物的神圣性，因为当狗在看见 Dingiso 时，会肚皮着地地溜走。和莫尼人相比，生物学家们就显得没有"想象力"了，他们对 Dingiso 的行为有着不同的看法，认为 Dingiso 的这些举动是一种典型的示威姿态。然而他们却无法解释莫尼人的狗的那些举动。

西达尼人将这种生物称为 Wanun。在他们位于莫尼人聚居地西边的领地中，Wanun 没有受到传统信仰的保护，因此数量已经极为稀少。在多数西达尼人定居点附近步行几天的范围内，它们已经被猎杀殆尽了。

现在，我已经有足够多的证据来描述这个物种了。随着 Dingiso 的发现，我觉得自己达到了作为生物学家的职业生涯的顶点。在这十年左右的时间里，我调查了美拉尼西亚的哺乳动物，发现了另外十六个科学上未知的物种，还有十四个新的亚种。这里面有蝙蝠、袋貂、袋狸、沙袋鼠和巨鼠，以及其他三种树袋鼠。然而，没有哪一种像 Dingiso 这样不同寻常，也没有哪一种蕴含着如此有趣的进化和文化故事。

动身返回澳大利亚之前，我在蒂米卡周边的低地待了几天。自由港的管理层对我们调查的结果感到非常高兴，把我们所有人安顿在了一家新开的蒂米卡谢拉顿酒店（Timika Sheraton Hotel）里。在伊里安查亚的丛林中能找到这样一个地方真是非常神奇，因为它的设施极尽奢华之能事，你如果走运的话，甚至可以在酒店几乎每一个房间里看到栖息在周围丛林中的五六种极乐鸟。

酒店的建造费用显然不菲。这家酒店总共有四十七个房间，我听说修建它花掉了八百万美元。既然想接待国家元首和高官政要，那么酒店必须得够规格才行。

酒店周围的庭院非常精致优美。丛林中砍出了一条条的小径，路两旁的再生苗丛中可以看到各种各样的昆虫、鸟类以及其他野生动物。很多种艳丽的蝴蝶围绕着匍枝爬藤的花朵盘旋飞舞，每一根原木的下面都可能蹿出长着鲜艳蓝尾巴的石龙子。

然而，你不必从谢拉顿酒店走出很远，就会进入伊里安查亚当今的现实世界里。夸姆基拉玛（Kwamki Lama）村是给被迁走的阿蒙梅人修建的，他们原本住在坦巴贾普拉－辛加地区。这个村子距离酒店将近一公里。1995 年，大约一百名生活在这里的阿蒙梅人死于霍乱。阿蒙梅人是一个山地民族，因此从健康角度来讲，在低地上生活时，他们对疾病的耐受能力和白人一样差。

卡莫洛（Kamoro）人是低地沼泽原来的居民。在矿业公司来之前，他们过着半游牧的生活，并且其中一些人至今仍鲜明地保持着传统的生活方式。不论矿场对他们的生活造成了多么巨大的破坏，他们仍以令人意想不到的方式适应并利用着新出现的境况。

有一天，我被带去看尾矿堤。这是个大型的坝状结构，修建在蒂米卡的东北边，用来容纳倾倒进艾夸（Aikwa）河源头的矿渣。矿渣几乎完全由粉碎的岩石构成，谢天谢地，采矿过程中没有用到化学品。然而，被排放的沉淀物的绝对体积还是引起了一些环境方面的担忧。

在矿渣堆积的地方，沉淀物会使附近树木的根部无法透气，造成大片的森林死亡。尾矿堤周围的区域看起来很糟糕。在它的南边，森林中的树木直挺挺地躺着，已经死了或者离死不远，面积达到数千公顷。北边是原始的沼泽森林，我发现森林里居住着相当数量的卡莫洛人。为什么他们选择居住在这片被破坏的环境周围呢？

我到达时，正好有两个妇女回到营地，我从她们那里找到了答案。她们的额前挂着装满淡水明虾的大号网兜。这些甲壳动物非常美味而且营养丰富。它们通常并不常见，我很好奇这些女人为什么能采集到这么多。看起来，答案就在被摧毁的森林里。

已死和将死的树下有水，水中盛产明虾，这是因为掩盖了树木的沉淀物为藻类和细菌的生长提供了肥沃的底床，而这两者是明虾的绝佳食物。随着树叶飘落，阳光照到了森林的地面上，创造出了一个肥沃得不可思议的环境，明虾和其他水生动物得以在这里繁荣生长。卡莫洛人在坝体上设置了塞子，当收获明虾时，女人们会拔掉坝体上的这些塞子，然后用网罩住那个洞，几分钟之内网里就装满了明虾。

被这些丰盛物产吸引来的并非只有卡莫洛人。水里满是肥硕的鳄鱼，大量的野猪和林地沙袋鼠也被树下长出的再生苗吸引来了。这些动物使卡莫洛人有了更多的食物来源。在政局持续稳定时，他们会在蒂米卡的市场上卖熏肉赚取一定利润。在我见过的低地族群中，从没有哪一个像这些生活在尾矿堤旁的卡莫洛人一样气色闪亮，身体健康。

幸好这片矿渣区为卡莫洛人提供了一种替代性的食物来源，因为他们的传统食材，包括曾经盛产于河湾中的鱼和泥滩蟹，现在都不幸枯竭了。矿渣埋没了许多传统食材，而布吉的渔民又与他们争夺那些剩下的。富有侵略性的布吉人最近发现了伊里安查亚南部几乎从未有人涉足过的渔区。依托蒂米卡和坦巴贾普拉的现成市场，布吉人对这个区域进行了扫荡。要不了几年，现在市场上还能看到的巨型澳洲肺鱼和大把的泥滩蟹就将不复存在了。

矿渣对森林造成的破坏最终将影响到很多平方公里的土地，人们将来甚至能在太空中看见这种污染的痕迹。但在伊里安查亚南部低地森林这个背景下，受影响区域的面积仍然很小。当乘飞机离开蒂米卡时，森林遭受的更大的破坏就会映入眼帘，这时可以看到伐木的小路弯弯曲曲地通向四面八方。1990 年，第一次飞越这片森林时，一条伐木小路也看不到。而现在，它们似乎覆盖了整片区域，向西几乎延伸到了埃特纳（Etna）湾。

对当地人来说，伐木对森林造成的破坏没有任何连带的好处，受影响的地域之大又令人震惊。然而他们没有办法遏制这些行为，因为军方和其他富有的爪哇人从中赚到了大把的钱。将使伊里安查亚南部失去其宝贵森林的，是伐木而不是矿渣。

第 27 章
登上世界之巅

在坦巴贾普拉周围的森林中宿营，给了我与山里人开怀畅谈的机会。

为了理解他们的观点，你必须试着以他们的方式来看待世界。这里居住着多个部落，包括艾卡里（Ekari）人、莫尼人、阿蒙梅人和达尼人。这些部落的成员都认为他们是自由独立的族群。他们将自己的土地和土地上的一切视为自己的部落所有，不属于其他任何人。这是一片他们和他们的祖先为之战斗，并精心守护了几千年的土地。

我向他们保证，他们将最先知道我的发现，但我也明确地告诉他们我无法再承诺任何别的事。我很确定，他们希望对我收集到的信息拥有更多的掌控，但我不能同意对于我所做的工作，以及在工作期间的见闻保持缄默。

我计划把我们的装备用直升机运到梅林山谷的一个营地里，在海拔 4 300 米的区域工作四五天（多半是研究老鼠），接着爬到冰川的脚下，判断都有哪些哺乳动物（如果有的话）生存在这样恶劣的环境里。亲眼看看梅林冰川，是我一辈子的夙愿。

我们天亮以前就醒了，在微光中将装备集中到停机坪上，这是我们日程表上的第一项工作。在一段相当冗长的安全简报之后，我们将行李装上直升机准备出发。在这种地方乘坐直升机的刺激感很难用言语来表达：启动器高亢的鸣鸣声、空气中夹杂着的皮革与汗水的气味、头盔和它上面的无线电。接着就是起飞、短暂的爬升和扑向未知地带所带来的那种危险感。

　　我们飞往梅林山谷的这天早上晴空万里，到达目的地之前，我们必须飞越矿区本身。这是一片了不起的壮观景象：不论在哪里，只要某个地方富含矿产资源，现代跨国经济都有力量将这些资源开采出来。

　　1936 年，一位荷兰地质学家发现了一座 300 米高的铜矿山。但问题是它矗立在地球上最偏远、最难以进入的角落里——一座大型石灰岩山脉的顶上。20 世纪 70 年代，美国资本在这里投资修建了一条公路，修建的过程令人无法想象。在连路也通不下去的地方，美国工程师们修建了世界上最长的缆车，把路的尽头与坐落在海拔将近 4 000 米处的矿山本体连接了起来。在乘坐这架缆车时，你将身处在一个铁箱子里，铁箱子被高高地吊在一英里①长的钢缆上，下面便是一条大裂谷，这种体验令人终身难忘。

　　矿场的运作离不开规模庞大的基础设施，一座不少于 10 000 人的城镇、一条航线和一条运输线，更别提大片的设备棚、垃圾场和采矿材料了，这一切都是由一个强有力的资本机器在支持着，而矿场则每天都在接受着价值一千万美元的矿物流的回馈。

　　1994 年，自由港的年度预算比大多数太平洋岛国的经济总量还

————————
① 1 英里 =1.609344 公里，下同。

要多，它所运营的项目几乎等同于一个国家。这家公司如今已经自发裁撤了很多外围生意，比如航空、酒宴承办和船运，将精力集中在矿业开采上。然而，这仍然是一家让人惊叹的企业。

在我们经过这个张开巨口的深坑时，我想起了我听过的一个故事。这个故事是关于一位阿蒙梅首领的，这位首领相信有座山里面埋藏着不可估量的财富。他宣称自己可以通过使用一颗有魔力的耗子牙，来得到那笔财富。这位阿蒙梅首领的货物崇拜①当然没有实现，但他是对的，巨大的财富确实存在于山里——阿蒙梅人的山里。

飞机越过了矿区，开始沿着一面通往梅林山谷的陡峭岩坡爬升。看着贫瘠大地上的禾草和杜鹃花，我感到自己又一次回家了，四周环绕着我熟悉和喜爱的山间景色。仅仅几分钟之后，我就站在了一片沼泽密布的高山草甸上。直升机已经飞走了，冰凉刺骨的水渗进了我的靴子，冷风吹打着我的脸。这份寂静真如天赐一般。

我们这时身处在一座由冰川融水注入，几乎发着光的碧绿湖泊旁边。陡峭的岩壁有一百多米高，以大约八十五度角从水平线上升起。在大约五米的距离内，岩壁脚下的地面被岩壁遮挡住了，淋不到雨水，是完全干燥的。我们决定在这里扎营，这里不同寻常的地貌一定是在最后一次冰期中被梅林冰川切割出来的。一定有数不清多少百万吨的岩石被冰切成了碎块并推走，倾泻在了几公里之外的地方。我遥想着冰的锋利和力量，在改变地貌这方面，它甚至让采矿活动的威力也相形见绌。

到达这个宿营点之后，我们惊愕地发现地上满是一张张银箔和食物残渣。显然，某些非常不讲卫生的人几天前在这里扎过营。在那时，

①一种宗教形式，最早发现于美拉尼西亚地区。货物崇拜者在看见外来的先进科技物品时，会将之当作神祇来崇拜。这里实际上并不是真正的货物崇拜，作者只是借用这个词来描述这名阿蒙梅领袖的奇特想法。

工作地远离食堂的自由港员工会携带银箔包裹的外带午餐，我当时觉得这一片狼藉是这些公司员工麻木不仁，乱扔垃圾的结果（后来我才发现，我错怪他们了）。

我们在周围的高山灌丛中架好了陷阱和鸟网，随后猎人们带着狗离开营地，四散而出。我开始探索山谷，整理我们的装备，直到傍晚才再次看到猎人们。他们带回了一个令人不安的消息：他们发现有两个人在坡下几百米处的一个岩屋中宿营。猎人们还告诉我这两个人病得很厉害。

我和阿莱克丝为这个消息既惊讶又担心，便开始搜集医疗物资和一些食物，接着让韦德利斯和尤纳斯带我们去岩屋那里。梅林山谷的尽头是一座陡峭的岩坡，由冰川搬运来的砾石构成。我怀疑，这个山坡是巨大的冰川在大约 12 000 年前延伸到这里时形成的终碛的一部分。一些房屋大小的砾石下面有空洞，韦德利斯领我们去的就是其中的一个。

在幽暗的光线中，我们看到两个瘦小的，几乎一丝不挂的黑色身影躺在一片尘土上。他们的火已经熄了，没有食物、毯子或者额外的衣物。走近些看，我发现他们是小孩，这让我深感不安。

我走进洞里的时候，一个大约十五岁的女孩站了起来，她是两人中年纪较大的一个。从她茫然的表情和断断续续的言语中，我可以看出她被吓到了。她告诉我们一旁的男孩是她弟弟，他伤得很重。小男孩一边咳嗽着一边坐起来，低声地告诉我他叫阿里安纳斯·穆利普（Arianus Murip）。他十三岁，是从伊拉加来的拉尼人。我给了孩子们一些巧克力饼干，他们虽然拿了，却没有吃，这令我非常惊讶。在处理了一些皮外伤，又给了他们一些御寒衣物之后，我让他们讲讲他们的故事。下面的事情都是他们告诉我的。

他们原本是一个大约九十人的群体中的一员，这群人在访问了坦巴贾普拉附近的瓦村（Waa）和班提村（Banti）之后，决定徒步越过山脉回到伊拉加。

我知道这两个村子对整个山脉里的人都有磁铁一般的吸引力。他们是来看矿场和那里的白人的，也许还会搞些货物，比如食物、衣服或者煤油。在伊里安人的眼里，矿上的工人们似乎会大量丢弃这些物品。矿场附近的村子经常人满为患，这对阿蒙梅居民来说是个难题，因为根据传统，他们必须为访客提供食物和居所。当村子拥挤到不堪重负时，村里的头人就会去自由港，请人帮忙迁走那些想离开的人。

自由港提供了巴士来帮助迁走这些人，将他们从村里，途经坦巴贾普拉和矿区（正常情况下矿区是禁止他们进入的）摆渡到在矿场远端的一条步道上。这条步道翻越整个山脉几乎最高的地方，通往伊拉加。

孩子们告诉我，在这种情况下，自由港会给那些徒步返回的人提供午餐——这就解释了一路上为什么会有一堆堆的银箔和没吃完的食物（用银箔包外带食物的做法现在已经消失了，很大程度上是因为废弃物造成的视觉污染）。

在他们到达最陡的那一段路之前，阿里安纳斯和他的姐姐一直都跟着人群。但当到达最陡的那一段时，阿里安纳斯开始感到呼吸困难。他的右脚也冻伤了，这让他变得步履缓慢。他明显已经无法继续前行了，但他的姐姐仍然陪着他，把她自己的性命也置于了危险当中。山顶附近的小路上散落着人骨，这些都是在寒流来袭时，由于没有足够的御寒措施而死在高山垭口的人的遗骨。美拉尼西亚人尤其容易出现失温症①，因为他们通常几乎没有脂肪，储存的能量很有限。看着那

①又称"低体温症"，指人体内产热少，体温调节功能差，在寒冷环境中从皮肤丢失的热量多，不能使体温保持在正常的水平上。在野外遭遇失温症，如果情况严重可能导致死亡。

些正慢慢被苔藓覆盖的散落的头骨，阿里安纳斯的姐姐一定知道，她
与弟弟待在一起将面对怎样的凶险。

　　情况变得很清楚了，他们活下来的唯一希望就是赶快回到坦巴贾
普拉，因为在山上过一夜肯定会把两人都冻死的。他们下山来到了梅
林山谷，准备走上通往矿场的那条落满砾石的山坡，这时，他们遇到
了自由港雇佣的警卫。

　　这些人被派驻到山谷的尽头，确保每一个被遣返回伊拉加的人不
会回到矿场。阿里安纳斯向他们解释说自己病了，没法再继续前进。
其中一个警卫——也是个美拉尼西亚人，来自比亚克岛（Biak）——
猛地挥拳，打在了阿里安纳斯的脸上。警卫们接着又对他拳打脚踢，
并在天色渐暗的傍晚时分把他丢在冰冷的草原上。

　　阿里安纳斯的姐姐被这场殴打吓到了，但还是带着她的弟弟来到
了一个天然岩屋里。在这里，他们在没有灯，没有火，也没有食物中
度过了一夜。第二天，几个拉尼人（他们听说出事了）冒着触怒警卫
的危险，背着一些柴火来到了岩屋，给他们点了一堆火。这无疑救了
他们的命。

　　这是一两天前发生的事情。

　　发现了这两个孩子，又听了他们的故事，这让我陷入了两难的境
地。事情很明显，阿里安纳斯需要接受治疗，并且越快越好。他的伤
势似乎并不严重，但我怀疑他有支气管感染，不确定他在岩屋里能否
再撑一天。

　　我很清楚，孩子们最好还是待在岩屋里，通宵点上火，这里比我
们冷冰冰的营地强多了。我们给他们砍了些柴，又给了他们一些食物，
承诺第二天会带他们下到安全的地方。

　　很明显，我必须放弃考察了。我等了一辈子，希望能看到梅林冰

川，但现在，这种机会可能不会再有了。整个晚上我都无法入睡，想着第二天早晨会发生些什么。

破晓的日光洒进了山谷，融化了营地旁池塘中的冰。波伊迪的声音把我惊醒了，他冻得要命，叫嚷着说稀薄的空气和冰冷的环境无疑让他减了十年的寿。他还说，他需要一个煮鸡蛋当早餐，以恢复自己衰弱的身体。尤纳斯也同样在大喊大叫，说晚上牙齿打战打得太厉害，牙床都松了，而且连尿都撒不出来了。

我在仍然冰冻着的苔原上四处走动，收集陷阱捕获到的动物。每个陷阱都捕获到了一只老鼠，一共有三种。其中一种是我的老朋友苔林鼠，我在第一次来新几内亚的时候就碰到过。第二种是我头一次见到的。这是一种很可爱的老鼠，比苔林鼠稍稍大一点，长着肉色的尾巴和爪子。它的皮毛是蓝褐色的，既长又密还很顺滑，性情也很温和。这是冰川狭鼠（*Stenomys richardsoni*），只分布在这个地区，并且摸起来非常舒服。第三种是一种矮胖的、短尾的小老鼠，长着瘦削的脸，我以前从没见过类似这样的老鼠。然而我手头有无数的事情要干，有一些艰难的决定要做，没有时间去仔细检视它们。

回到营地，大家都在晨光的温暖中多少恢复了些精神。波伊迪吃了他的鸡蛋，与全世界和解了，而尤纳斯的牙齿也挺过了一顿红薯早餐。我把大家集合起来，说出了我的决定：波伊迪、阿莱克丝和猎人们（我只留了一个猎人待在营地）带孩子们走下山谷，到矿区前的警卫岗哨去；我和尤纳斯一道，一口气杀到冰川去，当天下午在岗哨那里和他们会合。

动身沿着山谷上行，我感到一阵强烈的内疚在啃咬着我。我是在孩子们最需要我的时候抛弃了他们吗？但可以肯定的是，如果警卫阻止我们救助两个孩子的话，作为一位资深的爪哇籍科学家，波伊迪是有能力凭借自己的地位给警卫施压的。

我满怀焦虑地一路往前走，尝试去感受这景色的壮美。四周耸立着一座座雪山，它们的冰峰在阳光下闪耀着光芒。到处都能看见悬崖、冰碛和湖泊，以及从小路上的砾石中钻出的矮小禾草。

被丢弃的银箔包装纸里撒出了些许米饭，吸引了众多鸟儿飞到路旁。我看到了近乎传说中的雪山鹑（Anurophasis monorthonyx）好几次，还看到一种我在别处没见过的绿色大吸蜜鸟，以及其他很多只分布在这种高海拔地区的鸟类。我们沿着山谷向上攀登，将植被抛在了身后，开始在裸露的岩石上前行。在某个冰川湖附近的一堆砾石中间，我看到了岩鸲鹟（Petroica archboldi），但我观察的时间很短暂。这种有着红色胸膛的美丽生灵是伊里安查亚的冰川周边地区所独有的。它可能是美拉尼西亚最稀有的鸟，也是世界上最稀有的鸟之一。这是一种慢吞吞的小动物，然而对我来说，看到它满足了我又一个毕生梦想。

走到这里，小路开始从一片近期形成的冰碛旁通过。我可以从这里看到一面巨大的悬挂冰壁，它就坐落在左边的山上。崎岖的冰面呈浅绿色，又带有一点怪异的乳白色调，非常吸引人。它的雄伟和光亮主宰着这片景象。我必须提醒自己，这多少看起来有点不真实，因为我们这时身处在南纬4°的地方。我们慢慢地爬上渐趋陡峭的冰碛，直到我感觉脚下踩到了冰。再走几米，我们就会站在坚固的冰层上面了：梅林冰川的最顶端。

我在一块岩石上坐了下来。在两腿之间，我看到一块绿色的岩石里有一个形状奇异的东西。通过我在地质学方面受过的训练，我知道这是一种海胆的化石，这种海胆生活在大约两千五百万年前的热带浅海海底。时间、命运，还有不可抵挡的板块构造之力将它抬升到了新几内亚之巅，高于海平面将近 5 000 米的地方。它恰好在这里从岩石中暴露了出来，让我在这世界之巅度过的几分钟里有机会思考它的历程。这块化石很可能几个礼拜前才暴露出来，而再过几周，冰、霜和水就会让它消失。

尤纳斯脸上带着关切的表情，打断了我的沉思。"Rumah tuan tanah，"他一边指着冰层的旁边，一边轻声地说道，"一位大地之灵的家。"他这是什么意思？

我跟着他来到冰的边缘，发现脚下冰的颜色突然变了——从深蓝变成了较为浅白的蓝色。从冰川上跳下来，我发现我们刚才是走在一个冰架上，下面有一个冰洞。

我以前从没见过这种冰洞，被这尊背光的冰雕那圆滑的曲线和微妙的蓝色、水绿色和白色迷住了。对于进入这个洞，尤纳斯有些勉强，但看到我先进去了，也就在我旁边跳了下来。我们坐在那里，一动不动地思考着我们截然不同的世界。

天刚开始变暗，到一口气赶到警卫岗哨的时候了。我们拔腿迅速下坡，大雨则很快包围了我们。由于高山反应，尤纳斯出现了剧烈的头痛，但他坚决继续向前。

通向警卫岗哨的最后一段路穿过了一片可怕的人造泥沼。美丽的卡斯滕士草甸就曾坐落在矿区附近。从 20 世纪 30 年代开始，这片草甸被一系列研究者反复研究。在伊里安查亚的群山中，草甸和它附近的冰川是仅有的记录下了如此之长的环境变化历史的地点。这赋予了它们难以估量的科学价值，因为这里可以监测动植物区系（比如那些因全球变暖而出现的）长期的变化情况。

但问题是，卡斯滕士草甸已经不复存在了。它被用作了矿渣倾倒场，只有最后面的几百米草甸（紧贴着山壁）还没有被矿渣填满。由于矿渣阻挡了水流，这片美丽草场那仅存的一小部分现在变成了一片沼泽。一位矿场的工程师很确定地告诉我，这个草甸总有一天会被埋在几百米深的矿业废料之下。也许那时，人就可以直接踩着废料堆进入梅林山谷了。两个孩子遭难的那个岩洞也将被掩埋和遗忘。

有人告诉我，通过在山谷里倾倒废料（而不是拉到更远的地方），公司省下的钱与运营五天能赚到的钱相当。

当阿莱克丝、波伊迪、我们的帮手们和两个孩子到达沼泽时，天空已经下起了大雨。他们不得不先找到一条穿过泥沼的路，然后将装备运过去。阿里安纳斯当时在不停地咳嗽并且冷得发抖，背夫们将他放在了沼泽的另一端。他们在他的头上搭了一条毛巾，这是唯一能给他挡雨的东西。

在扛阿里安纳斯过沼泽时，韦德利斯和马赛留斯（Marsellius，我们的一位猎人）齐胸陷在了被淹没的卡斯滕士草甸那冰冷的水里。旁边的两名矿工嘲笑着他们的窘境，即使在他们接近岗哨附近的那堆废料时，那两名工人也没有伸出援手，或是把周围放着的木板扔一些下去。

警卫岗哨已经被废弃了。韦德利斯拦下一辆正打算去接工人的巴士，将两个孩子拉到了厄茨伯格（Ertzberg）急救站。一位在矿上工作的拉尼头人在那里接待了他们。他与阿里安纳斯说着话，抓着阿里安纳斯的膝盖安慰他。阿里安纳斯在咳嗽的间歇轻声回答着问题。急救站的人随后给阿里安纳斯挂上了点滴。女孩被拉尼头人匆匆地带走了，他在离开前握着阿莱克丝的手，为救护这对姐弟向她深深地道谢。离去的女孩向阿莱克丝点点头。这是我们最后一次见到这两个孩子。

阿莱克丝和波伊迪回到岗哨等我的时候，站岗的是一个比亚克警卫。波伊迪占用这个有暖气的警卫小屋，开始给我们之前抓到的老鼠剥皮。警卫被迫站在雨里。当尤纳斯和我在下午 4 点左右到达的时候，韦德利斯已经顶着瓢泼大雨点上了一堆篝火，随后安排了人送我们搭缆车返回。我们很快就回到了坦巴贾普拉。

返回坦巴贾普拉后，我立刻给医院打去了电话，询问阿里安纳斯的病情。我能够确认的是他被接收入院了，但除了他的病情非常严重以外，和我通话的印度尼西亚护士不肯告诉我更多信息。

那天傍晚，我又给医院打过几次电话，但总是得到同样的回答。我被告知阿里安纳斯的医生无法同我通话。

等到第二天早上，我又忧心忡忡地给医院打了电话，打算安排自己去医院一趟。电话那头告诉我别费事了，因为阿里安纳斯已经死了。

这个消息令人备受打击。在从洞穴前往警卫岗哨的路上，阿里安纳斯甚至还自己走了其中一段，二十四小时之前他还在微笑着和我谈天。后来我了解到，他死于肺穿孔。他怎么会死得这么突然？

在那之后，我有几次曾向澳大利亚的医学专业人士描述过阿里安纳斯遭受的伤害。他们的意见很一致：如果在澳大利亚的医院接受治疗，阿里安纳斯不太可能会死。从他的情况，以及受伤染病后还活了好几天来看，突然死于肺穿孔实在令人费解。

伤感万分的阿莱克丝和我去了班提村，阿里安纳斯的姐姐被藏在那里。整个村社都很愤怒，阿里安纳斯的亲戚们，包括两位长老级的人物试着去医院收回他的遗体，却都被城区边界的警卫们给拦了下来。当他们终于被允许进入时，医院外面又爆发了一场小冲突。

当我觉得自己平静下来一些之后，我就整个事件与坦巴贾普拉的一位高管进行了联系。他是个温和且热心的美国人。他为我的故事感到很痛心，并且向我保证，以后在帮助人们从坦巴贾普拉地区回家时，会先对所有人进行医疗检查。

我终于愤怒了。我希望有人为阿里安纳斯的死负责。我希望法庭审判殴打阿里安纳斯的人，并最终将他们送进监狱。也许，在内心深处，我希望能够以血还血。

那天傍晚，我坐在坦巴贾普拉的房间里，被愤怒和挫败感煎熬着。看起来，我无法为给阿里安纳斯讨回公道做任何事情。

我急于寻找一件事来转移注意力，于是想起了我在梅林山谷里采集到的老鼠。它们被储存在冰箱里。我把它们拿出来，再次尝试鉴定那只没法归类、短尾巴并且面部瘦削的老鼠。这时，我的心头一颤。这只老鼠很可能是科学上的新发现。如果真是这样的话，我将用"阿里安纳斯"来为它命名。

几个月后，我发现这个种类其实在 20 世纪 70 年代就被一位比利时生物学家命名过了。他用了 *Rattus omlichodes*（雾罩鼠）这个学名。由于分类学的变更以及我给它拟的一个新俗名，它现在叫作 *Stenomys omlichodes*——阿里安纳斯狭鼠了。

第 28 章
再访奎亚瓦基

阿里安纳斯的死让我十分伤心，因此在离开坦巴贾普拉时，我的心里感到了一丝解脱。

我回到奎亚瓦基，继续我四年前开始的工作。那里的人有强烈的反印度尼西亚情绪，因此我认为波伊迪最好待在蒂米卡附近的低地，采集蝙蝠和爬行动物。阿莱克丝与我同行，因为她想考察一下奎亚瓦基，评估这里是否适合作为她人类学博士研究的野外工作点。

再次见到玛纳斯牧师和乔特·穆利普两位老朋友，我感到非常高兴。我的印尼语也有了进步，这让快乐又加了一倍——与初次到访时相比，我语言交流的效率变得高多了。

我的计划是在这个地区尽可能多地访查洞穴，并且对这条山谷中的哺乳动物进行全面的调查。在明白了我的打算后，当地的猎人们为我提供了大量帮助。人们带来了他们在陷阱里采集到或是在树洞里找到的袋狸、袋貂和其他哺乳动物。在把这些动物烹煮之前，他们还允许我对它们进行称重、测量和剥皮。形形色色的人自告奋勇带我去山谷周围的山洞，虽然没有哪个山洞能与克兰古尔媲美，但我还是发现了一些有趣的标本。

在这些标本中，说到现代哺乳动物，最迷人的要数蝙蝠。一天，一个年轻小伙子给我带来了一只褐色的小蝙蝠。他是在一棵露兜树干的空洞里发现这只蝙蝠的。我认出这是一只山地伏翼（*Pipistrellus collinus*）。它长着令人印象深刻的阴茎（看起来有这只动物身体的四分之一长），这表明它是一只成年雄性。

接下来的一个礼拜里，又有五只山地伏翼被年轻的小伙子们带了回来。在被发现的时候，它们都独自栖息在露兜树洞里，而且全是雄性。我一直好奇雌性在哪儿，这种好奇心终于在一天早晨得到了满足——一名小伙子带来了一个塞满了小蝙蝠的袋子。他发现这些蝙蝠时，它们都栖息在另一个露兜树洞里。在检视这些蝙蝠的时候，我发现袋子里有十一只雌性（比雄性要大，颜色为橙色），另外还有一只雄性，它那十分惹眼的睾丸表明它正处在繁殖的高峰期。

这是一位有翅膀的苏丹和它的后宫佳丽们。

多数种类的蝙蝠的生活都很隐秘，只有通过像这样撞大运，我们才能对它们有所了解。要是我晚几个礼拜到达奎亚瓦基，"后宫佳丽"们可能就已经各奔东西了；但如果我早到几个礼拜，它们则可能还没有聚集到一起。这实在是个偶然的发现。

第二种蝙蝠是被奎亚瓦基的爬树少年们发现并带给我的。它比伏翼要大得多，长着一张颇像斗牛犬的脸。这是新几内亚犬吻蝠（*Tadarida kuboriensis*），也是伊里安查亚发现的第一只。

我非常希望得到一件高山滑尾鼠（*Mallomys gunung*）的标本，除了博物馆里的一张皮子以外，我从未见过这种老鼠。我还想确定Dingiso是否仍栖息在这个地区。因此，我派了一队年轻的猎人深入高山之中。不幸的是，直到我们离开的时候，猎人们仍然没有回来。

从某种意义上说，我们来到奎亚瓦基的时间很不好，因为一场痢疾的疫情正在肆虐着这个山谷。在我们停留的第一个礼拜里，就有八名婴儿和一名年龄稍大的儿童患病死掉了。这种疾病致死速度之快令人胆寒。今天还看着健康快活的宝宝，一两天之后可能就死了。实际上，我们没有任何药品可供使用，在缺乏诊断的情况下，我们甚至不知道这场痢疾是由变形虫还是细菌引起的。没有这样的信息，我们几乎不可能猜想到哪种药物可以帮助患病的孩子们。

多年以后，我发现这场疫情实际上是由变形虫引起的。在写本书期间，我发着高烧，并且忍受着严重的腹痛折磨。我被送进了医院，被诊断出肝脏上长了一个很大的脓肿，里面满是 *Entamoeba hystolytica*[①]，也就是变形虫性痢疾的病原体。很明显，如果不及时治疗，这种病原体会从肠壁上转移到肝脏。很可能我在 1994 年的奎亚瓦基就被感染了。

我们在这场疫情中能做的最好的事，就是努力让孩子们避免脱水。悲剧的是，我们带的糖很少，定居点里也一点儿都没有。我拥有的唯一能用来补充水分的液体是一大瓶佳得乐[②]，多于一两个孩子我们就治不了了。由于乔特·穆利普与我们同住，他的宝宝分到了最大的一份。谢天谢地，他可爱的小女儿活过了这场疫病。

婴儿的死亡尽管令他们的父母甚为悲切，却不如大孩子之死对村社造成的伤害深重。在离我们的房子只有几百米远的村子中，当一个十二岁的男孩染上病时，整个村社都悲痛欲绝。老翁和老妪们在病人的屋子外面坐了好几天，泪水顺着脸颊滚滚而下。其他人收集柴火为葬礼搭了一个柴堆。尸体在下午时被放在柴堆上，然后被点燃火化了。第二天走过这个地方，我注意到点燃柴堆的地方有一圈泥炭，上面工整地刻着那个小男孩的名字。在我路过一个个村子时，我都能看到冒着缕缕青烟的类似柴堆，或是聚在一起准备进行火葬的人们。

①痢疾阿米巴原虫。
②一种运动饮料。

　　尽管在我们到访奎亚瓦基期间，这场疫情几乎无法遏制，我还是在走之前组织了一次针对这个地区的医疗物资投送，希望这些医疗物资能给这场疫情画上句号。药钱是自由港付的，约翰·卡茨安排了接送我们进出的直升机来运送这些医疗物资。在从直升机上把医疗物资卸下来的时候，我觉得它们看起来过分高科技了，很难在如此偏远的地方派上用场。我只希望那位 mantri（很像是一个赤脚医生）能够有效地利用它们。

　　尽管在遏制这场疫情时明显是失败了，但我治疗孩子们的努力为我赢得了医学从业者的名声，因此，人们每天都会来向我寻求救助。最悲哀，也最令人费解的病例是关于一个本应正当盛年的男人的。两年前，他享有全山谷最佳猎手的美名，他猎杀野猪的技艺尤其受人推崇。然而，当我看到他时，他已经是一副枯槁变形的残躯了。他的头一直都扭向一边，胳膊和腿也痛苦地扭曲着。他还能说话，但已经没有能力做其他事了。

　　他解释说，有一天在外出打猎时，他坐在火堆的前面，一个林中的妖精攫住了他，将他的头在脖子上扭了一圈又一圈。从那以后，他就残废了，有时还会发作癫痫。他现在已经离死不远了。

　　关于他病痛的原因，刚开始时我感到很困惑。但接着，我想到了猪肉绦虫。猪肉绦虫在 20 世纪 60 年代从印度尼西亚西部传入伊里安查亚，这是在外派医生报告了山里人高于正常发生率的烧伤事件时被注意到的。这些人似乎是在睡觉时发了病，滚到火上被烧伤的。

　　这种寄生虫是通过进食没有煮熟的猪肉传播的。不幸的是，在美拉尼西亚，当地人吃的猪肉经常都半生不熟，于是，这种病在伊里安查亚迅速地扩散开来。这些虫子能够寄生在人体的各个部位，它们一旦侵入人的大脑，就会带来最严重的损伤。它们会在大脑里形成包囊，这最终会导致严重的癫痫以及其他一些症状。我们的猎手很可能比山谷中的其他人更多地接触猪肉，因此也就第一个患病了。

在这第二次与他们相处的过程中，我与拉尼人的关系有了可观的升温。每一天，四年前的朋友们都会来看望我，也经常会问些极为古怪的问题。

最常来看我们的客人之一，是一位名叫特吉奥拉克（Tegiorak）的老人。他可能是山谷里的长老，在几年前皈依了天主教。一天早上他来找我，用令人全无戒心的天真质朴的语气对我说，他觉得自己已经半身入土了，自己的死期已经不远了。他接着问道："我死之后，会在天堂里面醒来吗？"

我没有任何宗教信仰，因此面对这个问题显得有些吃惊，却又觉得自己不得不回答他。思忖了一下之后，我（带着搜肠刮肚凑起来的信仰）说："我确定，当你在另一个世界醒来的时候，你就已经身在天堂了。"于是，一种真正快乐安详、充满解脱的神情出现在了他的脸上。

但是，这次经历让我觉得非常不舒服。仅仅因为我长着白色的皮肤，人们就认定我这也是专家，那也是专家。我开始觉得，要是我在奎亚瓦基继续待下去，他们最终会因为对我的过高期望而失落不已。

然而，我与拉尼人的关系并不总是这样热络的。和几乎所有的山里人一样，他们会将白种人视作取之不尽的财富之源，不会像对待其他人那样谦恭有礼地对待白人。有些人为蔬菜之类的物品的要价高得离谱，当我拒绝时他们就会发怒。我确信，许多人认为我的这种反应纯粹是出于自私，是拒绝和他们分享我的财富。

离开的那天上午，我们早早地打好了包，8点就在跑道上等着接我们的直升机从坦巴贾普拉过来。但是，天气状况非常糟，浓雾充斥着整个山谷。事情很快明了起来，我们的出发要被推迟了。

　　在我们闷闷不乐地等在跑道上时，拉尼人将自己分成两队——特伦根（Telenggen）队和穆利普队（似乎是这个地区两个主要的部落姓氏），开始在跑道上用一个网球（有时候是两个）来踢足球。男人和女人都参加了，每边允许的队员数量似乎也没有限制。男人们占据了场地的中央，然后就会向彼此喊着"特伦根！"或者"穆利普！"，希望球会被传给他们。由于名字在两边都会响起（并且一个队伍的每个队员都有着同一个部落姓氏），我很好奇他们如何决定把球传给谁。

　　男人们忙着抢球的时候，女人们自己组成了两队守门员。她们里三层外三层地站着，每个人都屈膝而踞，张开的手臂间抻着一条毛巾。看起来，她们的任务是在球被踢向球门的时候将它抓住。

　　在这场奇观当中，我有时能捕捉到一个裁判的身影。但当比赛变得比较激烈时，他常常会加入其中一队，让游戏变得更加混乱。终于，球朝着球门高速飞去，喊声和尖叫声也达到了狂热的程度。在最后一刻，其中一个女守门员将球兜在了毛巾里，从赛场上跑开，兴奋地尖叫着。其他的队员们则拔腿狂追。她最终被抓住了，脑袋上挨了几下闹着玩儿的拍打之后，被劝诱着交出了球，游戏重新开始。

　　这场欢腾喧闹的游戏被远处传来的直升机螺旋桨声打断了。我们谁都没注意到，雾气已经多少消散了一些。直升机降落时，我满怀伤感地与拉尼朋友们道了别。两个小时之后，我们回到了坦巴贾普拉。

　　翌日清晨，约翰·卡茨来找我们，给我们带来了令人惊喜的消息。

通过无线电，他听说我从奎亚瓦基派出去搜寻高山滑尾鼠的猎人们，在我们离开仅仅几个小时后就回来了，他们带着三件标本，其中有一件是 Dingiso。看上去，我能够获得这些标本的可能性几乎为零，然而，当我跟特里·欧文（Terry Owen，当时照管我们的一位坦巴贾普拉的高级行政官）说起这个事情时，他安排了一架直升机将我带回了奎亚瓦基。

那些标本一定是澳大利亚博物馆收到过的最贵重的标本，因为每一件标本光是花在直升机上的费用就超过了一千澳元。我向玛纳斯付了钱，又给了他一袋二十公斤的大米——这是我为奎亚瓦基的圣诞庆典出的份子，我认为这对于玛纳斯的意义超过了其他任何东西。

这趟伊里安之旅终于走到了终点。这是一场充满了大起大落的考察。在这次考察中，我脆弱的幻觉被击得粉碎，一直为这其中付出的代价而烦扰不已。我是不是本可以阻止阿里安纳斯的死呢？

第 29 章

放归 Dingiso

1994 年 10 月中旬的一天，坐在澳大利亚博物馆的办公室里时，我接到了一通意想不到的电话。打电话的是特里·欧文，这时我们已经是密友了。

"我们有一只你想要的树袋鼠，"他说，"活的。你最好赶快过来！"

不到一个礼拜，我就登上飞机再次飞往蒂米卡，然后直奔坦巴贾普拉。在公司一间屋子封闭的阳台上，我发现建起了一座迷你的雨林。

随着我打开纱门向里窥去，这只将我再次吸引回伊里安查亚的半大的 Dingiso 从叶丛中蹦出，并向我爬过来。我后来叫它"Ding"。

Ding 得到了欧文一家的照料，状况极好。

发现这只动物是一件让人始料未及的事。多年来，虽然它们就栖息在周围的森林里，生活在坦巴贾普拉的人们却对这种奇妙的生灵一无所知。现在，一只活生生的 Dingiso 蹦到了他们中间。它是在矿区里一个废弃的机械棚里面被发现的。当时下着雨，一位印度尼西亚工人到这个废弃的棚子里撒尿。当他注意到角落里蜷缩着一个黑乎乎的毛团时，他硬是把撒到一半的尿憋了回去，跑去告诉他的美国上司棚子里有一只熊。

虽然不是生物学家，但这位美国工程师知道伊里安查亚没有熊。

他对工人的话持怀疑态度，因此让他从棚子里把这只动物带回来。几分钟之后，这个工人怀里抱着一只非常可爱、黑白相间的动物回来了。发现它的消息最终传到了特里那儿，然后很快又传到了我这里。

我此前接触过很多野生树袋鼠，因此，当听说 Ding 初次见人就允许自己被人抱起来时，我感到很惊讶。但是，这也进一步证实了拉尼猎人们讲的那些关于 Dingiso 的故事：如果需要的话，Dingiso 可以很温顺。

至于 Ding 在这个棚子里做什么，你就只能猜了。它的皮毛被油弄脏了，这毫不奇怪，因为它必须穿过一大片工地才能来到这个废弃的机械棚。也许它正在远离自己母亲的领地。这个年龄对于年轻的树袋鼠来说永远是一个困难时期，而且毫无疑问，在穿越不同的区域时，Ding 还被那里的雄性树袋鼠主人们找了麻烦。在矿区周围的森林里，树袋鼠的密度似乎非常高，因为猎人们被阻挡在了这个地区之外。Ding 很可能在各块领地间被来回驱赶，直到在棚子的一个阴暗角落里找到了避难所。这些棚子和里面的重型机械，很可能是矿址附近唯一不属于任何成年雄性 Dingiso 的地方了。

我花了几天时间对这只温柔的动物进行观察和拍照。我发现 Ding 在啃食一把嫩蕨叶的时候最为高兴。它不是一个非常挑剔的食客，会从种类繁多的植物上取食嫩叶。它看起来没有鲜明的活动模式，只要有人带着新鲜食物进入它的封闭隔间，它似乎就会活跃起来。

几天之后，我就把我能做的事都做完了，是该把 Ding 放归野外的时候了。特里安排了一架直升机，把我们带到了矿区以西大约三公里远的一条高山峡谷里。这里看起来既远离矿场也远离猎人们，因此 Ding 将有很大的生存机会。我们把它装在一个粗麻布袋子里背着，它很喜欢这样，可能是因为这感觉就像是在它母亲的育儿袋里。我在它耳朵上装了一个标签，这样如果有人再次发现它，就可以知道一些有关它的信息。

当我们把它放归到高山草地上时，Ding 是慢慢地跳走的，它一路品尝着草叶子，并不急着离开我们，直到几分钟之后才消失在一团茂密的灌木丛里。

跋

1996 年 2 月，在即将离开伊里安查亚前，我探访了埃特纳湾一个自由港的勘探营地。这座营地位于沃格尔考普"脖子"的南侧，是省内众多的营地之一，拥有梦幻般的丰富矿藏。埃特纳湾是一个美丽的地方，我从没见过像那里那样让人惊艳的海洋生物发光景象。如果夜晚时把手伸进水里，你就会点亮一个由红星绿点的生命组成的旋转着的广阔宇宙，有的直径可以大到 1 厘米。

在本书杀青的时候，我收到了来自奎亚瓦基的消息。乔夫·霍普和布伦·威瑟斯通曾经步行 250 公里才能到达的那个定居点，现在已经与瓦梅纳通公路了。

致 谢

将近二十年前，当我刚开始在新几内亚工作的时候，我不知道除了自己的科学研究之外，还有什么事情让人感兴趣。我是个不怎么记笔记的人，等到写这本书的时候，我只能单凭记忆，勉强地重现出早期考察时的经历。因此我从我的考察搭档（尤其是乔夫·霍普）的野外日记中寻找材料，同时也请他们读一读我的记述，确保我重拾的经历与他们自己的经历能大体吻合。我要感谢肯·阿普林和乔夫·霍普在这方面的帮助。

关于阿里安纳斯·穆利普的部分，我下笔十分艰难。有些人可能会指责我表里不一，或者至少与自由港有所牵连，因为我从这家公司接受了经费，享受着与它的良好关系，却在四年后将 1994 年的可怕事件曝光在了公众的监督之下。关于这件事，就像我与公司所打的全部交道一样，我都是凭良心而行的。

最重要的是，我试图传达出一种感受：在新几内亚开展生物学野外工作是什么样子。在一些情况下，几次连续考察（尤其是去特莱福明和托里切利山脉的那几次）的经历是被放在一起讨论的，各次考察之间没有明显的区分。至于那些对我何时身处何地的细节感兴趣的人，我的野外日记保存在悉尼的澳大利亚博物馆。

在新几内亚，我得到了很多同伴和机构的帮助，欠下了很多的人情债。要在这里把它们汇总起来，是个让人想都不敢想的任务。这里的致谢不可避免地会出现一些疏忽遗漏，但这不该被错当成忘恩负义。所有人都会得到我发自内心的感谢。

莱斯特·塞里、波伊迪、亚历珊德拉·绍洛伊和乔夫·霍普在一次又一次深入新几内亚最偏远地区的考察中与我蹒跚着携手而行。我们的考察所取得的成功在很大程度上都归功于他们，他们中的一位还救了我的命。

其他人陪我走过较少的行程，包括肯·阿普林、罗伯特·爱登堡（Robert Attenborough）、哈尔·考格（Hal Cogger）、蒂什·艾尼斯（Tish Ennis）、希克森·弗格森（Hickson Ferguson）、埃里克·弗鲁施托费尔（Eric Fruhstorfer）、唐·加德纳（Don Gardner）、帕维尔·杰曼（Pavel German）、迈克尔·霍利克斯（Michael Holics）、马丁·克罗赫（Martin Krogh）、罗杰·马丁（Roger Martin）、格里·梅恩斯（Gerry Maynes）、洛里·麦吉尼斯（Rory McGuinness）、托尼·奥尼尔（Tony O'Neil）、理查德·欧文（Richard Owen）、丽贝卡·斯科特（Rebecca Scott）、加里·斯蒂尔（Gary Steer）和史蒂芬·范戴克。

我要感谢朱迪·埃布斯沃思（Judy Ebworth）、彼得·埃布斯沃思（Peter Ebsworth）、玛丽亚·弗兰德（Maria Friend）、托尼·弗兰德（Tony Friend）、帕特里克·麦基弗神父和亚历山大·麦克卢德神父，感谢他们在野外对我的款待。对于圣方济各圣母无瑕修女会的塞西莉亚·普雷斯塔修斯基（Cecilia Prestashewsky）修女，我永远都有亏欠。

没有巴布亚新几内亚环保部的工作人员、生物学研究会，以及印度尼西亚科学与知识协会（LIPI）和印度尼西亚林业部的帮助，我的工作就不可能开始，或者不可能完成。我尤其要感谢马霍麦德·阿米尔（Mahomad Amir）、伊阿莫·伊拉（Iamo Ila）、卡罗·基索考（Karol Kisokau）、格里·梅恩斯、桑克尤（Sancoyo）和乌考克（Ucok）。

我很感激沃可泰迪矿业有限公司的穆雷·伊戈（Murray Eagle）、罗斯·史密斯（Ross Smith）和伊恩·伍德（Ian Wood）无私的帮助，还有对我的信任。1994—1996年前往伊里安查亚的几次考察是在自由港的支持下成行的。我要感谢约翰·卡茨、戈登·格里夫斯（Gordon Greaves）、霍华德·刘易斯（Howard Lewis）、布鲁斯·玛什（Bruce Marsh）、吉姆·米勒（Jim Miller）、保罗·墨菲（Paul Murphy）、特里·欧文、大卫·理查兹（David Richards）、查理·怀特（Charlie White）和维斯努（Wisnu），感谢他们无私的帮助。我希望他们能把我对于自由港的批评看作是一种建设性的提议。

有很多人与我分享了他们自己土地上的森林和野生动物的知识，我欠他们的情最多，也最感激他们。尤其是下列这些人，他们曾是我耐心的老师和朋友：（巴布亚新几内亚）卡斯帕·塞科和托里切利山脉的米瓦乌泰人（Miwautei）；比瓦尼（Bewani）山脉法斯村的西蒙；阿蒙塞普、威洛克、提纳莫克、塞奇（Seki）和特莱福明地区的人们；阿纳鲁、安贝普和西弥彦明地区的人们；星辰山脉布尔特姆村的弗莱迪、赛拉普诺克和弗雷斯塔（Fresta）；中央省柯西皮的彼得·凯诺（Peter Keno）；（伊里安查亚）阿尔法克山脉耶乌特村的本杰明，西毛考普波加帕（Pogapa）的波高鲍·巴·波罗鲍（Bogaubau Bo Bolobau）；伊拉加的尤纳斯·蒂纳尔；奎亚瓦基的特吉奥拉克（Tegiorak）、玛纳斯牧师和乔特·穆利普；坦巴贾普拉的朱利叶斯·阿迪（Julius Adi）、玛丽亚·马吉乌（Maria Magiu）和维德利斯·宗果敖。

弗兰克·瑞克伍德（Frank Rickwood）读过本书的一个早期书稿，并给出了价值不可估量的批阅和评论。埃里克·弗鲁施托费尔、露西·休斯·特恩布尔（Lucy Hughes Turnbull）、马尔科姆·特恩布尔（Malcolm Turnbull）和克里斯·巴拉德（Chris Ballard）对后来的书稿中至关重要的部分做出了评价。

最后，我要向我的儿子大卫（David）和女儿艾玛（Emma）表达深深的感谢。我在你们成长的时候缺席太多了，你们却仍然爱着我。

《别睡，这里有蛇》

一个语言学家和人类学家在亚马孙丛林深处

[美] 丹尼尔·埃弗里特 著　　　潘丽君 译

定价：59.8 元

　　《别睡，这里有蛇》一书记叙了语言学家丹尼尔·埃弗里特，在和巴西中部亚马孙河流域的一支小土著部落共同生活期间，令人惊讶的经历与发现，内容引人入胜。

　　埃弗里特曾经是一名传教士，1977 年携妻子和三个年幼的孩子到达皮拉罕人的部落时，仅仅是想要传教，改变他们的宗教信仰。但他发现皮拉罕语违背了所有现存的语言理论，并反映出一种远离当代认识的生活方式。例如：皮拉罕人没有记数系统，对颜色没有统一的称谓；对战争和个人财产没有任何概念；完全活在当下。埃弗里特开始痴迷于他们的语言、文化和语言学意义，并沉溺于他们的生活方式，久而久之，他最终失去了当初想要向他们传教的信念。

　　每个种族都展示出人类面对周遭世界的独特方式，如果一个种族没有留下记录就消失，我们随之就失去了一个生活方式的典范。

《海洋文明史》

渔业打造的世界

[英] 布莱恩·费根　著　　李文远　译

　　在《海洋文明史》这本书中，美国加州大学圣巴巴拉分校教授、美国国家地理学会、《大英百科全书》考古学顾问布莱恩·费根探索了世界各地的考古遗址，阐述了渔业是如何孕育城市和帝国的雏形，并最终促进现代社会发展的。

　　史前人类开始种植粮食之前，主要通过三种办法获取食物：狩猎、采集和捕鱼。如今，狩猎和采集已不再具有重要的经济价值，但作为人类从野外获取食物的最后一种主要方式，渔业已经发展成一个世界性产业，现代人对渔业的依赖也可谓达到了史无前例的高度。在《海洋文明史》中，从尼安德特人时期到现代社会，从圣巴巴拉海峡到湄公河流域，作者布莱恩·费根将横跨200万年的渔业文明呈现在了读者的面前。对于历史爱好者来说，这是一本不能错过的佳作；对于历史学家而言，这是不可多得的工具书。

　　"与贾雷德·戴蒙德（《枪炮、病菌与钢铁》作者）相比"，布莱恩·费根"对细节的关注和叙事技巧要好得多"。

英国《新科学家》杂志

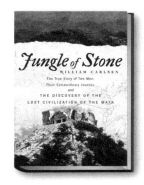

《石林》（英文版）

[美]威廉·卡尔森 著　　朱鸿飞 译

　　《石林》讲述了探险家约翰·斯蒂芬斯和弗雷德里·卡瑟伍德深入中美洲的丛林，发现玛雅文明的精彩故事。在这个传奇故事面前，印第安纳·琼斯的历险也显得略逊一筹。

　　1839 年，自信满满的美国驻中美洲特使约翰·罗伊德·斯蒂芬斯以及享有盛誉的英国建筑师和绘图员弗雷德里·卡瑟伍德出发前往无人涉足的尤卡坦丛林。在丛林中，斯蒂芬斯和卡瑟伍德发现了令人难以置信的玛雅文明遗址，这个惊人的发现将改变西方人对人类历史的认知，并为现代考古学奠定基础。

　　在《石林》这本书中，威廉·卡尔森将跟随斯蒂芬斯和卡瑟伍德的脚步，重游今天的危地马拉、洪都拉斯和墨西哥，揭秘玛雅遗址丰富的历史。利用生动有趣的文笔，辅以斯蒂芬斯的日记和卡瑟伍德精彩的插画，卡尔森将两位探险家以及他们发现玛雅的迷人故事呈现在了读者的面前。

　　《纽约时报》称赞本书为"大师级"的作品，"令印第安纳·琼斯的历险略逊一筹"。

　　本书被美国亚马逊选为"2016 年 20 本最佳非虚构类图书"之一。

《进化的咬痕》（英文版）

牙齿、饮食与人类起源的故事

[美]皮特·昂加尔 著　　韩亮 译

我们从哪里来，我们的祖先是谁？以前地球上存在的其他几种人去了哪里，为什么现在这个世界上只剩下了我们自己？为什么我们是杂食动物，既吃肉也吃蔬菜？为什么其他灵长动物依然茹毛饮血，而只有我们学会了刀耕火种，懂得精细地烹调食物？为什么现代人类的饮食会带来各种各样的疾病，什么样的饮食才是最适合人类的饮食？

你可能不会想到，这些问题的答案就藏在我们普普通通的牙齿里。我们的牙齿是进化的遗产，它就像活化石一样告诉我们过去的动物都吃些什么，过去的气候条件怎样塑造了它们的饮食。气候决定生物可以选择的食物，当日常饮食改变时，物种就会发生变化。日常饮食和变幻莫测的气候决定我们的祖先谁会被淘汰，谁又能存活下来，我们人类就是在这样的饮食选择中一步步进化成人类的。

变幻莫测的气候如何改变我们祖先的食物选择？一本书揭示藏在牙齿里的人类惊人的进化史。

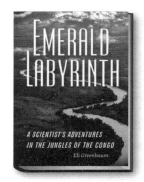

《绿色迷宫》（英文版）

［美］伊莱·格林鲍姆 著　　朱鸿飞 译

　　在这本《绿色迷宫》中，美国得克萨斯大学埃尔帕索分校的两栖和爬行动物学家伊莱·格林鲍姆将引领读者深入非洲的刚果丛林，去研究各式各样的眼镜蛇，与银背山地大猩猩面对面，和当地原住民一起生活，还会遇到刚果内战中手持 AK-47 突击步枪的童军。通过书中的文字以及数十张图片，读者不仅会惊叹于这一地区丰富的生物多样性，还会对生态保护的迫切性深有感触。

　　跟随格林鲍姆的脚步，探索非洲雨林中的生物多样性，寻访那些在饱受战争蹂躏、环境遭到破坏的国家里苦苦挣扎的生灵。

　　《福布斯》"年度十佳生物学题材图书"。

　　《绿色迷宫》不仅将刚果丛林中多彩的动植物呈现在了读者的面前，还提出了一个引人深思的问题：被殖民的历史是如何在这片土地上催生暴力的？在气候变暖和人口数量激增的时代背景下，《绿色迷宫》是一份有关武装冲突和环境保护的珍贵记录。

　　　　　　　　　　　　　　　　　　英国《自然》杂志

世界文明与文化

系列原书书影

《进化的咬痕》　　《石林》　　《绿色迷宫》

《雨林行者》　　《别睡，这里有蛇》　　《海洋文明史》

带你看尽
世界文明的
起源、发展与未来

更多图书敬请期待

中资海派图书
天猫专营店

新世界出版社
天猫旗舰店

手机淘宝扫一扫
掌握最新优惠信息
不定期放送惊喜大礼

新世界出版社
NEW WORLD PRESS | GRAND CHINA

欢迎加入 书友会

　　十几年来，中资海派陪伴数百万读者在阅读中收获更好的事业、更多的财富、更美满的生活和更和谐的人际关系，拓展他们的视界，见证他们的成长和进步。

　　现在，我们可以通过电子书、有声书、视频解读和线上线下读书会等更多方式，给你提供更周到的阅读服务。

认准书脊"**中资海派**"LOGO

让我们带你获得更高配置的阅读体验

加入"iHappy 书友会"，随时了解更多更全的图书及活动资讯，获取更多优惠惊喜。还可以把你的阅读需求和建议告诉我们，认识更多志同道合的书友。让海派君陪你，在阅读中一起成长。

海派阅读订阅号

中资海派天猫专营店

也可以通过以下方式与我们取得联系：

采购热线：18926056206 / 18926056062　　　服务热线：0755-25970306

投稿请至：szmiss@126.com　　　　　　　　　新浪微博：中资海派图书

经济管理·金融投资·人文科普·政史军事·心理励志·生活两性·家庭教育·少儿出版

上架建议 | 自然 · 科普

ISBN 978-7-5104-6725-7

9 787510 467257 >

定价：59.80元